天然气地下储气库：库存与产能

［美］梅米特·拉辛·泰克（Mehmet Rasin Tek） 著

郑得文 丁国生 王皆明 胥洪成 等译

中国石化出版社

著作权合同登记图字：01－2021－094 号
Natural Gas Underground Storage：Inventory and Deliverability/by M. R. Tek，ISBN 978－087814－614－7

图书在版编目（CIP）数据

天然气地下储气库：库存与产能／（美）梅米特·拉辛·泰克（Mehmet Rasin Tek）著；郑得文等译. —北京：中国石化出版社，2021. 3
书名原文：Natural Gas Underground Storage：Inventory and Deliverability
ISBN 978－7－5114－6160－5

Ⅰ. ①天… Ⅱ. ①梅… ②郑… Ⅲ. ①天然气－地下储气库－研究 Ⅳ. ①TE972

中国版本图书馆 CIP 数据核字（2021）第 050557 号

中国石化出版社出版发行
地址：北京市东城区安定门外大街 58 号
邮编：100011 电话：(010)57512500
发行部电话：(010)57512575
http://www. sinopec-press. com
E-mail：press@ sinopec. com
北京柏力行彩印有限公司印刷
全国各地新华书店经销
*
787×1092 毫米 16 开本 17. 5 印张 428 千字
2021 年 3 月第 1 版 2021 年 3 月第 1 次印刷
定价：128. 00 元

《天然气地下储气库：库存与产能》翻译组

主　　任：郑得文　丁国生

副 主 任：王皆明　完颜祺琪　李　彬　胥洪成

成　　员：赵　凯　李　康　宋丽娜　裴　根

刘君兰　李　翔　郑雅丽　朱华银

张刚雄　李　春　武志德　冉莉娜

石　磊　垢艳侠　袁海平　孙军昌

李东旭　唐立根　邱小松　朱　丹

钟　荣　魏　欢　张　敏　赖　欣

刘满仓　王　蓉　徐淑娟　朱思南

鲍清英　王　云　艾青青

译者前言

自1915年加拿大安大略省WELLAND气田储气试验以来，储气库建设已走过百年历程。截至目前，全球共有689座储气库，工作气量4165亿立方米，高峰日采气71亿立方米。我国于20世纪末在大港油区建成投产第一座商业储气库——大张坨储气库，经过二十余年发展，中国石油和中国石化等单位已建成14座储气库群27座储气库，设计工作气量200亿立方米，2019年形成调峰能力130亿立方米，高峰日采气超过1亿立方米，为天然气安全供应发挥了不可替代的重要作用。

近年来，国家密集出台文件要求加强天然气产供储销体系建设，增强储气调峰能力，明确了供气企业2020年拥有不低于其合同年销售量10%的储气能力、县级以上地方人民政府形成不低于保障本行政区域日均3天需求量的储气能力、城镇燃气企业形成不低于其年用气量5%的储气能力的硬性指标，储气库发展迎来黄金期。随着天然气调峰需求快速增加，上海和重庆石油天然气交易中心应运而生，工作气交易和调峰气价试点运行，核实库存量和调峰能力等关键指标，向第三方公平公开开放，变得极为重要。为此，中国石油天然气集团有限公司专门成立了储气库库容评估分中心，由中国石油勘探开发研究院负责机构组建和运行管理。

库存与产能评价是库容评估的重要内容，但现有书籍重点聚焦在选址和建设方面，相关内容涉及较少，且深度不够。因此，在获得美国PennWell出版公司授权后，中国石油勘探开发研究院组织翻译《天然气地下储气库：库存与产能》一书。本书重点阐述了国外气藏和盐穴两类储气库库存与产能的评价方法，并与实例紧密结合，指导性和实用性较强。希望通过出版此书，能够丰富和完善相关基础理论与专业知识，为我国库容评估实践提供借鉴和启发。

全书共分为四篇，第一篇是储气库库存，共7章，由郑得文、胥洪成、宋丽娜、李彬、李翔、裴根、刘君兰、石磊、唐立根、朱思南、朱丹等译；第二篇是储气库产能，共14章，由王皆明、赵凯、李春、孙军昌、艾青青、钟荣、徐淑娟等译；第三篇是盐穴储气库，共7章，由丁国生、完颜祺琪、李康、武志德、冉丽娜、垢艳侠、袁海平、李东旭等译；第四篇是附录，由张刚雄、鲍清英、邱小松，刘满仓、王云等译。全书由郑得文、丁国生、王皆明、李彬、郑雅丽、朱华银等专家校核，胥洪成、李康负责全文统稿，郑得文和丁国生审定全文。

在本书翻译过程中，得到了中国石油勘探与生产分公司、中国石化出版社以及美国PennWell公司等单位领导和专家的大力支持和帮助，在此一并对本书翻译工作做出贡献的有关人员表示衷心感谢。

本书在翻译过程中与原文结构保持一致，仅对明显错误进行了修正。由于译者水平有限，书中难免有不妥或不当之处，恳请读者批评、指正。

译者

2020年9月30日

献给我的家庭

我的爱人 Gretchen，三个孩子 Deniz，Kurt 和 Karl

致　谢

许多来自工业界和学术界的人士，以及我的朋友和家人促成了本书的出版，感谢他们的支持、鼓励和贡献。

在此，我要特别感谢我的妻子 Gretchen。感谢她在文字处理和技术插图方面的耐心、建议和帮助。来自管理层、工程师、学生和同行的亲密友谊和慷慨支持，不仅提供了灵感，而且直接促成了本书编写。

在这些提供支持、鼓励和建议的人中，我要感谢奎斯塔管道公司（Questar Pipeline）总裁兼首席执行官 J. Marushack、工程师 Gary de Bernardi 和 W. K. O′Farrel，山地燃料公司（Mountain Fuel）Mike Benefield，诺兰天然气运输公司（Noram Gas Transmission Corporation）Rich Mantia 和 Mike Rohan，美国天然气管道公司 Floyd Hofstetter 和 John Yater，奎斯塔存储公司（Questar Storage）Rudi Araktingi 和 Zoltan Bessenyei。

在学术方面，新南威尔士大学前副校长 Malcolm Chaikin 教授，挪威特隆赫姆石油工程中心主任 W. V. Pinczewski 教授和 Paul Oren 博士，以及一起共事的学生提供了宝贵的建议、鼓励和帮助。

前　言

近期，尤其在636法令中，环境监管的力度达到了顶峰，向第三方开放和利率市场化的理念给储气库业务带来了前所未有的机遇。可以预见投资人、运输商和分销商均会从中受益。因此，管道运输公司、储气库租户和本地分销公司都对库存复核和产能评价感兴趣。

由于环境、政治和经济方面的因素，石油时代正逐步让位于天然气时代。据估计全球天然气市场每年的价值约1200亿美元，而且增长速度远远超过石油市场，预计大部分增长来源于天然气发电技术，为此需要配套建设具有高调峰能力的天然气储气库。管道附近的地下盐穴储气库由于具有良好的生产能力和灵活性，目前具有很大的需求。

本书主要目的是回顾和阐述储气库的库存和产能，以及用于常规调峰的枯竭油气储气库或含水储气库和用于高峰期调峰的盐穴储气库先进技术和最新进展。本书是作者近10年来在地下储气库行业和学术领域的成果。本书可用于研究生和本科生教学、研究、咨询和专家认证工作。

这本书的内容主要面向从事地下储气库行业的工程师、学生、学者、地质学家和管理人员。书中一些内容是在国际储气库会议期间发表，包括1988年在土耳其安卡拉举办的北约会议；另一些内容包括了在澳大利亚新南威尔士大学石油工程中心、密歇根大学和法国巴黎的CFATG讲座。

编写目的

近年来，地下储气库行业的各个方面都受到636法令的影响，包括储气服务内容的放开和市场化利率的认可。随着越来越多的公司在储气服务收费方面寻求市场化的定价，它们必须在工程项目反映供求关系的环境中竞争。在这种情况下，大多数运输公司正从甲方角色转变为乙方角色。由于天然气输送与采购协议之间的协调需要，促进了管网中交换枢纽的发展。因此，地下储气服务在能源供应的调峰中发挥着越来越重要的作用。这种储气服务很大程度上取决于两种储气属性，即库存和产能。而这两种属性都与分析评价、监测和控制储存损失的方法有关。无论是运移、渗漏或其他原因都会造成库存减少，甚至可能严重地影响产能。因此，编写一本关于库存复核和产能评价的新书是必要的。

目　录

第一篇　库　存

"对仓库中的所有货物和材料进行定期盘库。"

——Webster's Ⅱ，Houghton Mifflin Co.,1984

第1章　绪　　论

地下储气库是一项特殊的技术，能够将天然气通过长输管道不断输送到所需的市场中，并且可根据工程因素和经济因素不断进行调整[1]。

储气库的开发是为了在天然气需求高峰时提供足够的天然气供应，使得在出现季节性或每日波动的情况下仍能以设计容量运行或接近设计容量运行。夏季市场需求变小时，将天然气注入地下储气库，以减小管道供应；而冬季市场需求变大时，将天然气从地下储气库采出，以补充管道供应。天然气可以储存在多孔储层中，也可以储集在盐穴中。

地下储气库的寿命一般为25～30年。在其使用寿命内，储气库均存在气体损失，使其实际库存低于账面库存。由于经济和技术影响，将实际存于储层的量与天然气实际账面库存进行复核变得十分重要。

如果天然气从储气库泄漏得不到有效控制，不仅会造成经济损失，而且会降低天然气对市场的供应能力。从储气库中泄漏的气体也可能造成环境问题和安全问题。储气库中天然气损耗直接影响库存复核和产能评价。因此对库存量复核是所有储气库作业中不可缺少的一项工作。

地下储气库性能评价包括三个基本方面[1]：

- 库存复核
- 产能评价
- 天然气漏失控制

库存表示储气库中的天然气总量，主要由两部分组成：

- 垫气
- 工作气

垫气在技术上或经济上不具备开采价值，其作用是在储气库中为工作气提供必要的压力。工作气在冬季采出并销往市场，在夏季注入进行相应的补充。

产能的单位为百万标准立方英尺/d，该参数可衡量储气库将天然气输送到市场的能力，而产能又与地层压力相关。由于地层压力是库存的函数，因此可以简单地推导出产能是库存的函数。如果储气库不能存住天然气，产能就会因此而降低。

储气库为正压环境，由于天然气较其他流体密度小，因此更容易逸散。许多因素都可能导致天然气从储气库逸散，比如压力梯度、岩石渗透性、盖层完整性、几何形状、裂缝、断层、地质特征、作业条件和设备限制等。

本文主要考虑两种储存损失：

- 主要损失为天然气运移出储气库边界外
- 次要损失为天然气渗漏

主要损失可能是由于盖层失效、气体指进、压力过大或其他因素造成的。目前已有相应的检测手段和控制技术。所涉及的方法主要包括油气藏工程、计算机模拟、实时监测和定期库存复核。

天然气渗漏通常是持续的[1]。造成的原因也是多种多样，比如套管接箍泄漏、机械接头缺陷、小孔腐蚀、水泥固结不良、采油树渗漏、管道泄漏、意外井喷、排液、压缩机站未按计量操作等。上述天然气损失通常称为渗漏，据估计每年该类的最大损失量在1%和2%之间。

渗漏损失有时太小，无法在每年或每两年的检测中发现。然而可以通过定期库存复核来定量确定渗漏的累计效应。

目前定期库存复核的方法主要包括：

- 关井测压容积法
- 库存–压力动态分析法
- 压力–库存图版分析法

容积法：即利用膨胀因子、储气库几何形状、孔隙度、压力不稳定分析和地质统计学计算关井压力与储气孔隙体积的关系。该方法可计算天然气的现有库存，通过与账面库存进行比较，可以得到天然气累计损失或无效气量。

动态法：即根据稳定后的拟压力（注采季节前后的压力）与天然气量计算库存。行业标准要求对定容储气库和部分或全水驱储气库分别采用 ΔQ 方程和改进的 ΔQ 方程进行计算。计算库存通常需要计算机模拟、非稳态或半稳态计算和水驱计算。

图版法：即持续监控拟压力，绘制拟地层压力（p/z）与库存（I）图版。本文讨论描述了定容储气库的斜率和截距，水驱储气库的水驱效应，并且分析了斜率和截距变化的原因[1]。该类图版分析也被称为滞后效应分析，利用相关数据可以确定天然气运移、渗漏和气泡增长。滞后曲线的使用通常要求稳定的压力数据或者相关的观测井压力。

背 景

截至1994年，美国储气库工作气约为3.1万亿标准立方英尺（TSCF），可满足整个国家的需求。根据报道，西部地区（从明尼苏达州、科罗拉多州、亚利桑那州到太平洋各州）具有5683亿立方英尺（BCF）的工作气[2]；大部分工作气位于东部地区（从中西部延伸到大西洋各州），具有约1.8万亿立方英尺（TCF）。其余工作气约7110亿立方英尺，位于墨西哥湾、中部的得克萨斯州、新墨西哥州、俄克拉荷马州、堪萨斯州、阿肯色州、密西西比州和路易斯安那州。再加上垫气，总库存达到4万亿立方英尺。

在具有大量储气库资源的州中，密歇根州以5595亿立方英尺的工作气排名第一。加利福尼亚州在西部地区为最多，达到2123亿立方英尺。在东部地区，宾夕法尼亚州以3846亿立方英尺的工作气仅次于密歇根州。表1-1是《石油和天然气杂志》最新编制和出版的一份数据，描述了各州储气库的库存[2]。

表1-1　各州储气库的库存　　标准10亿立方英尺

州名	垫气	工作气	库存
Alabama 亚拉巴马州	2.6	1.4	4.0
Arkansas 阿肯色州	21.5	3.6	25.1
California 加利福尼亚州	246.2	212.3	458.5
Colorado 科罗拉多州	46.1	38.3	84.4
Illinois 利诺伊州	584.5	172.1	756.6
Indiana 印第安纳州	112.6	40.5	153.1
Iowa 艾奥瓦州	204.2	43.1	247.3
Kansas 堪萨斯州	240.2	91.9	332.1
Kentucky 肯塔基州	105.3	102.8	208.1
Louisiana 路易斯安那州	265.2	237.0	502.2
Maryland 马里兰州	46.6	13.1	59.7
Michigan 密歇根州	411.5	559.5	971.0
Minnesota 明尼苏达州	4.6	6.7	11.3
Missouri 密苏里州	21.6	7.5	29.1
Mississippi 密西西比州	73.2	52.4	125.6
Montana 蒙大拿州	167.3	204.3	371.6
Nebraska 内布拉斯加州	50.0	24.5	74.5
New York 纽约州	3.7	3.7	7.4
New Mexico 新墨西哥州	90.1	77.1	167.2
Ohio 俄亥俄州	334.2	185.8	520.0
Oklahoma 俄克拉荷马州	172.9	86.3	259.2
Oregon 俄勒冈州	4.9	7.0	11.9
Pennsylvania 宾夕法尼亚州	355.1	384.6	739.7
Texas 得克萨斯州	231.6	235.7	467.3
Utah 犹他州	64.1	42.9	107.0
Washington 华盛顿州	16.8	15.1	31.9
West Virginia 西弗吉尼亚州	294.9	172.0	466.9
Wyoming 怀俄明州	60.7	41.5	102.2
Total U.S. 总和	4211.3	3056.3	7267.6

资料来源：摘自《石油与天然气杂志》(PennWell Publishing) 发表的数据。

在636法令颁布之前，生产商原本没有建设地下储气库的意识。自1993年11月1日636法令正式确定市场利率以来，由于需要考虑供需不平衡的问题，各个生产商逐渐建设了许多能够快速响应储气能力的管道枢纽项目。在636法令颁布之前，储气库建设在管道上游，而不是在管道下游的市场端。这些理念和做法已经坚持了很多年，比如俄克拉荷马州塞尔储气库、得克萨斯州北兰辛储气库、路易斯安那州东或西尤宁维尔储气库。自636法令颁布以来，许多新储气库和枢纽设施正在规划和建设中，其中很大一部分为盐穴储气库，据统计自1986年以来近一半的项目均为盐穴储气库。

编写目的

本书目的是介绍和总结当代的储气库技术，以及库存复核和产能评价领域所有的最新进展。

储气库中库存的各个组成部分都必须准确计算。每个组成部分都需要应用不同的法律、会计和税收。

向第三方开放的储气库中，多个储气库的工作气存留在气藏孔隙中，不可避免地与可采或不可采垫气以及残留的原生气混在一起。在该情况下，为了更加合理的入账，必须进行定期库存复核来确定各组成部分之间的变化和运移。

在测试结果和计算中出现的误差和不确定性，采用储气库行业最新的定量程序进行分析。

本书的目的是收集呈现和记录目前的技术状况、工程方法和其他有关库存复核与产能核实的技术。

参考文献

1. Tek, M. R.. Underground Storage of Natural Gas. Gulf Publishing, 1987.
2. Gas Storage Plays Critical Role in Deregulated U. S. Marketplace. Oil and Gas Journal Special Pipeline Report, Sept. 1999.

第2章　库存的概念

当市场需求超过管道输送量时，地下储气库可为市场提供供应。为了向市场提供季节性天然气以保证天然气供给的稳定性，需要设计并建造许多地下储气库。该类储气库称为基础负荷储气库。为了应对天然气极端需求的其他类型储气库称为高峰调节储气库。例如，加利福尼亚州的 Honor Rancho 储气库是一个典型的基础负荷型储气库；同样在加利福尼亚州的 Playa del Rey 储气库则是一个典型的高峰调节型储气库。两者在南加州天然气公司服务的市场上有着各自不同的作用。

储气库的正常运行有三个基本要求：

- 库存复核
- 产能评价
- 控制气体运移

储气库的工作气在需要时供应给市场。在地下储气库中，工作气与垫气共同存在于储气库。虽然两者有相同的组分，但两者在储气库中的作用和性质却截然不同。工作气可定期输送到市场，而垫气则一直存于储气库中，以提供输送工作气所需的压力。

由于工作气和垫气具有不同的作用，因此在工程作业和经济评价中应该区别对待。确定储气库中不同类型的气体体积并根据需要对每一类气体进行再细分具有重要意义。

储气库中天然气体积的分类

本节将分析讨论储气库中各类天然气体积的主要分类，以及各自子类别、测量方法、作用、物理性质和经济可采性。

库存

库存是某一特定时刻储气库中储存的天然气总量。库存在采气后的最小值与注气后的最大值之间变化，包括原生气、垫气、定期注入和采出的工作气总和。

通过关井压力测量或利用 $p-V$ 曲线可以计算出库存，$p-V$ 曲线可通过容积热力学方程计算得到。

工作气

工作气会随着季节更替发生变化。对于每个储气库，工作气是由市场需求决定的。工作气的最大值，又由储气库设计的上限压力决定。影响储气库上限压力的因素包括盖层完整性、临界压力、深度和溢出点等。在每个季度转向注入作业前的最后一天，都会将工作气全部采出。

工作气可通过计量注入和采出储气库的气量确定。在储气库设计和建设早期，一般通过工程估算以及对预期储气库性能进行计算机模拟来估算工作气。当储气库完全稳定运行时，工作气最好是通过实际生产能力的极限来确定。在温度极低的冬季，有时会进行专门的季节测试以尽可能准确地确定工作气[1]。每次可采出的工作气主要取决于压缩技术、脱水技术、输送管道以及地面其他设施。

垫气

垫气也存在于储气库中，主要作用是为输送工作气到市场提供所需的压力。垫气主要由两部分组成：

- 可采出垫气
- 不可采出垫气

在储气库运行中，保留可采出垫气有以下两个原因：

1. 为满足市场需求，每个储气库都有最低的产能标准，在采出季节的高峰或最后一天将会达到下限压力。超过该临界值采出垫气不仅可能导致设备出现故障，中断储气库运行，还可能导致违反合同和环境安全问题。

2. 由于现有设备的设计是与储气库特性和所服务市场相匹配，当实际压力低于其设计阈值时，其经济性较差。

由于地面设备的特点和大多数储气库的性质，在特殊情况下采出所有工作气后，如有必要可采出一定数量的垫气。

由于物理原因使得每个储气库中有部分垫气是完全不可采出的。在受水侵影响的储气库中，一部分垫气分散在大量的小孔隙中，并且在采出过程中保持不动。对于大多数储气库，当地面压力为废弃压力时，大约最大库存量的10%被认为在物理上是不可采出的。在低于废弃压力的条件下，采出天然气必须使用极其昂贵的设备，因此一般认为该部分垫气是不可采出。在枯竭油田建设的储气库中，一部分天然气也是无法采出，因为天然气在废弃压力下将溶解在原油中。

图2－1描述了地下储气库的基本概念。该图是以注采井网为剖面，这些井均位于储气库中，并与地面的集输系统相连。

地面设施包括压缩机、冷却设备、分离器、脱水设备、压力调节器、仪表等。如图2－1所示，上覆盖层位于储气库的上方，气水界面位于储气层的下方，气层下方的岩层被邻近水层的盐水所饱和。

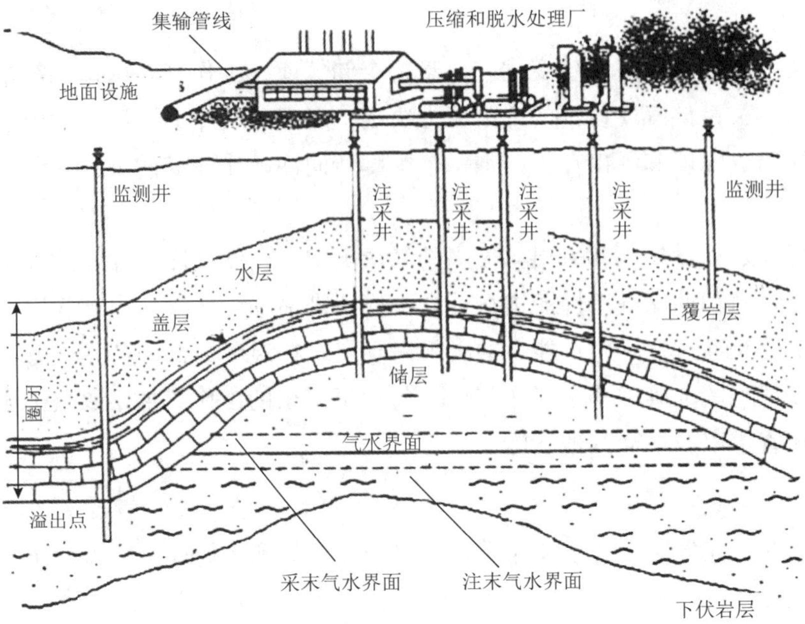

图 2－1　地下储气库基本概念

水层中孔隙体积一般达不到 100% 含水，因为还含有一些气体，有时还含有剩余油。同时储气层的孔隙体积也不是 100% 充满气体，因为储气层中还含有一些间隙水，有时还含有剩余油。

图 2－2 描述了储气库中存在的两大类气体，分别为工作气和垫气。

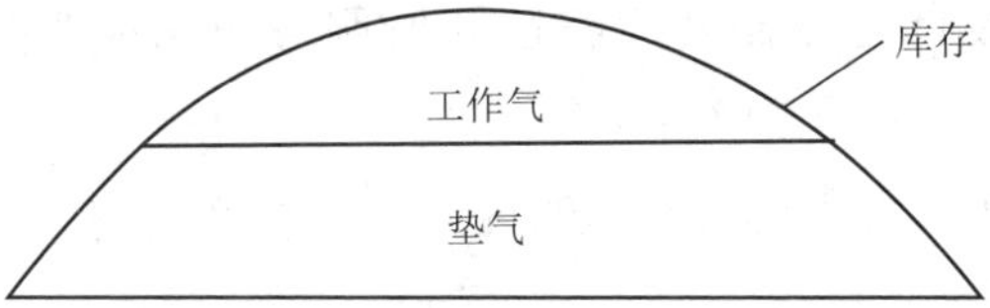

图 2－2　储气库库存的主要组成部分

图 2－3 描述了垫气所包含的各类气体：

- 现有设备可采的垫气
- 现有设备无法采出的垫气
- 不可采出的垫气

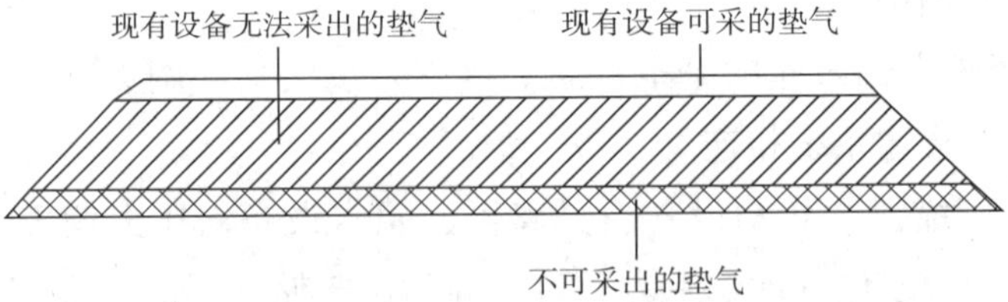

图 2－3　垫层气主要组成部分

在图2－1、图2－2、图2－3中，储气层、水层、上覆盖层、下伏岩层、工作气、垫气等均与气藏岩石基质和盐穴非溶的孔隙空间有关。

垫气的作用

储气库的储层空间有限，垫气可提供必要的压力完成注采作业。分析数学公式可知，垫气越大，压力越高。压力与产能密切相关，产能的单位一般为百万标准立方英尺/d（MMscf/d），储气库压力越高，产能越大。因此，垫气越大，储气产能也越大。图2－4定性地描述了两者之间的关系。

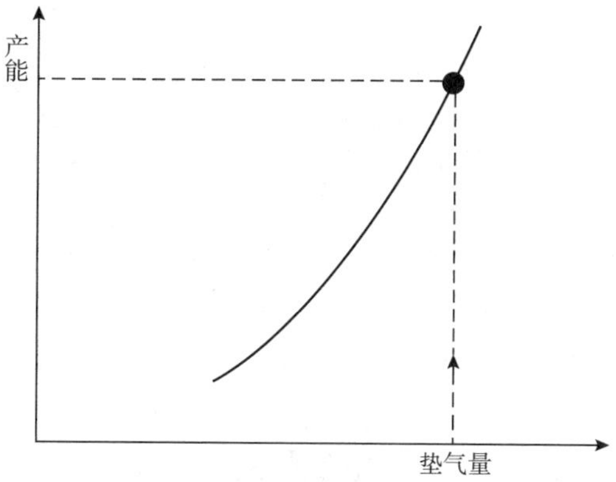

图2－4 垫气对产能的影响

图2－5利用储罐类比说明垫气的概念。储罐中流体的量在A和B之间变化[3]。A表示储罐装满且开始采气的节点，A与上限压力密切相关。AB之间的任意位置C可通过开关将天然气输送到市场中。当达到B时，则不能通过开关将天然气输送到市场中。工作气即为储罐中A和B之间的量。B以下即为储气库运行必需的垫气。B和D之间的垫气理论上是可采出的，但是实际生产中并不采出，因为该部分垫气对于储气库的产能至关重要。

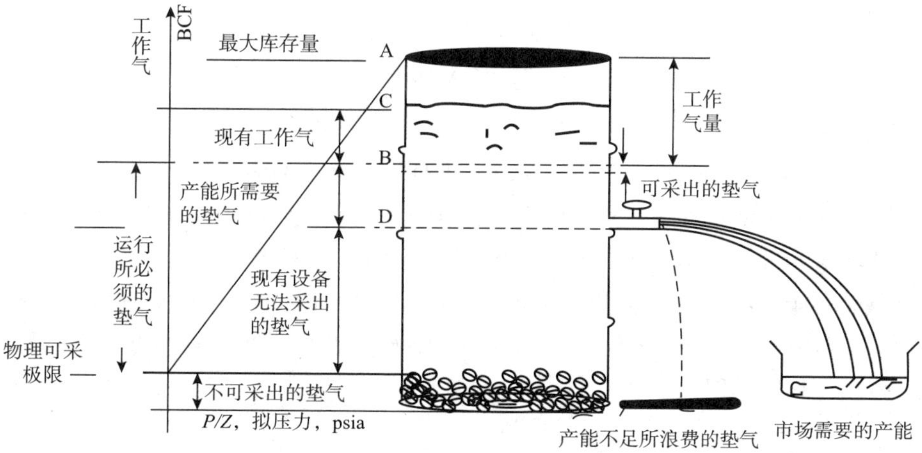

图2－5 垫气作用模拟图

D表示通过开关进行作业所必需的垫气。如图2－5所示，底部是通过物理方法不可采出的垫层气。假设储罐底部存在许多具有孔隙结构且含饱和流体的碎石，即使排出储罐中的所有流体，一些流体仍会吸附在碎石中，即表示通过物理方法不可采出的垫气。

在调节注采作业时，经过会遇到该类问题：“如果降低开关的位置减少垫气，结果会怎样?”该问题的答案如图 2－6 所示，减少垫气会产生额外的成本。如果降低开关的位置，则需要更多的泵以提供额外的能量才能将天然气输送到市场中，这将直接增加额外成本。泵的购置、安装和运行以及降低开关位置增加的成本类似于以较低的地面压力运行储气库所增加的压缩机、脱水设备、段塞流捕集器的费用。该实例是太平洋公司与美国国税局之间诉讼提出的一个问题。

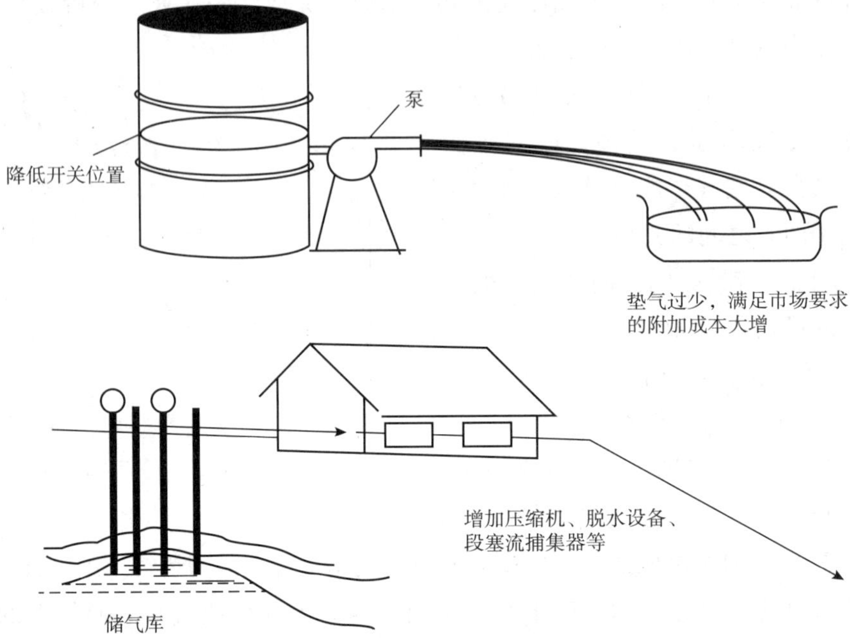

图 2－6　减少垫气对成本的影响示意图

参考文献

1. Tek, M. R. , Underground Storage of Natural Gas, Gulf Publishing, Houston, 1987.

2. Tek, M. R. , Underground Storage of Natural Gas—Theory and Practice, NATO/ ASI Applied Sciences Vol. 171, Kluwer Academic Publishers, Dordrecht, Netherlands, 1989.

3. Tek, M. R. and James M. Iocca, “The Role of Line Pack in the Operation of the Transwestern Natural Gas Pipeline System”, Transwestern Pipeline Company v. United States, 639 F2d679, Trial division No. 45576, Report to U. S. Court of Claims, 1979.

第 3 章 滞后效应基本原理

地下储气库的动态监测主要通过连续绘制并分析压力–库存数据图，该图也称为滞后图。以前的滞后曲线是注采井口压力与相应账面库存之间的简单关系图，目前已经演变为体积加权平均的井底拟压力（p/z）与相应实际库存之间的关系图。目前在每个季节的检修期可以监测关井压力，从而计算体积加权平均压力。此外，还可以采用一口或多口监测井实现连续的压力监测，其数值与现场 p/z 的体积平均值相关。滞后图中的拟压力必须是气层达到平衡状态时得到。一直处于关闭状态监测井的压力数据，并不能直接反映平衡拟压力，只是相互之间存在一定的数量关系。只要测量的关井压力数据有效，就可以将地面监测井压力转换为井底压力的体积加权平均 p/z。

根据储层性质，滞后曲线可反映储气体积（定容）和水驱程度。下面将分别进行讨论。

定容储气库

定容储气库的滞后性能可通过拟压力–库存图中一条过原点的直线来表示。如图 3–1 所示。当储气库库存在注气结束时的最大库存 I_A 和采出结束时的最小库存 I_B 之间变化时，相应的 p/z 值沿着经过原点的直线 OBA 不断移动。从数学角度分析，该线的斜率等于 RT/V，其中 R 是气体常数，T 是储气库绝对温度，V 是气体所占的孔隙体积。因此，库存越大，直线斜率越小；库存越小，直线斜率越大。如果储气库库存受限或持续漏失，则 OBA 直线会向右平移[2]。

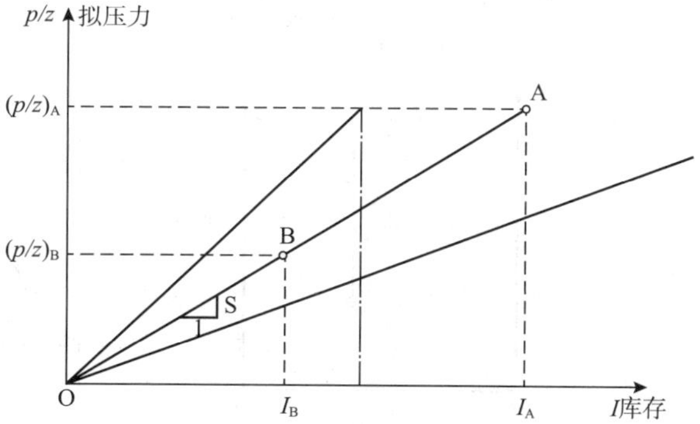

图 3–1 定容储气库滞后曲线

练习： 1. 描述定容储气库滞后曲线的斜率与库存成反比的关系。

2. 在有限漏失的条件下，滞后曲线会向右平移。如何确定漏失的程度？

水驱储气库

在注采过程中，如果有水驱现象，那么拟压力－库存曲线会呈现出截然不同的特点，如图3－2所示。

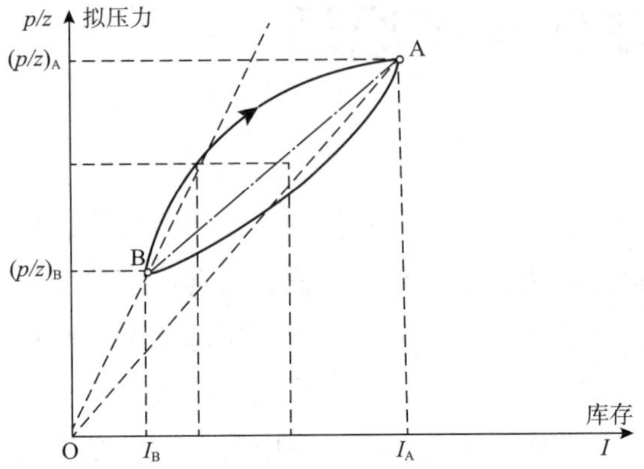

图3－2 受水侵影响的储气库滞后曲线

在注采过程中储气库性能会表现出两种不同的曲线，因此将上述图称为滞后图。

从图3－2中AB线可以看出，在采气阶段，由于水侵引起含气孔隙体积减小，压力递减滞后。相反的情况也发生在注气阶段，随着天然气注入，水从储层中流出，含气孔隙体积增加，从而导致库存量从I_B恢复到I_A过程中压力上升滞后。

图3－3是水驱效应的物理模型。图3－3（a）为一个倒置的试管（代表气层）浸入充满水的容器（代表水层）中，假设试管底部装有开关AB。如果开关AB保持关闭，当采气并通过M计量时，库存从I_A开始，拟压力p/z将沿直线AO下降；如果在采出期间开关保持AB′打开状态，则容器中的水会由于气层压力降低而进入试管。由于水侵入试管导致体积变小，气层中拟压力p/z下降速率会小于直线AO的斜率。同理，在注入过程会发生相反的情况，此时如果开关关闭，随着库存的增加，拟压力p/z将沿直线OB增加；如果开关在注入过程打开，部分水会排出试管，导致拟压力p/z增长速率小于直线OB的斜率，如图3－3（b）所示。

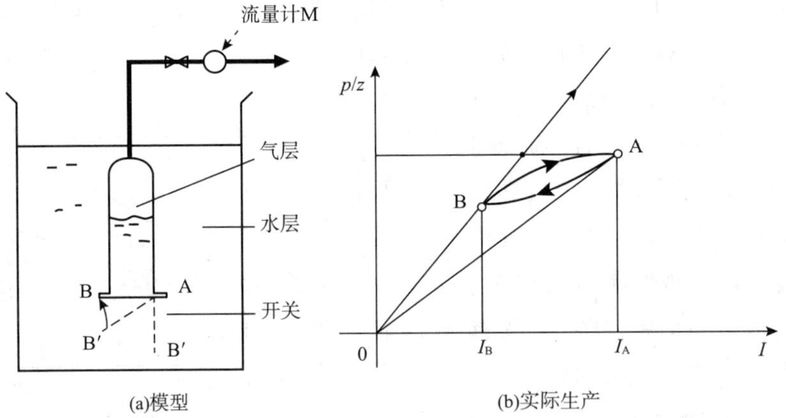

图3－3 水驱储气库模型及性能

在实际生产中，含水层储气库每年夏季都要进行频繁注气作业，到秋季注入末期滞后曲线的拟压力p/z趋于水平线。其原因为注入气体体积约等于排出水体积。

压力－库存滞后因素

图3－4描述了压力－库存滞后曲线的组成。描述滞后曲线的两个主要因素分别为拟压力 p/z 和库存 I。它们组成的压力－库存二维坐标系唯一确定点A的位置。即底部平均拟压力（p/z，单位psia）和与其对应的库存（I，单位BCF）共同确定点 A。

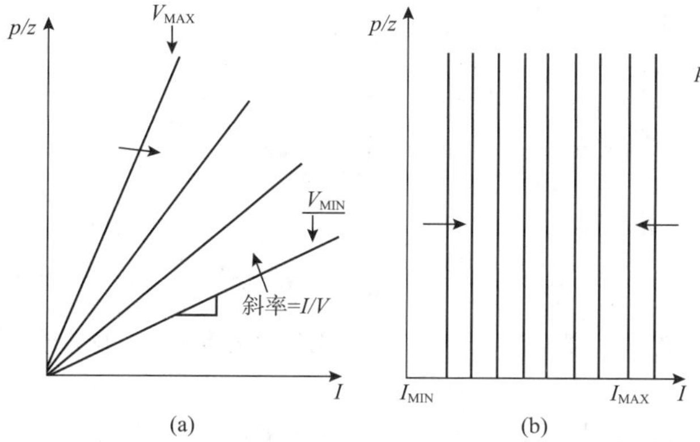

图3－4 压力－库存滞后曲线示意图

在图3－4（c）中从几何角度分析，点A可看作由以下两条直线相交所得：

1. 经过原点的直线，其斜率为气层孔隙体积大小，如图3－4（a）所示。
2. 与横坐标垂直的线段，表示当前库存 I。

在定容储气库中，过原点直线的斜率与气层孔隙体积成反比，当库存变化时，其斜率保持不变。而受水驱影响的储气库中，过原点直线绕原点转动，其斜率在最大和最小气层孔隙体积之间变化。垂线表示库存，其值在最大和最小库存之间变化。

在储气库运行过程中，由于市场需求的变化，通常需要调节库存量。例如，在冬季暂停天然气供应。一些储气库偶尔会在供应季的中期进行注气。此类注气是由于周期内多轮调峰或某些特殊购气情况造成的。由滞后曲线可知，在气水过渡带水的往复运移，直线绕原点来回摆动。

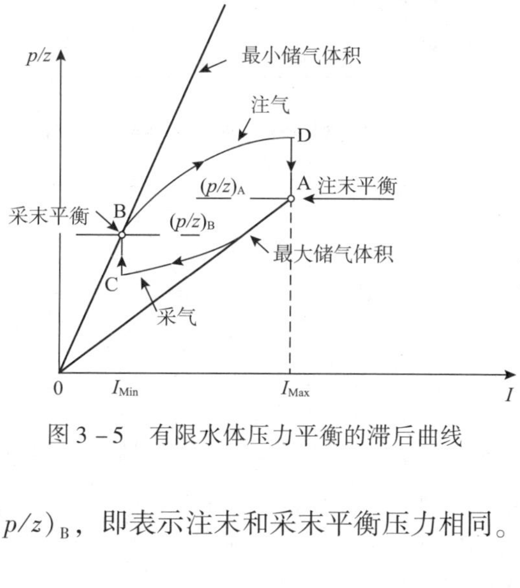

图3－5 有限水体压力平衡的滞后曲线

图3－5为含水层储气库中一个注采周期的滞后曲线。图3－5所示的曲线较为理想，假设当水层和气层达到压力平衡时才进行采气作业和注气作业。

在图3－5中 $(p/z)_A \neq (p/z)_B$，即平衡状态下，有限水体的注末和采末平衡压力不同。对于无限大水体，平衡状态下 $(p/z)_A = (p/z)_B$，即表示注末和采末平衡压力相同。

图 3－6 为更加真实的滞后曲线，在注采周期开始时其水层与气层的压力并不平衡。

大多数含水层储气库在固定库存下关井时，需要很长时间才能与气层达到压力平衡。例如中西部的许多水层需要一年才能与气层达到压力平衡。

图 3－7 为无限大水体的储气库在平衡状态下进行注采作业的滞后曲线。

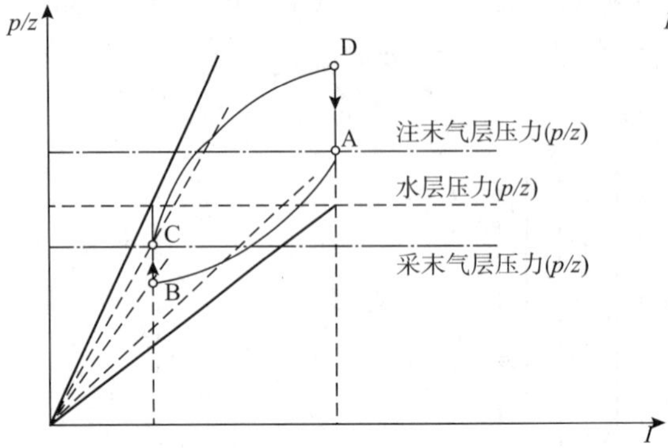

图 3－6　无限水体压力未平衡的滞后曲线

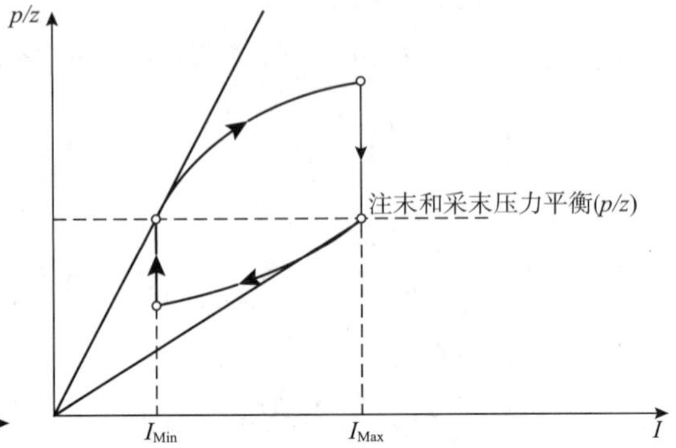

图 3－7　无限大水体压力平衡的滞后曲线

图 3－8 为有限水体的储气库在未达到平衡状态下进行注采作业的滞后曲线。

图 3－9 为美国某地典型含水层储气库滞后曲线。

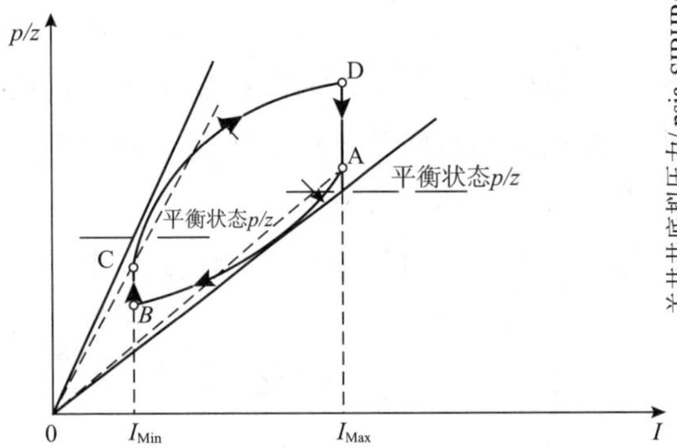

图 3－8　有限水体压力未平衡的滞后曲线

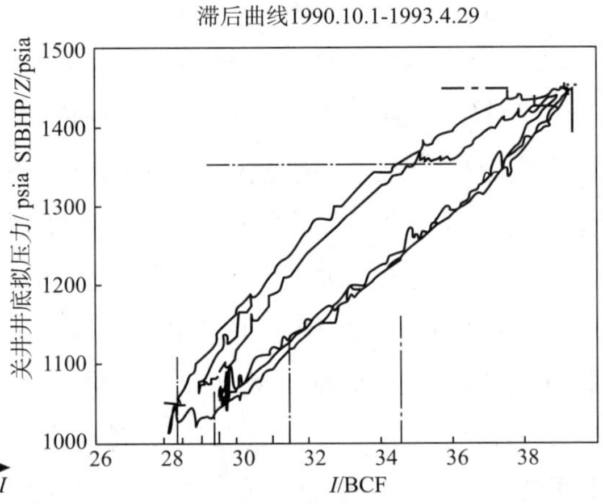

图 3－9　典型含水层储气库滞后曲线

第4章 滞后图在库存复核中的应用

p 表示储气库气层中的体积加权平均压力，拟压力（p/z）与库存 I 的关系由以下公式表示。

$$\frac{p}{z} = \frac{RT}{V}\frac{10^9}{379.4} \tag{4.1}$$

式中 p——体积加权平均压力，psia；

I——库存，BCF；

T——兰氏温度，°R；

V——体积，ft^3；

R——气体常数，10.732psia·ft^3/(mol·°R)。

若只有一口监测井，则压力 p 为该监测井压力，若有多口监测井，则压力 p 为多个监测井的平均压力。将监测井压力与现场体积加权平均压力联系起来是一种常用手段。

当储气库的每口井关井测压数据均为有效值时，压力 p 的方程可表示为[1]：

$$p = \frac{\int_A ph\mathrm{d}A}{\int_A h\mathrm{d}A} \tag{4.2}$$

或

$$p = \frac{\sum p_i h_i A_i}{\sum h_i A_i} \tag{4.3}$$

无论采用一口还是多口监测井，均可用拟压力－库存曲线进行库存复核，并对储气库损失进行估算。利用滞后图进行持续监测和观察，不仅可以合理准确地估算损失，而且还可以分析气体运移和储气库气体损失的原因。储气库是否存在渗漏以及该类损失是否通过储气库边界或井筒发生，始终是储气库工程师所关注的问题。储气库边界包括盖层、断层、裂缝、背斜。通过实例观察进行分类来确定储气库存相关性能的变化将在下节说明。

滞后图诊断分析

根据9个国家、4个大陆和美国（19个州）的155个储气库在施工、设计、研究和运行方面的经验总结，编制了以下滞后图。这些图包括美国 25% 的储气库以及 30% 以上含水层储气库。

已分类滞后图诊断讨论

图 4－1 ~ 图 4－20 是一些典型的滞后图，这些图可作为诊断地下储气库特性的指南。

图 4－1 为定容储气库无天然气损失的理想情况。

图 4－2 为定容储气库在一次累计损失前后的典型滞后特性。线 A′B′的延长线在 I 轴上的截距表示库存的累计损失。

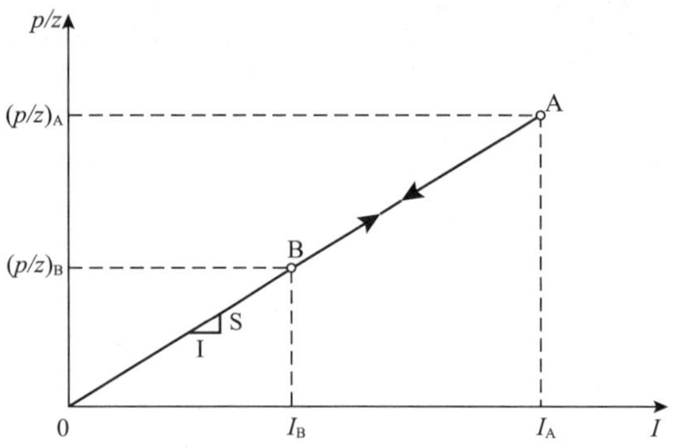

图 4－1　无天然气损失的定容储气库滞后图

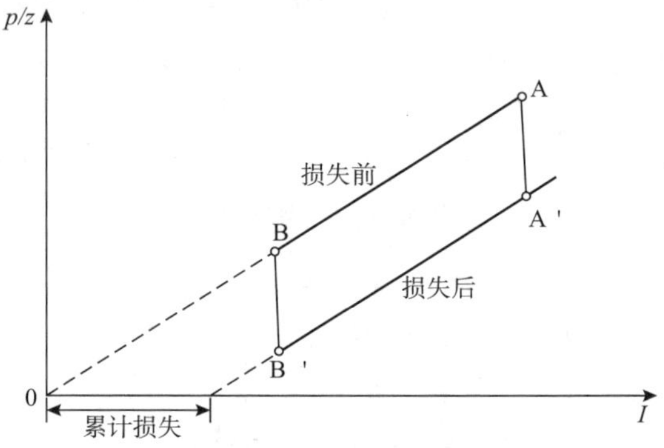

图 4－2　累计损失前后定容储气库滞后图

图 4－3 为储气库发生一次气侵后，滞后性能的变化。在实际运行中，从下伏岩层中可能侵入一部分天然气，即发生气侵。有额外能量供给时，滞后曲线向左移。

图 4－4 为发生持续的小规模天然气损失后，定容储气库的滞后特性。有额外能量损失时，滞后曲线向右移。

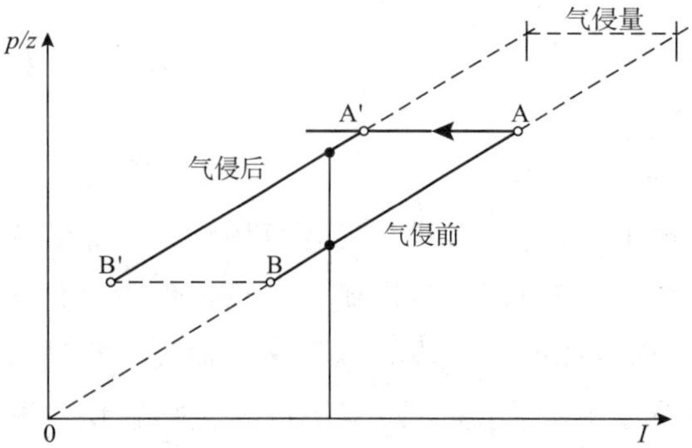

图 4－3　发生气侵前后定容储气库滞后图

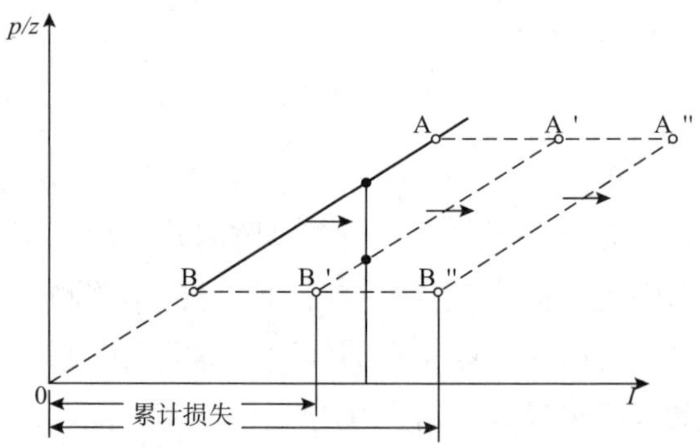

图 4－4　发生持续小规模损失的定容储气库滞后图

图 4－5 为未平衡的压力对定容储气库滞后特性的影响。未平衡的原因通常是采气或注气后没有足够的关井时间进行压力恢复导致的。在采气时，滞后曲线向下不断偏离直线；在注气时，曲线向上偏离直线。

图 4－6 和图 4－7 为随机的压力损失未平衡导致滞后曲线变形失真。

图 4－8 为有限水侵下的滞后图。在初次采气压降后（近似直线 AB），在 B′处开始进入注气周期，水侵后 p/z 增加，在 B′的切线 B′A′斜率变大代表孔隙体积变小。当没有气体损失时，描述水侵前后气层孔隙体积的 OA 及 OA′均通过原点。

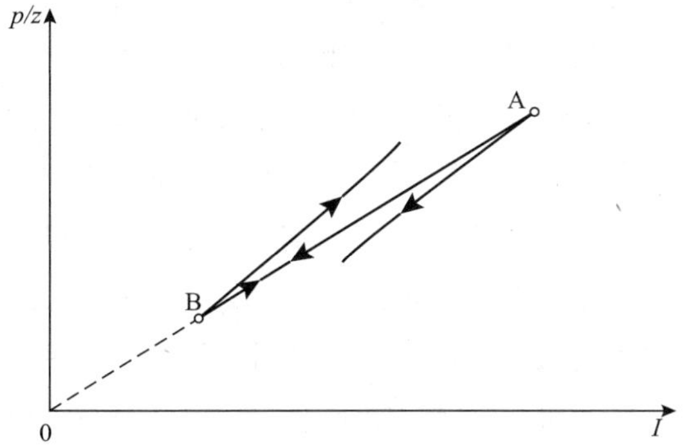

图 4－5　未平衡的压力下定容储气库滞后图

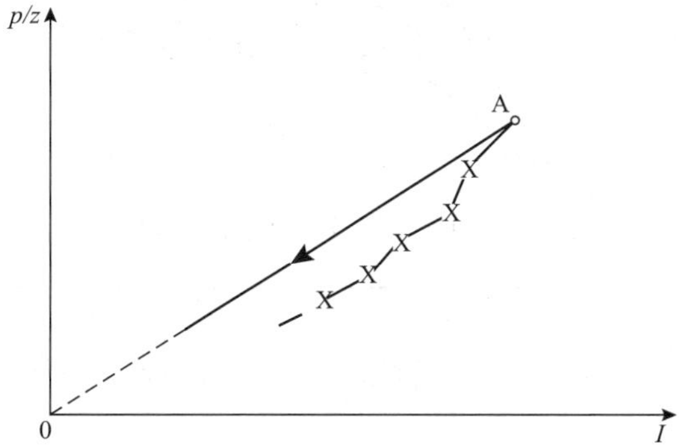

图 4－6　采气时随机压力损失未平衡定容储气库滞后图

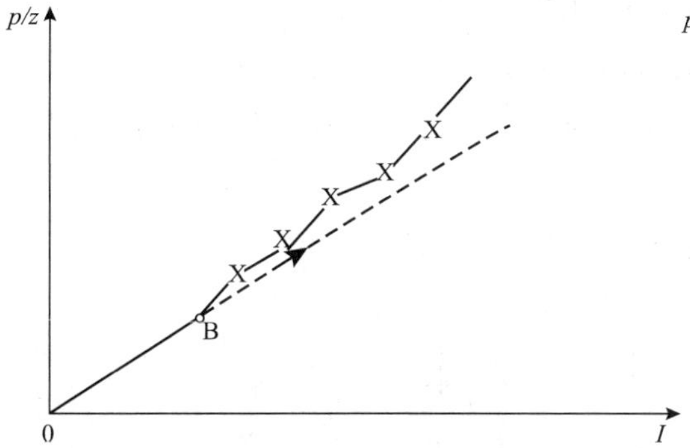

图 4－7　注气时随机压力损失未平衡定容储气库滞后图

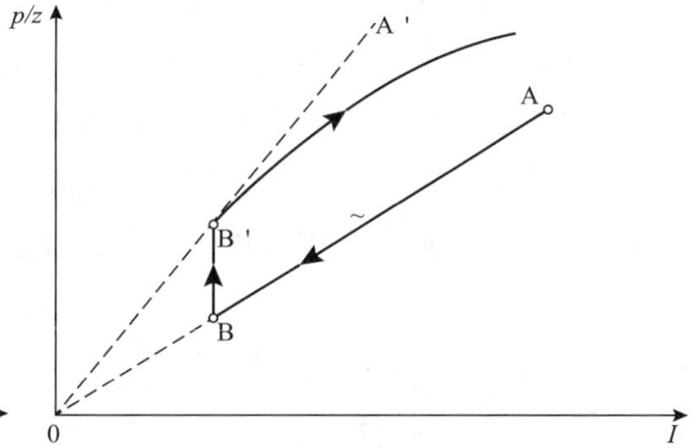

图 4－8　有限水侵下储气库滞后图

图 4－9 为有限水侵储气库在第一次注入周期前发生气体损失。可通过初始注气周期中滞后曲线的切线来推断损失量。

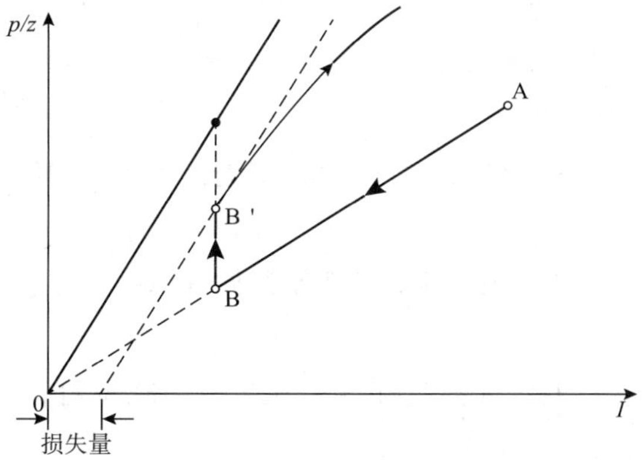

图 4－9　有限水侵储气库发生气体损失的滞后图

图 4－10 为含水层储气库的典型滞后特性，在连续注采周期 1、2、3、4 中没有气体损失，每个周期都在 R_1 和 R_2 所构成的包络线内，R_1、R_2 的斜率分别为最大和最小气层孔隙体积。采气时的滞后线与 R_1 相切，而注气时滞后线与 R_2 相切。采气周期 1 开始于 A，此时水仍在向外排出，气层的 p/z 仍大于最大库存时平衡压力对应的 p/z。注气周期 2 在到达 B 点后不关井立即开始。注入周期完成后，压力从 E 下降到 C（这可能是达到最大库存后关井造成），在采气周期 3 中再次下降到 D，立即进入注气周期 4。在这个特殊例子中，最大和最小库存对应的平衡压力不同，这表示有一个小的含水层。由于所有的周期都包含在 R_1 和 R_2 之间，并且没有向右平移，表明没有气体损失。

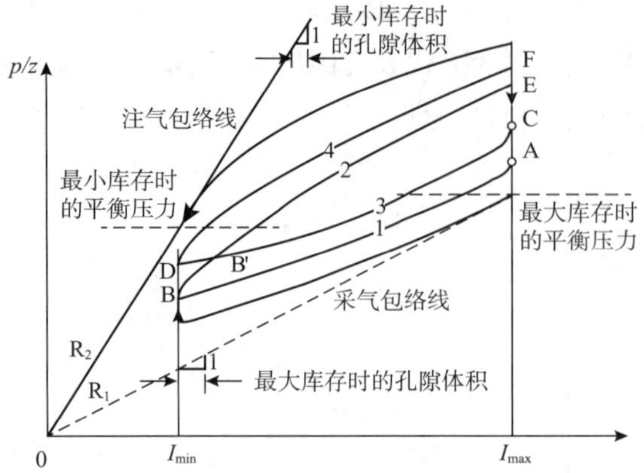

图 4－10　没有气体损失的典型含水层储气库滞后图

图 4－11 为含水层储气库中天然气损失对滞后性能的影响。该图有三个注采周期：较大气体损失前、损失中和损失后，每一个周期均始于水层和气层压力平衡时。对于所示的三个注采周期，均处于拟压力的最大值和最小值之间。在压力－库存滞后图中包络线的斜率增大，表示强水驱导致气层孔隙体积减小。

图 4－12 为无损失、累计损失 1 和累计损失 2 三个周期的滞后曲线。

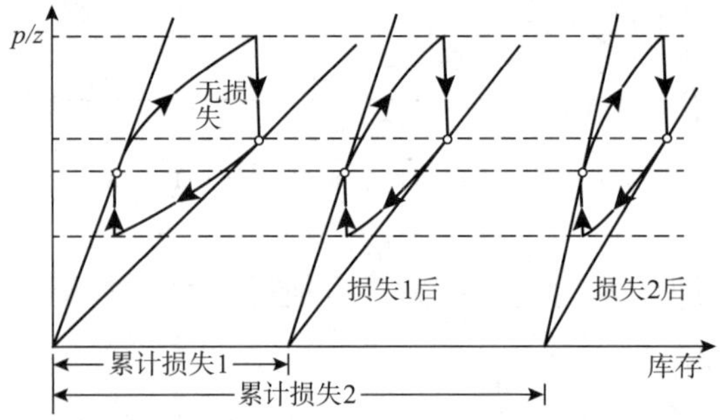

图 4－11　压力平衡下有气体损失的含水层储气库滞后图

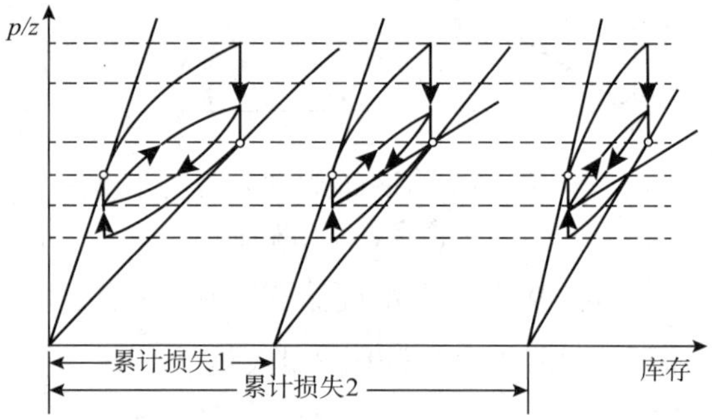

图 4－12　压力未平衡有气体损失的含水层储气库滞后图

当滞后曲线向右移时，表示储气库中有气体损失；当滞后曲线向上倾斜时，表示气层孔隙体积收缩减小。

图 4－13 为在固定上限和下限拟压力的含水层储气库中，持续的天然气损失对工作气和气层孔隙体积的影响。

图 4－14 为持续记录的天然气损失和气层孔隙体积减小对含水层储气库滞后曲线的影响。

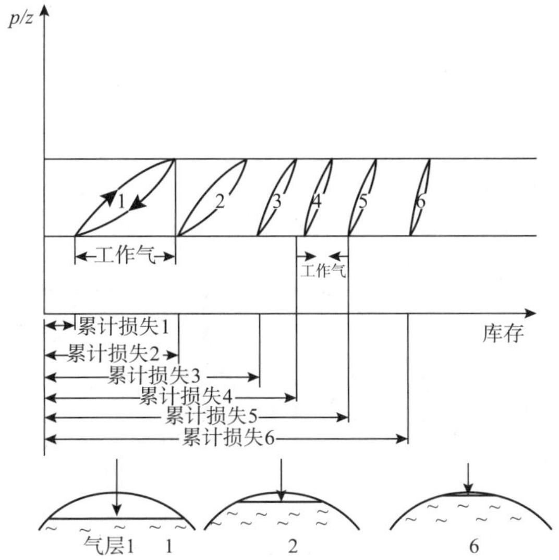

图 4－13 持续气体损失对含水层储气库滞后曲线的影响

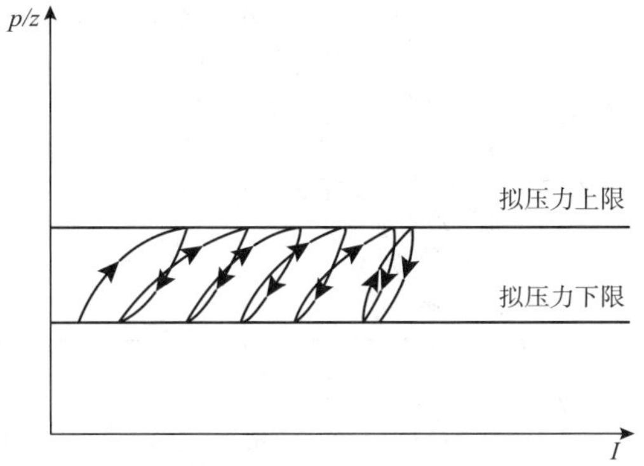

图 4－14 气损和孔隙体积减小对含水层储气库滞后曲线的影响

图 4－15 为储气库持续气体损失，但气层孔隙体积保持不变的滞后曲线。注采过程中滞后曲线斜率不变但曲线右移，是有限水侵储气库气损的典型特征。

图 4－16 为储气库的压力超过了其盖层的阈值，导致储气库发生漏失的模拟滞后曲线[1]。

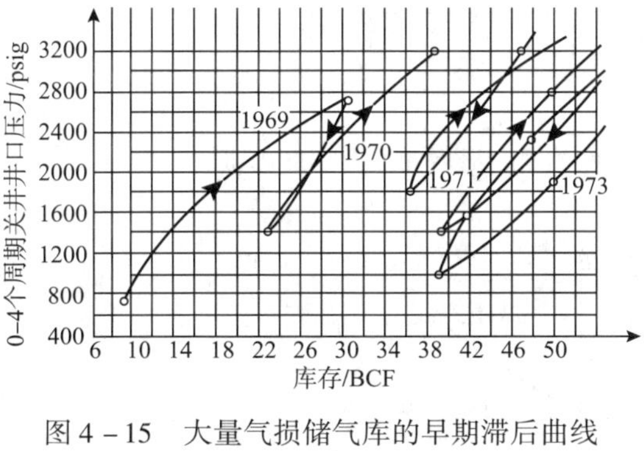

图 4－15 大量气损储气库的早期滞后曲线

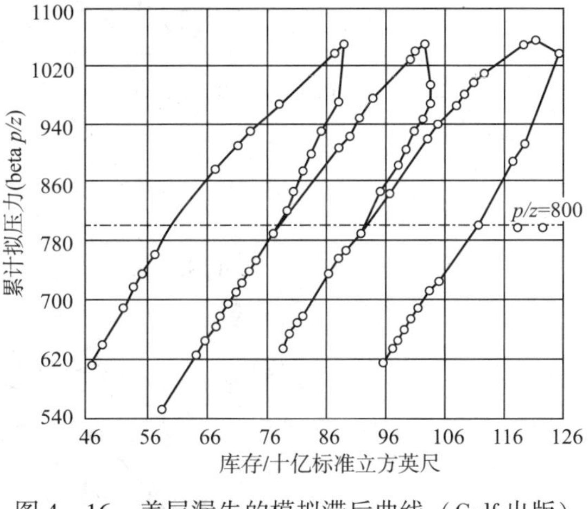

图 4－16 盖层漏失的模拟滞后曲线（Gulf 出版）

图 4－17 为存在井筒漏失的模拟滞后曲线（在浅层气体以临界流速从微孔漏失）。

图 4－18 为无水侵且存在大规模泄漏的储气库滞后曲线。

图 4－19 为 1975～1982 年怀俄明州尤因塔县勒鲁瓦储气库的滞后曲线[2]。该储气库在《石油技术杂志》和《石油工程师协会》中被视为可控气体运移的典型案例。

图 4－20 为含水层储气库次生气顶形成过程中滞后效应的演变。对于无气体损失的储气库而言，连续的拟压力－库存曲线通常保持在设计的包络线之内，即在最小和最大库存

与拟压力曲线之间。

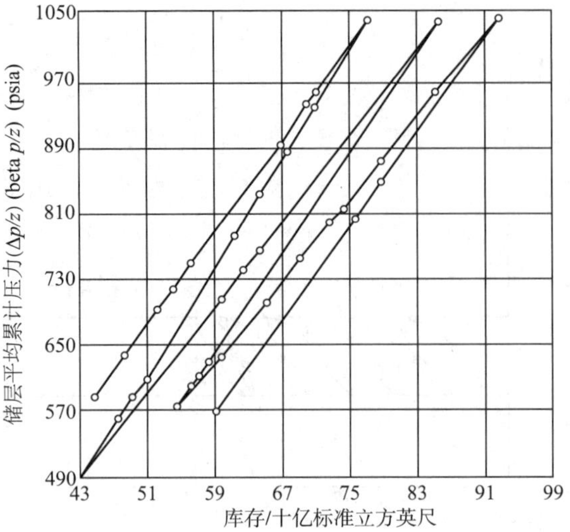

图 4－17　井筒漏失的模拟滞后曲线（Gulf 出版）

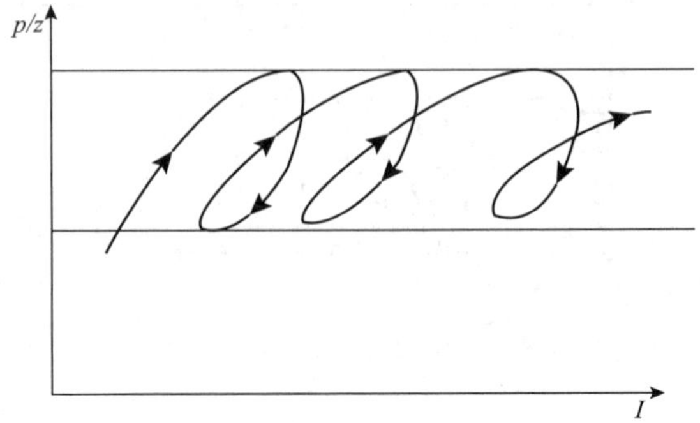

图 4－18　储气库发生大规模泄漏的滞后曲线

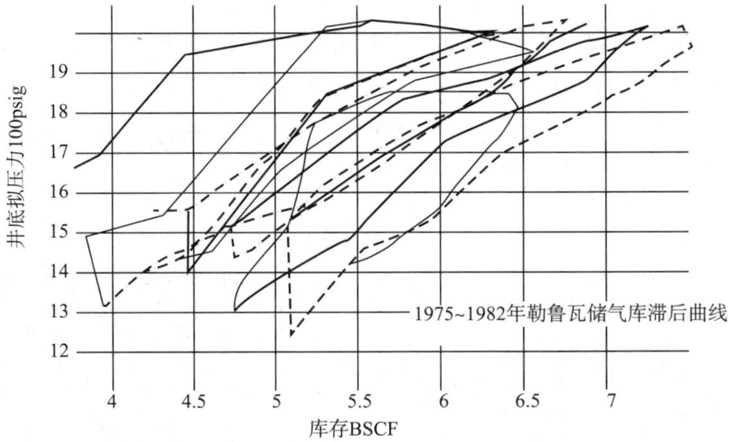

图 4－19　怀俄明州尤因塔县勒鲁瓦储气库的早期滞后曲线（Gulf 出版）

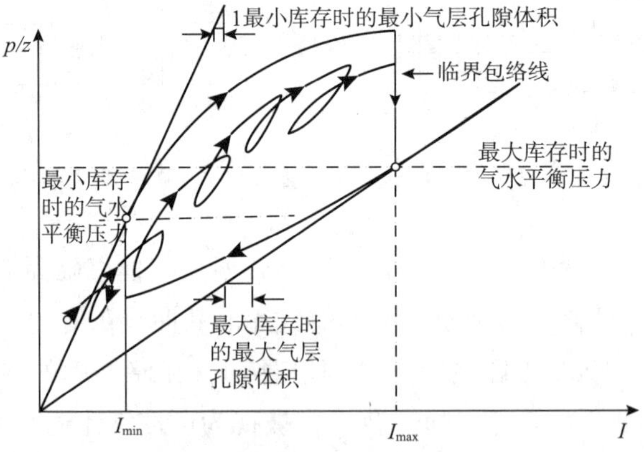

图 4－20　含水层储气库滞后曲线演变图

图 4－21 为通过背斜构造的鞍部向邻近构造运移的储气库滞后曲线和接受运移气的储气库产生的异常递减曲线。

图 4－22 为图 4－21 所示的两个储气库综合滞后曲线，为两者间气体运移提供了证据[3]。

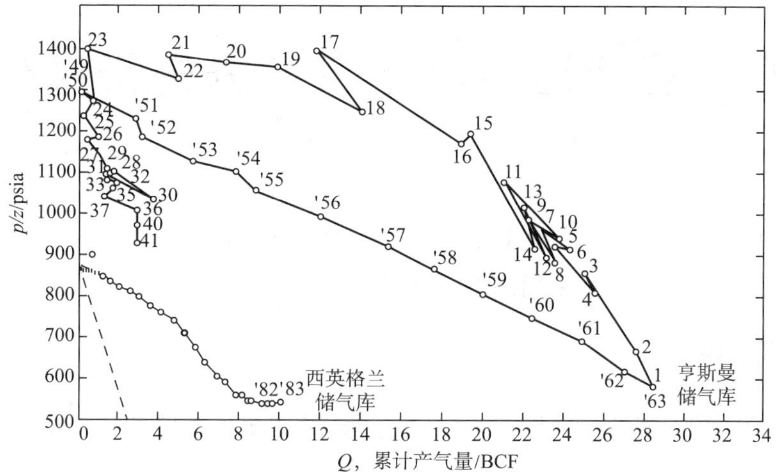

图 4－21　经背斜鞍部运移漏失储气库的滞后曲线（Kluwer 学术出版社提供）

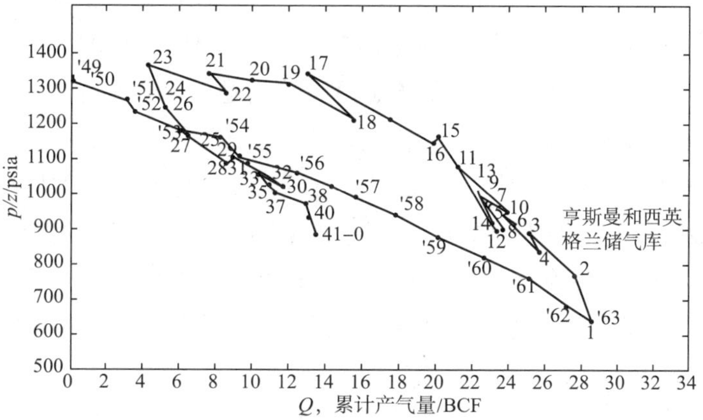

图 4－22　两个相邻储气库的综合滞后曲线（Kluwer 学术出版社提供）

参考文献

1. Tek, M. R. , Underground Storage of Natural Gas-Theory and Practice, Kluwer Academic Publishers, 1989.

2. Tek, M. R. , Coleman, D. D. and J. M. Parker, "Huntsman and West Engelland Fields, Cheyenne County, Nebraska: A Case History of Technical Lessons from a Legal Conflict", SPE15586, New Orleans, La. , 1987.

3. Tek, M. R. , Underground Storage of Natural Gas, Gulf Publishing, 1987.

第 5 章　运用储气库运行数据进行库存复核

库存复核的目的是计算和核对储层中的实际库存量与账面库存量。其评价方法与储量计算方法没有区别，目前广泛采用以下两种方法：

1. 容积法
2. 动态法

两种方法均适用于定容储气库和水驱储气库。库存复核中的误差和不确定性将在后面的章节中进行讨论。

库存复核如此重要的原因最主要是技术需要。储气库的性能很大程度上取决于储气库中的库存，因此必须不断对储气库进行监测，以校核计算结果与观测结果是否一致。通过程序化的库存复核，可以在注采周期内任何时刻确定工作气和垫气。对于识别天然气损失、计算累积损失、气体运移、渗漏和产能损失等问题，库存复核具有非常重要的作用。同时识别储气库漏失机理、优化注采方案等工程任务也需要库存复核。

在第 1 章回顾了库存复核背景后，第 2 章主要对储气库库存相关概念进行了阐述，第 3 章介绍了滞后效应的基本原理，第 4 章通过图版实例为滞后性能的分析提供了指导方针，第 5 章的目的是提出目前库存复核的主要方法。从概念发展到图版，从图版发展到定量计算分析，第 6 章将详细介绍预测滞后性能的工程计算。这些方法既能进行手动概算，也能采用计算机精算。

定容法

定容法与天然气储量估算方法相似，由 70 年代末 Richard Mantia 与 Katz 教授合作提出[1]。

I 表示储气库的库存：

$$I = VE \tag{5.1}$$

式中　I——库存，标准立方英尺；

V——气层孔隙体积，立方英尺；

E——气体膨胀系数，标准立方英尺/立方英尺。

$$E = 35.37\,\frac{p}{zT} \tag{5.2}$$

式中　p——体积加权平均压力，psia；

z——无因次压缩因子，无因次；

T——兰氏温度，°R。

气层孔隙体积 V 由储层的几何和地质因素得到：

$$V = Ah\phi(1 - s_w) \tag{5.3}$$

式中　A——面积，ft^2；

h——平均厚度，ft；

ϕ——孔隙度，分数；

s_w——含水饱和度，分数。

将公式 5.1、5.2、5.3 三者联立，得到库存关于压力、孔隙度和厚度的关系式：

$$I = A\phi h(1 - s_w)35.37p/zT \tag{5.4}$$

通常采用“块平均”的方法求解储层中孔隙度、厚度和压力的非均质性。

使用等压分布图和等孔隙度图（根据等厚线和岩心孔隙度数据绘制），可以确定每个区块 ϕhp 的平均值，并根据测量压力数据计算库存。Mantia 使用的方法包括等压图和等孔隙图的叠加，以及计算体积平均值的 p 和 ϕh 平面等值线图[1]。图 5－1 为 Mantia 论文中 West Unionville 储气库等孔隙度图。图 5－2 是用于计算库存的 p 和 ϕh 等值线叠加图[3]。

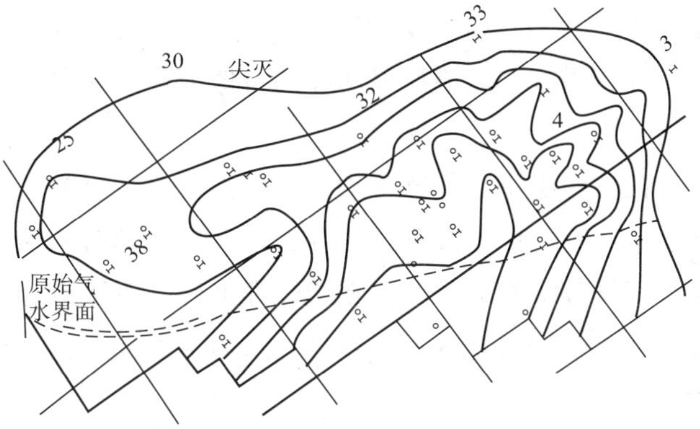

图 5－1　Unionville 储气库等孔隙度分布图（Kluwer 学术出版社提供）

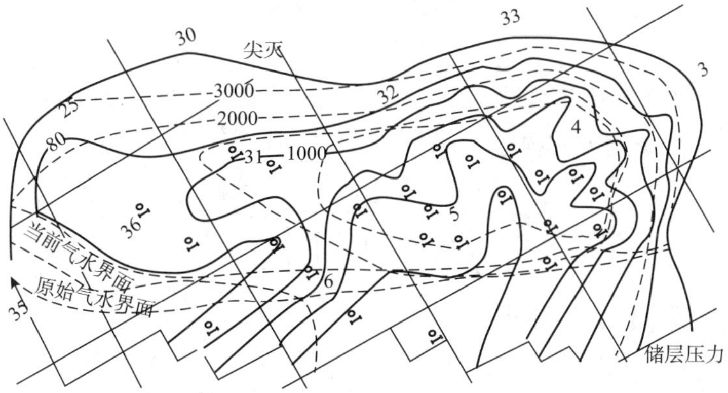

图 5－2　Unionville 储气库等孔隙度和等压力叠加图（Kluwer 学术出版社提供）

压降法

压降法计算库存为在采气期间从时间 1 开始测量的压降与计量的采气量 ΔQ 之比。

$$I_1 = \frac{\Delta Q}{\left[\left(\frac{p}{z}\right)_1 - \left(\frac{p}{z}\right)_2\right]}\left(\frac{p}{z}\right)_1 \tag{5.5}$$

式中 I_1——采气前的库存，BCF；

ΔQ——采气量，BCF；

$(p/z)_1$——采气前气水平衡时的拟压力，psia；

$(p/z)_2$——采气后气水平衡时的拟压力，psia。

在注气阶段只需要将式 5.5 中 ΔQ 替换为 $-\Delta Q$，此时 $(p/z)_2 > (p/z)_1$。

式 5.5 中 p/z 必须为气水平衡的拟压力。

如果储气库受有限水驱影响，其气层孔隙体积在注采周期中的变化不超过几个百分点，则式 5.5 计算的库存为合理值。然而，当拟压力差较小时会产生计算结果的不确定性。出现该情况往往是因为采气量较小，没有产生足够大的拟压力差造成。本书将在后面的章节讨论所涉及的误差和不确定性。

如果气层孔隙度体积在注采周期内发生显著变化，则需要分别从注气和采气阶段计算库存，并求其平均值。计算库存与对应账面库存的差值为储气库自上一次复核以来的累计损失。

式 5.5 利用注气和采气数据可以计算平均累计损失。该计算方法能够清晰地展示损失的产生和随时间的变化过程。一般情况下，库存的累计损失随时间增加；而在持续小规模损失的储气库中，库存累计损失与时间的关系成略微上倾的直线或趋于水平的渐近线。在累计损失中只要曲线增长都表明有新的损失产生。从另一方面来说，积累损失的明显减少可以用来复核计算中的不确定性程度。

压降修正法

气层孔隙体积在注采周期始末会发生明显变化。其变化对库存的影响可以利用 M. R. Tek 推导的压降修正方程描述[2]。

$$I_1 = \frac{\Delta Q}{\left(\frac{p}{z}\right)_1 - \left(\frac{p}{z}\right)_2 \frac{V_2}{V_1}}\left(\frac{p}{z}\right)_1 \tag{5.6}$$

式中 V_2——采气后气层孔隙体积；

V_1——采气前气层孔隙体积。

V_2/V_1 的值可由以下四种方法得到：①根据测井确定气水界面的海拔高度计算得出；

②在注采周期内对水进/退进行数值模拟得出；③对于用其他方法得到的库存，可使用式 5.6 反算得出；④利用预测水驱储气库滞后性能的方程得出（见第 6 章）。V_2/V_1 也能够通过体积研究和地下地质学得到。

在式 5.5 中利用采气数据计算水驱储气库的累计损失量时，损失量会偏低；而用注气数据计算累计损失量时，损失量会偏高。

参考文献

1. Mantia, R. W., Inventory Verification Isopore Volumetric Method, Underground Storage of Natural Gas – Theory and Practice, Kluwer Academic Publishers, 1989.

2. Tek, M. R., Underground Storage of Natural Gas, Gulf Publishing, 1987.

3. Tek, M. R. (Editor), Underground Storage of Natural Gas, Theory and Practice, Proceedings, NATO/ ASL, Kluwer Academic Publishers, 1989.

第 6 章　水驱储气库库存复核

无论是由气藏开发的储气库还是由含水层开发的储气库，都可能受水驱作用的影响。针对上述储气库，库存复核和产能评价均需要预测注采周期内的气层压力。气水层之间的压差会导致水进或水退，从而改变气层孔隙体积大小。压力、温度和体积之间的热力学关系构成了物质平衡方程。该物质平衡来自非稳定状态下水进或水退的压缩效应导致气层孔隙体积变化。通过偏微分方程和叠加原理计算水驱效应的方法，在 50 年代至 60 年代的大型计算机上进行了大量的数值模拟。在 70 年代至 80 年代数值模拟更加精细和复杂，通常采用一维、二维或三维模型描述非稳定状态下单相、两相或三相的流体流动。

基于数值模拟的经验、储气库现场数据分析和个人计算机时代的到来，使得使用一些操作简单但功能强大的模拟器成为可能。该类模拟器能够拟合早期的历史数据来预测储气库运行。

多年以来大多数复杂的模拟器都是冗长而重复的叠加效应，使得储气工程师不是对类似黑盒子的计算结果不信任，就是只能选择压力 – 库存滞后图等经验方法。

目前采用简化的半稳态方程，同时建立气层和水层的物质平衡方程对水驱效应进行逐步计算。从而在储气库工程中建立了实用而高效的计算方法。事实上，如果 60 年代至 70 年代的大型计算机和功能强大的模拟器代表了对储气库问题的整体水平，那么个人计算机和电子表格技术就代表着替代传统方法的最新技术。

本章的目的是研究分析含水层储气库滞后性能的基本方程和方法，并讨论初期和后续水层压力的计算过程，然后预测滞后性能，最后实例分析中西部一个典型含水层储气库。

确定气水平衡压力的步骤

在设计和运行含水层地下储气库过程中，通常需要测量、计算或两者结合确定水层压力。

在注气体前未受干扰的储气库中，原始水层压力一般可通过测量井筒内的水位得到。一旦注气并形成一个或多个含水层储气库时，水层静压力就会发生变化。如果掌握水层的可膨胀体积、水层的有效压缩性以及天然气量和性质，就可提高静压力的计算精度。

如果由于某种原因，在储气库运行期间，处于长期关闭状态，则可直接测量水层静压力，从而计算水层的体积。而在通常情况下水层的体积是通过历史拟合得到的。

气水平衡压力计算

气水平衡压力是根据物质平衡原理和储层温度下水层的压缩效应得到。

假设水层原始水量为 V_i、原始水层压力为 p_{ai}、水层压力为 p_a、水的有效压缩系数为 $\bar{c}$。如图 6－1 所示，当 $I = I_{max}$时，储气库气水平衡压力为 $p_a = p_{a1}$。当 $I = I_{min}$时，储气库气水平衡压力为 $p_a = p_{a2}$。p_{a1}计算如下：

$$\bar{c} = -\frac{1}{V}\frac{dV}{dp_a}$$

$$\bar{c} \cong -\frac{1}{V}\frac{\Delta V}{\Delta p_a} \qquad 6.1$$

$$\Delta p_a = p_a - p_{ai} \qquad 6.2$$

初始状态时：

$$V = V_i$$

$$\Delta V = V_1 - V_i$$

$$p_{a1} - p_{ai} = -\frac{(V_1 - V_i)}{V_i}\frac{1}{\bar{c}} \qquad 6.3$$

$$V_1 - V_i = -\frac{I_{max}}{E(p_{a1})} \qquad 6.4$$

式 6.4 中比例为负时表示水层排驱出的体积为注入气体占据的空间体积（I_{max}）。其中：

$$E(p_{a1}) = \frac{35.37p_{a1} \times 5.61}{z_1 T}$$

式中，$E(p_{a1})$为气体膨胀系数，SCF/桶。

将式 6.4 代入式 6.3 得

$$p_{a1} - p_{ai} = +\frac{1}{V_i}\frac{I_{max}}{198.43}\frac{z_1 T}{p_{a1}}\frac{1}{\bar{c}} \qquad 6.5$$

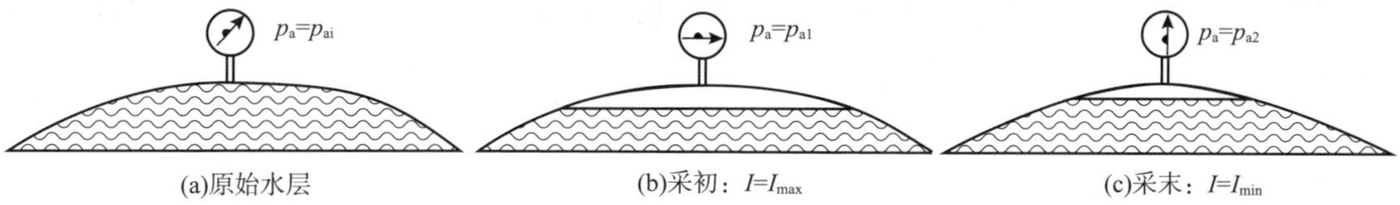

图 6－1 不同库存下的水层压力

式 6.5 为采初时气水平衡压力的表达式，即：

$$p_{a1} = p_{ai} + \frac{I_{max}T}{198.43\frac{p_{a1}}{z_1}\bar{c}V_i}$$

$$\frac{p_{a1}}{p_{ai}} = 1 + \frac{I_{max}T}{198.43\frac{p_{a1}}{z_1}\bar{c}V_ip_{ai}} \tag{6.6}$$

式6.6中，$\bar{c}V_ip_{ai}$ 表示最大排出水量，用 W_{ei}表示，即：

$$p_{a1} = p_{ai}\left[1 + \frac{I_{max}T}{198.43p_1W_{ei}/z_1}\right] \tag{6.7}$$

式6.7中 p_1 可以通过实验或利用 p/z 与 p 的线性关系求解。当处于气水平衡时，$p_1 = p_{a1}$。

在上述计算中，p 表示气层压力，p_a 表示水层压力。

p_1的另一种表达式可通过膨胀系数函数得到，当气水平衡时，$p_1 = p_{a1}$：

$$\frac{p_{a1}}{p_{ai}} = 1 + \frac{I_{max}}{E(p_{a1})W_{ei}} \tag{6.8}$$

式中 I_{max}——最大库存量，SCF；

$E(p)$——膨胀系数，SCF/桶；

W_{ei}——最大排出水量，桶。

在计算最小库存（I_{min}）时的气水平衡压力，同样可以通过水层物质平衡得到：

$$\frac{p_a}{p_{ai}} = 1 - \frac{W_e}{W_{ei}} \tag{6.9}$$

式中 W_e——水层压力为p_a时的累计水侵量，桶；

W_{ei}——原始最大水侵量，桶。

式6.9为水层物质平衡方程及当累积水侵量为 W_e时的水层压力。

W_e可以用非稳态水驱动方程计算（参考 Hurst、van Everdingen 等手册和 Duhamel 的叠加原理）或直接使用简化的水驱方程计算[1][2]（参考 Dake 和 Fetkovich 的文献）。

当 $I = I_{min}$时

$$p_{a2} = p_{ai}\left(1 - \frac{W_{e2}}{W_{ei}}\right) \tag{6.10}$$

根据式6.10，W_{e2}表示 $p_a = p_{ai}$时的累积水侵量。采初和采末水侵变化量可表示为 ΔW_e，即：

$$\Delta W_e = I_{max}/E(p_1) - I_{min}/E(p_2)$$

水层压力 p_{a2}和 p_{a1}的关系为：

$$p_{a2} = p_{a1}\left[1 - \frac{\frac{I_{max}}{E(p_{a1})} - \frac{I_{min}}{E(p_{a2})}}{W'_{ei}}\right] \tag{6.11}$$

其中

$$W'_{ei} = W_{ei} - \Delta W_{e'}$$

$$\Delta W_e = \frac{I_{max}}{E(p_{a1})} - \frac{I_{min}}{E(p_{a2})}$$

W'_{ei}代表采气开始时水层原始可膨胀水量，该值是采气过程中水的入侵量得到。

参考问题

用式6.9，采初时计算的气水平衡压力 p_{a1}，和采末计算的气水平衡压力 p_{a2}，推导式6.11。

W_{ei}表示气体注入之前，水层中原始可膨胀水体积；在式6.9中可由当前累积水侵量得到当前水层中剩余膨胀水体积。*

在式6.11中：

$$E(p) = 198.43\frac{p}{zT}, \text{SCF/桶}$$

已知 p_{a1}、I_{max}、I_{min}和 W_{ei}，如何计算 p_{a2}将在实例分析中展开。

滞后效应计算

平衡状态下，根据 Dake[1] 提出的水驱方程和 Mike Fetkovich[2] 提出的水层生产指数和半稳态水层流动方程，用本文所开发的程序便可计算压力－库存滞后曲线。该程序不仅可用于库存复核、监测水层和气层压力，还可以用于水驱储气库的原始气量计算。

计算水驱效应的基本方程

预测气层压力与库存的关系，主要运用气层和水层的物质平衡方程。没有水驱影响的条件下，拟压力与库存的方程为：

$$\frac{p}{z} = \left(\frac{p}{z}\right)_o \frac{I}{I_o} \tag{6.12}$$

水驱对拟压降的影响如图6－2所示。在定容储气库滞后曲线中为直线OA；由于水的进入压力增加，在水驱储气库中就变成曲线AC。压力的增加量为BC所示。

---

* 该方法由诺兰天然气输送公司的恩·法格利（Earny Fagley）提出。

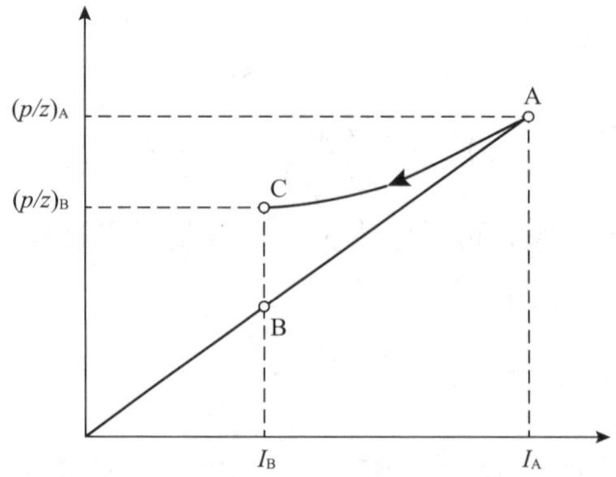

图 6－2　水驱对拟压降的影响

在受水驱影响的储气库中，拟压力与库存的方程为：

$$\frac{p}{z} = \left(\frac{p}{z}\right)_{o} \frac{I}{I_{o}} \Big/ \left(1 - \frac{W_{e}E_{i}}{I_{o} \times 10^{9}}\right) \quad 6.13$$

式中　W_e——采气期间库存从 I_o 到 I 时水的进入量，桶；

E_i——气体膨胀系数，SCF/桶；

$I_o \times 10^9/E_o$——库存 I_o 时气体占据储气库体积，桶；

分母为侵入水导致孔隙体积减少百分数。

当 W_e 取负值时，代表注气过程水被排出，此时式 6.13 同样适用于 $I > I_o$ 时的注气情况。

注采过程水侵量计算

通过 Mike Fetkovich 公式，可计算注采期间的水侵量[2]。

$$\Delta W = \frac{W_{ei}}{p_{ao}}[p_{a} - p_{av}](1 - e^{-J\Delta t p_{ao}/W_{ei}}) \quad 6.14$$

p_a表示水层压力，p 表示气层压力。W_{ei}为 $t=0$ 时水层中可膨胀水体积。

式 6.14 假设水层为半稳态流，时间间隔为 Δt 天，表明水进入量与水层和气层的平均压差成正比。$1 - e^{-J\Delta t p_{ao}/W_{ei}} \times W_{ei}/p_{ao}$表示水驱的特征强度。$\Delta W$ 是气层压力的函数，根据每个时间步长（如每月）累积水进入量 W_e进行计算。通过 W_e利用式 6.13 可以重新计算p/z，步骤如下：

1. 时间步长为 n（例如每月，从水层与气层平衡时开始 $n=0$）。$n=0$，$p_{gas}=p_o=p_{ao}$时，$W_e=0$，其中，p_{ao}为水层初始压力，W_{ei}为原始可膨胀水体积。

2. 迭代计算：

$$\left(\frac{p}{z}\right)_{n} = \left(\frac{p}{z}\right)_{o} \frac{I_{n}}{I_{o}} \Big/ \left(1 - \frac{W_{e(n-1)}E_{o}}{I_{o} \times 10^{9}}\right) \quad 6.13$$

根据上一时间步长的累积水进入量 $W_{e(n-1)}$、E_o、I_o 和 I_n（第 n 个时间步长结束时的库存）可计算出 $(p/z)_n$。

3. 由 $(p/z)_n$ 计算 p_n。对于典型管道气，$G=0.608$。在储气库温度 $T=68°F$ 时，p/z 与 p 为简单线性关系：$p = 0.79(p/z) + 72.11$，得出：

$$p_n = 0.79\,(p/z)_n + 72.11$$

已知第 n 次 Δt 结束后的气层压力 p_n 以及 p_{n-1}，计算第 n 个时间步长的水侵量：

$$\Delta W_n = \frac{W_{ei}}{p_{ao}}\left[p_{a,n} - \frac{1}{2}(p_{n-1} + p_n)\right](1 - e^{-Jp_{ao}\Delta t/W_{ei}}) \quad 6.14$$

则第 n 个时间步长时的累计水侵量：

$$W_{en} = W_{e(n-1)} + \Delta W_n$$

计算水侵量后，必须重新计算 $(p/z)_n$，以验证式 6.13 的物质平衡方程：

$$\left(\frac{p}{z}\right)_{nc} = \left(\frac{p}{z}\right)_o \frac{I_n}{I_o}\Big/\left(1 - \frac{W_{en}E_o}{I_o \times 10^9}\right) \quad 6.13$$

和：

$$p_{nc} = (p/z)_{nc} \times 0.79 + 72.11$$

此时，将 p_{nc} 与最初计算的 p_n 进行比较：

如果 p_{nc} 与 p_n 误差在 1% 以内，则计算的 p_{nc} 可作为第 n 个时间步长结束时的压力。反之，进行迭代，将 $p_{nc}=p_n^k$ 作为 p_n 的下一个近似值。ΔW_n^k 的计算如下：

$$\Delta W_n^k = \frac{W_{ei}}{p_{ao}}\left[p_{an-1} - \frac{1}{2}(p_{n-1} + p_n^k)\right](1 - e^{-J\Delta t p_{ao}/W_{ei}})$$

k 表示迭代次数。

$$W_e^k = W_{e(n-1)} + \Delta W_n^k$$

且

$$\left(\frac{p}{z}\right)_{nc}^k = \left(\frac{p}{z}\right)_o \frac{I_n}{I_o}\Big/\left(1 - \frac{W_{en}^k E_o}{I_o \times 10^9}\right)$$

将上述得到的 $(p/z)_{nc}^k$ 和 p_{nc}^k 与 p_n^k 进行比较，以确定计算压力是否需要进行下一次迭代，直到压力收敛。在个人计算机上使用电子表格中“IF”函数可以使计算结果快速收敛。

4. 确定 p_n 后，可根据当前的 W_{en} 计算平均水层压力：

$$p_{an} = p_{ao}\left(1 - \frac{W_{en}}{W_{ei}}\right)$$

得到 p_{an} 后，便可计算下一个时间步长 $n+1$。上述计算方法收敛速度快，可进行编程计算。

实例问题

中西部的一个含水层储气库的最大和最小库存分别为 39. 3BCF 和 28. 3BCF。表 6 – 1 为每个季节的库存数。储气库、含水层岩石及流体的性质见表 6 – 2。

表 6 – 1　库存数据表

n	日期	I/BCF
0	11. 1	39. 30
1	12. 1	37. 50
2	1. 1	34. 50
3	2. 1	31. 50
4	3. 1	29. 25
5	4. 1	28. 30
6	5. 1	28. 30
7	6. 1	32. 51
8	7. 1	34. 21
9	8. 1	36. 10
10	9. 1	37. 49
11	10. 1	38. 18
12	11. 1	39. 30
13	12. 1	37. 50
14	1. 1	34. 50
15	1. 1	31. 50
16	3. 1	29. 25
17	4. 1	28. 30
18	5. 1	28. 30
19	6. 1	32. 51
20	7. 1	34. 21
21	8. 1	36. 10
22	9. 1	37. 49
23	10. 1	38. 18
24	11. 1	39. 30

数据来源于中西部地区储气库工程运行数据。

表 6-2　储气库/含水层岩石和流体数据表

储气库流体	
管道气	
气体相对密度	$G=0.608$
地层水黏度	$\mu=1.75$cP（估计值）
有效压缩系数	$\bar{c}=6\times10^{-6}$vol./vol.×psi
储气库岩石及含水层	
渗透率	$k=111$mD（$k_{ef}=80$mD）
孔隙度	$\phi=0.144$
气层厚度	$h_g=30$ft
有效含水层厚度	$h=1300$ft（来自历史拟合）
气层面积	$A=8200$ 英亩
含水层/气层	
半径比	$r_a/r_g\approx8$
原始含水层压力	$p_{ai}=1082$psia（底部原始条件时）

数据来源于中西部地区储气库工程运行数据。

1. 从气层和水层完全平衡开始，每年均在未平衡情况下连续运行，预测滞后性能并与实际数据进行比较。

2. 根据注采计划，分析水层和气层压力、气层体积、水侵量的变化。

求解

在该水层开发了两个储气库。由于大量的现场工作，在 1985/1986 年期间两个储气库都关闭了约 10 至 11 个月。在长时间关井状态下获得水层和气层压力数据表明，在 $p_a=p=1106$psia 时水层和气层处于平衡状态。水层包含两个气层，总库存为 50BCF。这为确定含水层原始膨胀水体积提供了有力依据。

原始水体膨胀量计算

在 1985/1986 期间储气库的库存为 50BCF，水层压力为 1106psia。

从平衡状态开始的储气库气体膨胀系数为

$E_o=35.37\ (p/zT)\ 5.61$，SCF/桶

$\quad=35.37\ (p/z)\ (1/T)\ 5.61$

$(p/z)=1.27\ (p)-91.28$ 由线性关系得 $G=0.608$，$T=68$°F

$E_o=493.56$SCF/桶

由于气体排出水的体积为：

$$(\Delta V)=50\times10^9/493.56=101304805.90\text{ 桶}$$

参考式 6.9

$$\frac{p_a}{p_{ai}} = 1 - \frac{W_e}{W_{ei}} \tag{6.9}$$

$W_e = -101304805.90$；$p_a = 1106\text{psia}$，$p_{ai} = 1082\text{psia}$

解得 $W_{ei} = -101304805.90/(1-1106/1082)$

$\approx 4.50\times10^9$桶。

气水平衡压力计算

1986 年，当储气库气层与水层处于平衡状态时，最大库存为 39.30BCF，气水平衡压力为 1106psia。

在首次采气 11.00BCF 之后，最小库存为 28.30BCF，此时计算该库存下的平衡压力：

最大库存下的气层孔隙体积为：

$$V_1 = 39.30\times10^9/493.56$$
$$= 79.63\times10^6\text{桶}$$

最小库存的气层孔隙体积为：

$$V_2 = 28.30\times10^9/E(p)$$

对于特定的管道气，$T = 528°R$，最小库存时的压力为：

$$E(p) = 0.38(1.27p - 91.28)$$

可知，在采气过程中水的进入量为：

$$W_e = V_1 - V_2$$

$$W_e = 79.63\times10^6 - \frac{28.30\times10^9}{0.38(1.27p-91.28)}\text{，桶}$$

则式 6.9 可写为：

$$\frac{P_a}{P_{ai}} = 1 - \frac{W_e}{W_{ei}}\text{，则}$$

$$\frac{P_a}{P_{ao}} = 1 - \left[\left(79.63\times10^6 - \frac{28.30\times10^9}{0.38(1.27p-91.28)}\right)/W_{ei}\right]$$

在平衡状态 $p = p_a$ 和 $p_{ao} = 1106\text{psia}$ 时，上式的解为 $p_a = p \approx 1101.48\text{psia}$（$W_{ei} = 5\times10^9$桶）。

近似图形解

$$\frac{P_a}{1106} \cong 1 - \frac{\dfrac{39.30\times10^9}{E(1106)} - \dfrac{28.30\times10^9}{E(p)}}{W_{ei}}$$

上述方程可用试算法和误差图解法求解，得 $p_a = p \approx 1102\text{psia}$

滞后效应计算

进行滞后效应分析首先应通过现有数据预测水层和气层参数。

A. 原始可膨胀水量计算

在缺乏历史数据的情况下，需要水层大小、形状、厚度、孔隙、原始压力和水的有效压缩性等数据进行计算：

$$W_{ei}=\pi\ (r_a^2-r_g^2)\ hf\bar{c}p_i$$

根据关井数据计算 $W_{ei}=5.06\times10^9$ 桶。在后续的误差分析小节里，也可对该值进行直接计算：

B. 水层生产指数计算

$$h=1300\text{ft}$$

$$k=111\text{mD},\ k_{eff}=80\text{mD}$$

$$\mu=1.75\text{cP}\ (\text{估计})$$

$$\bar{c}=6\times10^{-6}\text{vol/vol}\times\text{psi}\ (\text{有效压缩系数})$$

$$\phi=0.144$$

$$J=\frac{7.085\times10^{-3}\times f\times k\times h}{\mu\left(\ln\frac{r_a}{r_g}-\frac{3}{4}\right)}$$

$f=1.0$ 当几何形状为径向圆形时；$(r_a/r_g)=8$

$$J=7.085\times10^{-3}\times1.0\times80\times1300/1.75\ (2.1-0.75)$$

$$J=311.89\ \text{桶/(d·psi)}$$

采用 $J=325$ 桶/(d·psi)

C. 气体膨胀系数计算

$$E_i=35.37\ (p/z)\ (1/T)\ 5.61\text{SCF/桶}$$

$$E_i=493.56\text{SCF/桶}$$

滞后效应的迭代计算

从时间步长 $n=0$ 开始。根据库存数据和水的流动来计算拟压力。

$$n=0;\ p=1106\text{psia}$$

$$p_{ao}=1106\text{psia};\ W_{eo}=0;\ \Delta W_o=0$$

$$n=1$$

水层压力计算：

$$p_{a1}=p_{ao}\ (1-W_{eo}/W_{ei})=1106\text{psia}$$

$$\left(\frac{p}{z}\right)_1=1313.34\times\frac{37.50}{39.3}\Big/\left(1-\frac{W_{eo}E_o}{I_o\times10^9}\right)$$

当 $W_{eo}=0$

$$(p/z)_1=1253.19$$

$$p_1=0.79\times1253.19+72.11$$

$$=1062.13\text{psia}$$

计算 Δt 时间的水侵量：

$$\Delta W_1=\frac{W_{ei}}{p_{ao}}-\left[p_{ao}-\left(\frac{1}{2}\right)(p_o+p_1)\right](1-e^{-Jp_{ao}\Delta t/W_{ei}})$$

$J=325$，$\Delta t=30$ 天，p_{ao}表示 $n=0$，Δt 时的原始含水层压力。

$$\Delta W_1 = \frac{4.5\times10^9}{1160} - \left[1160 - \frac{1}{2}(1160+1062.13)\right]\times0.00239 = 213640.31\text{ 桶}$$

$$W_1 = W_0 + \Delta W_1 = 213640.31\text{ 桶}$$

拟压力计算：

$$\left(\frac{p}{z}\right)_{1c} = \left(\frac{p}{z}\right)_o\left(\frac{I_1}{I_o}\right)\Big/\left(1-\frac{W_{e1}E_i}{I_o\times10^9}\right)$$

$$=1313.34\times\frac{37.5}{39.3}\Big/\left(1-\frac{213640.31\times493.56}{39.3\times10^9}\right)$$

$$=1256.56$$

$$p_{1c}=0.79\times1256.56+72.11$$

$$=1064.79\text{psia}$$

第一次迭代结果如下

$$(k=1),\ (p_{1c}^k/p_1^k)\ =1064.79/1062.13$$

$$=1.0025$$

差值$\triangle p_1^k=1064.79-1062.13=2.66$psi，计算误差在 0.2% 以内。

令 $n=2$，再次计算水层压力：

$$p_{a2}=1106\left(1-\frac{213640.31}{5.06\times10^9}\right)$$

$$=1105.95\text{psia}$$

计算顺序如上文所述，如果 $p_{nc}^k/p_n^k>1.02$ 或 <0.98，则 k 增加 1

$$k=k+1,\ p_n^{(k+1)}=p_{nc}^k$$

计算 $\Delta W_n^{(k+1)}$，$W_{en}^{(k+1)}$，$(p/z)_n^{(k+1)}$ 等。

计算结果

上述计算通过 Microsoft Excel 进行，结果如图 6－3 ~ 图 6－8 所示。图 6－3 展示了在储层温度下管道气 p/z 和 p 的线性关系。图 6－4 为水层压力、气层压力、库存与时间的关系图，并可以得到与注气、关井和采气之间的关系。在注气结束时，气层压力波动明显是因为迭代次数少于两次而使计算误差较大。图 6－4 中还展示了最大、最小和平均库存时的气水平衡压力。由于计算机程序中规定了误差，图中所示的气层压力存在 ±3% 的误差。

图 6－5 为库存与每月水侵量的关系。图 6－6 为从两个年度注采平衡开始，累计净水侵量曲线图。图中累计水侵量的增加与图 6－4 中气层和水层压力曲线呈负相关。图 6－7 为储层孔隙体积比与时间的关系。孔隙体积收缩是由于注采制度造成。由于水层的进/退，与平均值相比气层体积变化约为 4.5%。这些数据对利用压降修正法进行库存复核具有重要意义。

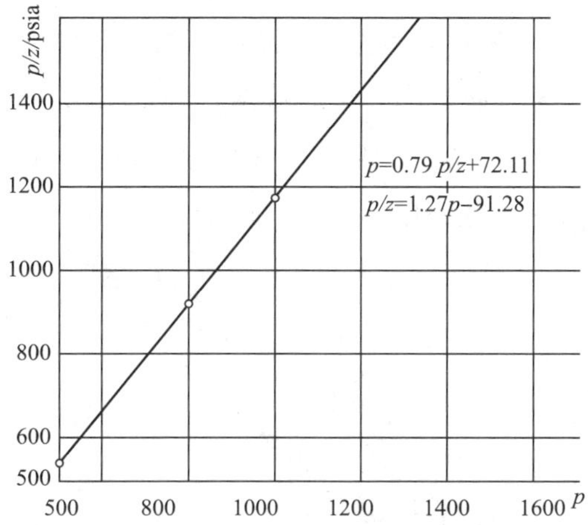

图 6－3 储气库拟压力－压力关系图

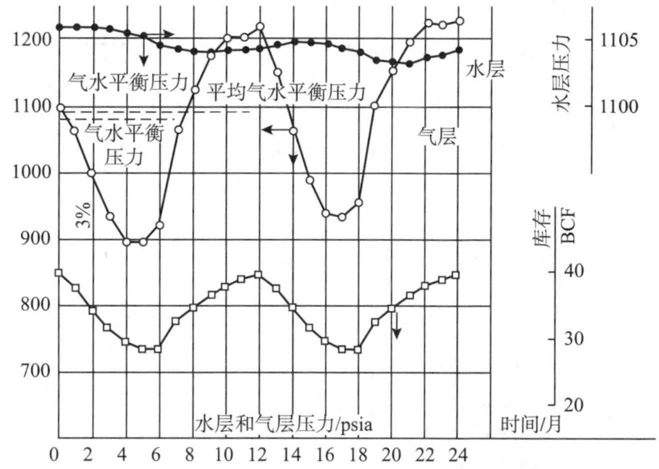

图 6－4 储气库 A 的水层和气层压力图

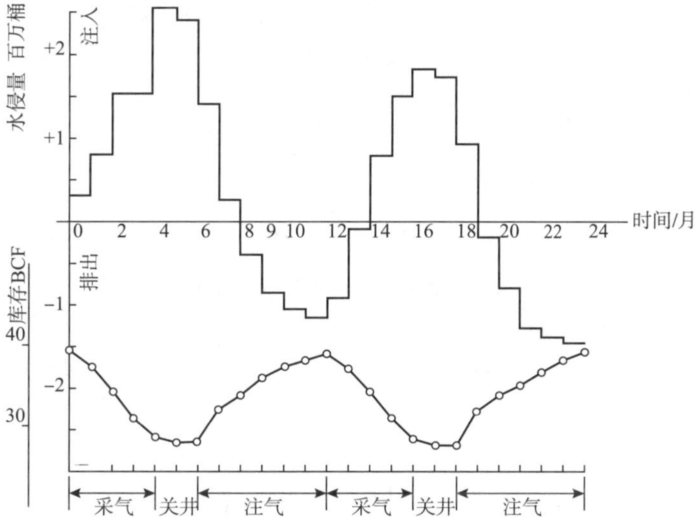

图 6－5 每月水侵量（实例问题）

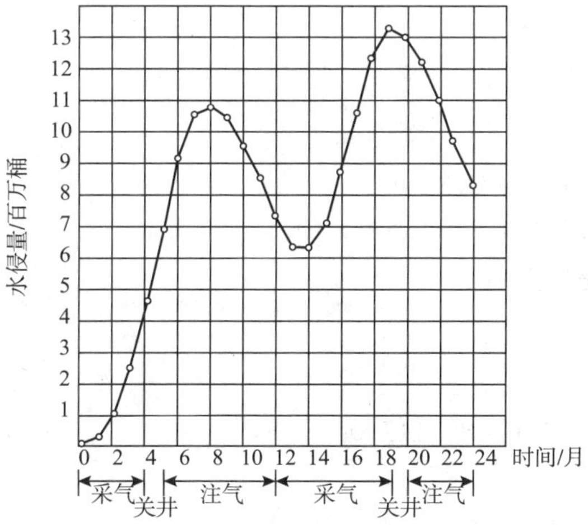

图 6－6 累积净水侵量

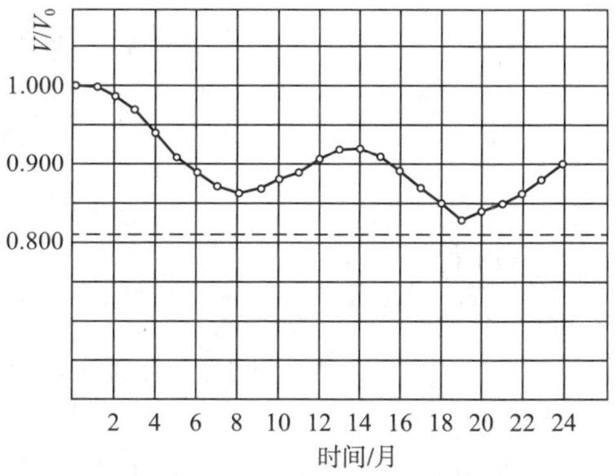

图 6－7 孔隙体积比的变化

图6－8为从平衡状态开始两个注采周期的滞后图。将在假设的注气制度上进行计算的结果与实际滞后数据比较，结果非常一致。图6－9为该储气库的滞后数据。表6－3为使用 Microsoft Excel 计算的结果。

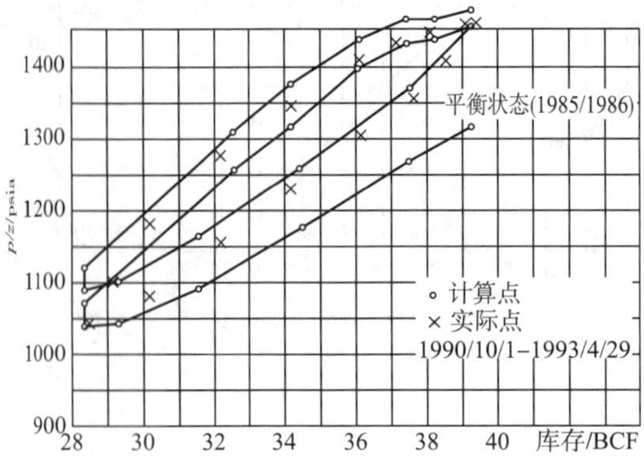

图6－8　滞后效应理论计算与实际结果比较图

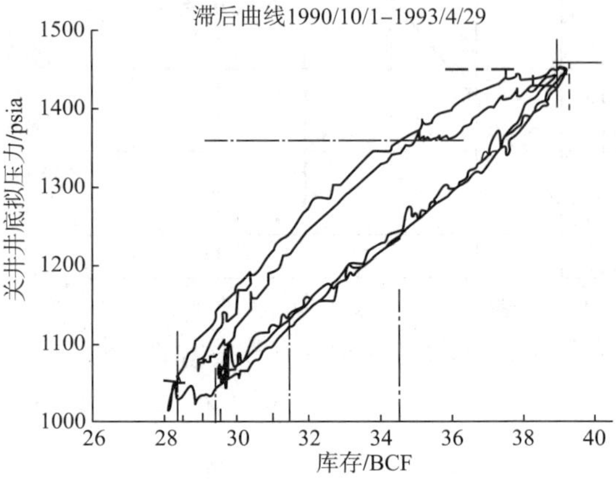

图6－9　实例问题中储气库的滞后图

误差分析

通常实际数据的假设，历史拟合和计算机参数的计算，这些重要手段往往被忽略。

通过以下参数，使得上述计算结果与实际观察得到的滞后数据一致：

水层生产指数 $J=325$ 桶/(d · psi)

原始可膨胀水 $W_{ei}=4.5\times10^9$桶

复核 W_{ei}：

$$W_{ei} = \bar{c}(r_a^2 - r_g^2)\frac{h\phi p_{ai}}{5.61}$$

气层有效半径：

$$r_g = \left(\frac{8200\times43560}{\pi}\right)^{0.5}$$

$$=10662.91\text{ft}$$

$$h=1300\text{ft};\ \phi=0.144;\ p_{ai}=1082\text{psia}$$

$$(r_a^2 - r_g^2) = \frac{4.5\times10^9\times5.61}{\pi\times1300\times0.144\times1082\times6\times10^{-6}}$$

$$r_a=80612.83\text{ft}$$

$\frac{r_a}{r_g}=\frac{80612.83}{10662.92}=7.6$，之前假设为8。最后，计算 J 因子：

$$J=\frac{7.085\times10^{-3}\times1.0\times80\times1300}{1.75\ (2.1-0.75)}$$

$J=330.78$，与计算机程序计算结果325相比误差在2%以内。

表 6－3 滞后数据计算结果表(实例问题)

压力/库存滞后数据. 1993. 4. 11															
n	k	W_{ei}/bbl	E_i/(scl/rb)	库存/BCF	ΔT/d	J, b/d" psi	p_{an}/psia	$(p/z)_n^k$/psia	p_n^k/psia	ΔW_n^k/bbls	W_n^k/bbls	$(p/z)_{nc}^k$/psia	p_{nc}^k/psia	p_{nc}^k/p_n^k	Δp_n^k/psi
0	1	5. 10E +09	493. 56	39. 30	30	325. 00	1106. 00	1313. 34	1106. 00	0. 00	0. 00	1313. 34	1106. 00	1. 00	0
1	1	5. 10E +09	493. 56	37. 60	30	325. 00	1106. 00	1253. 19	1062. 13	213651. 28	213651. 28	1262. 93	1069. 83	1. 01	7. 7
2	1	5. 10E +09	493. 56	34. 60	30	325. 00	1105. 95	1156. 03	986. 38	800618. 84	1014258. 12	1173. 73	999. 36	1. 01	13. 98
3	1	5. 10E +09	493. 56	31. 60	30	325. 00	1105. 78	1066. 26	914. 45	1518071. 51	2532339. 82	1092. 77	936. 40	1. 02	20. 94
4	1	5. 10E +09	493. 56	29. 26	30	325. 00	1105. 46	1009. 69	869. 69	2078245. 68	4610585. 30.	1042. 83	996. 94	1. 03	26. 25
5	1	5. 10E +09	493. 56	28. 30	30	325. 00	1105. 00	1003. 87	866. 16	2313894. 96	6924490. 26	1041. 07	994. 55	1. 03	29. 39
6	1	5. 10E +09	493. 56	28. 30	30	325. 00	1104. 50	1036. 82	990. 40	2208126. 51	9132606. 77	1073. 68	920. 32	1. 03	29. 91
7	1	5. 10E +09	493. 56	32. 51	30	325. 00	1104. 02	1227. 18	1041. 58	1344330. 54	1. 05E +07	1257. 38	1066. 44	1. 02	23. 86
8	1	5. 10E +09	493. 56	34. 21	30	325. 00	1103. 73	1316. 46	1112. 11	2561815. 29	1. 07E +07	1328. 16	1121. 36	1. 01	9. 25
9	1	5. 10E +09	493. 56	36. 10	30	325. 00	1103. 67	1394. 47	1173. 74	－382820. 11	1. 04E +07	1393. 80	1173. 21	1. 00	－0. 52
10	1	5. 10E +09	493. 56	37. 49	30	325. 00	1103. 76	1440. 17	1209. 84	－867447. 43	9498986. 06	1429. 77	1201. 53	0. 99	－8. 21
11	1	5. 10E +09	493. 56	38. 18	30	325. 00	1103. 94	1448. 74	1216. 61	－1064433. 70	8434551. 37	1434. 32	1205. 22	0. 99	－11. 4
12	1	5. 10E +09	493. 56	39. 30	30	325. 00	1104. 17	1488. 94	1232. 57	－1172886. 64	7261664. 72	1452. 46	1219. 55	0. 99	－13. 02
13	1	5. 10E +09	493. 56	37. 60	30	325. 00	1104. 43	1378. 94	1161. 48	－901889. 75	6359774. 97	1368. 88	1163. 52	0. 99	－7. 96
14	1	5. 10E +09	493. 56	34. 60	30	325. 00	1104. 62	1253. 01	1061. 99	－69262. 14	6290512. 83	1258. 18	1066. 07	1. 00	4. 09
15	1	5. 10E +09	493. 56	31. 50	30	325. 00	1104. 64	1142. 97	976. 06	838703. 88	7129216. 71	1152. 06	990. 14	1. 02	15. 08
16	1	5. 10E +09	493. 56	29. 26	30	325. 00	1104. 46	1073. 61	920. 26	1527118. 69	8656336. 40	1102. 27	942. 91	1. 02	22. 84

续表

	压力/库存滞后数据. 1993. 4. 11													
n	k	W_{ei}/bbl	E_i/(scl/rb)	库存/BCF	ΔT/d	J, b/d" psi	p_{an}/psia	$(p/z)_n^k$/psia	p_n^k/psia	ΔW_n^k/bbls	W_n^k/bbls	$(p/z)_{nc}^k$/psia	p_{nc}^k/psia	p_{nc}^k/p_n^k	Δp_n^k/psi
17	1	5. 10E +09	493. 56	28. 30	30	325. 00	1104. 12	1061. 09	910. 37	1839901. 23	10495236. 54	1094. 84	937. 04	1. 03	26. 66
18	1	5. 10E +09	493. 56	28. 30	30	325. 00	1103. 72	1089. 32	932. 67	1774686. 16	1. 23E +07	1123. 69	959. 92	1. 03	27. 15
19	1	5. 10E +09	493. 56	32. 51	30	325. 00	1103. 34	1284. 34	1086. 74	911972. 57	1. 32E +07	1308. 57	1105. 88	1. 02	19. 14
20	1	5. 10E +09	493. 56	34. 21	30	325. 00	1103. 14	1370. 06	1154. 46	−169972. 21	1. 30E +07	1373. 48	1167. 18	1. 00	2. 71
21	1	5. 10E +09	493. 56	36. 10	30	325. 00	1103. 18	1442. 05	1211. 33	−776360. 59	1. 22E +07	1432. 67	1203. 92	0. 99	−7. 41
22	1	5. 10E +09	493. 56	37. 49	30	325. 00	1103. 36	1480. 32	1241. 57	−1198966. 37	11036496. 18	1461. 82	1226. 95	0. 99	−14. 62
23	1	5. 10E +09	493. 56	38. 18	30	325. 00	1103. 61	1481. 22	1242. 27	−1347107. 08	9539389. 09	1450. 06	1226. 55	0. 99	−16. 72
24	1	5. 10E +09	493. 56	39. 30	30	325. 00	1103. 90	1495. 30	1253. 40	−1401874. 39	8297514. 70	1473. 36	1236. 06	0. 99	−17. 34

基于改进模型的库存复核

采用本章建立的方法，利用气层/水层的几何结构、岩石特性和流体特性描述水运移方程，进而预测储气库的滞后参数，并根据实测数据进行检验，结果表明预测较准确。图6－4～图6－8为延长关井期后，气层与水层达到平衡状态时的早期计算结果，包括两个注采周期、每月的库存明细。利用电子表格计算压力的误差应在±2%以内。需要利用每日注气/采气数据、任意初始值和更严格的复核标准进行重复计算。为了达到更高的压力精度，在该实例中采用了循环命令计算。通过引入“IF 函数”实现重复计算水侵量，直到计算压力误差在±2%以内，且压力前十位的数字相等。基于一组水层/气层特性参数，利用 Lotus 和 Microsoft Excel 程序计算多个实例，每个实例均假设不同的累计损失量。结果表明，截至1985～1986年关井期间，当累计损失3BCF时，观测压力和计算压力基本一致。所采用的参数也较好地描述滞后性能，结果如图6－10～图6－15所示。

图6－10为假设含水层储气库在1985～1986年累计损失为15BCF时，每日压力的计算值和观测值对比结果。虽然计算压力值和观测压力值总体趋势相同，但两者在关井期相差高达80psi。

图6－11为假设累计损失只有3BCF时，计算压力值和观测压力值之差小于10psi（小于1%）。利用第6章的方程组进行模拟拟合关井周期，所得结果与商业非稳态模拟器相比具有更高的精度。

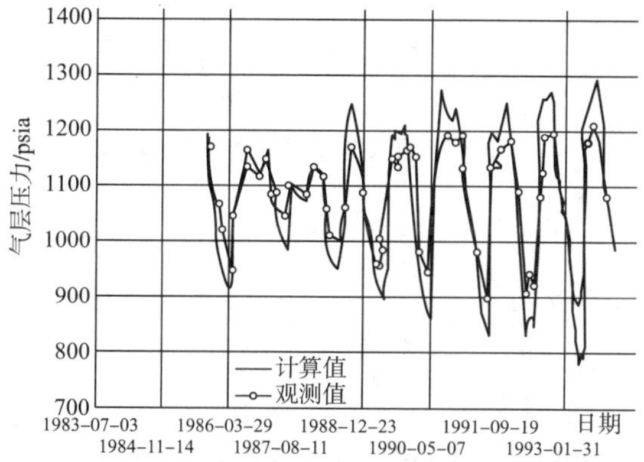

图6－10　含水层储气库A压力计算值与观测值对比图（假设累计损失量为15BCF）

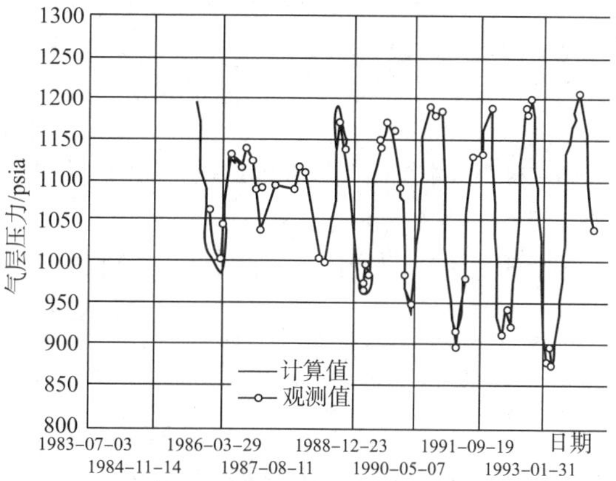

图6－11　含水层储气库A压力计算值与观测值对比图（假设累计损失量为3BCF）

图6－12为1985～1993年期间库存变化时水的运移情况（流入和流出），1985～1990年以每周柱状图表示，1990～1993年以每日柱状图表示。

图6－13为相同时期内的累计水侵量。

图6－14为1986年早期开始注气时气层体积比和相应水的流出量。

图6－15为1986～1993年期间计算及观测得到的两条滞后曲线对比。

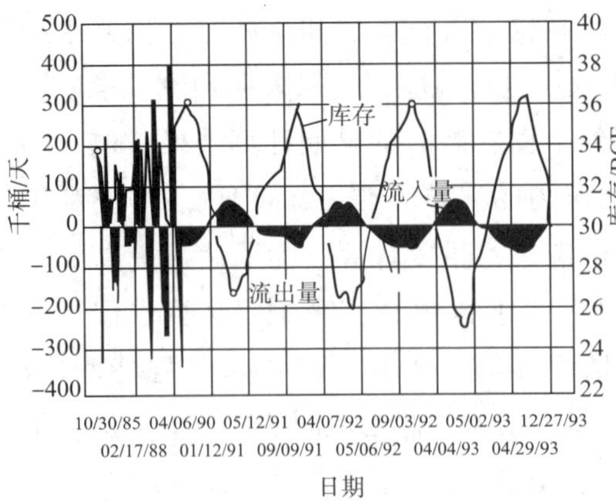

图6－12　含水层储气库 A 每周和每日水的运移情况

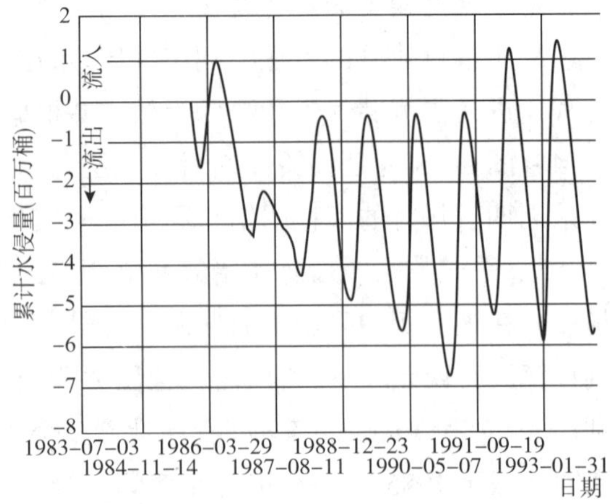

图 6－13　含水层储气库 A 累计水侵量

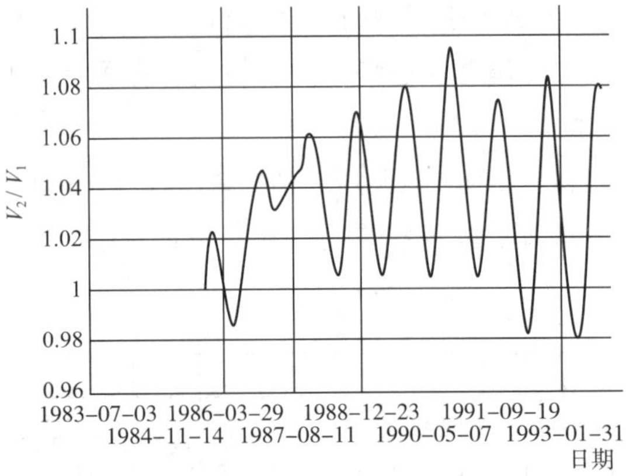

图 6－14　含水层储气库 A 气层体积比的变化曲线

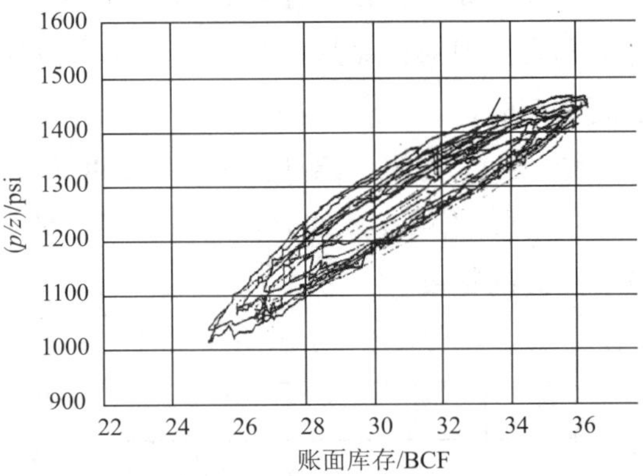

图6－15　含水层储气库 A 计算和观测滞后曲线对比

用于水层 A 历史拟合的优化参数如下：

$$E_i = 478.776\text{SCF/桶}$$

$$W_{ei} = 4.39 \times 10^9 \text{ 桶}$$

$$J = 367.920 \text{ 桶/d} \cdot \text{psi}$$

目前，M. R. Tek 根据本章中建立的水驱方程和物质平衡方程提出并推导了一种可直接计算气层和水层压力的新方法[3]。该方法不需要迭代计算，且计算和监测压力基本一致。

参考文献

1. Dake, L. P. , *Fundamentals of reservoir engineering*, Elsevier, 1978.

2. Fetkovitch, M. J. , A Simplified Approach to Water Influx Calculations-Finite Aquifer System, J. Pet. Tech. , July 1971：814－828.

3. Tek, M. R. , "Verification of Inventory in Underground Storage," J. of Oil and Gas Vol. 1, 2 October 1995.

第 7 章 地下储气库库存复核误差与不确定性分析

概 述

库存复核是地下储气库很重要的一方面，一般认为库存复核是评价经济可行性的基础。其重要性主要体现在保证产能，监测并及时发现储气库的泄漏。因此库存需要定期复核。本章分析了地下储气库库存复核中的不确定性和相对误差。

利用平衡状态的热力学方法，可以由库存计算储气库体积，也可以由储气库体积计算库存。结果表明，两种方法的计算结果均存在一定的误差和不确定性，不能满足工程要求。针对储气库体积计算，注采累计量也会导致误差增大。因此需要单独的压力监测和其他方法来进行定期复核并更新库存数据。

根据注采时拟压力变化计算库存时，计算结果的不确定性很大程度上取决于压力监测的准确度和拟压力的取值范围。

为了方便储气库工程师使用，本文提出了一种实用的方法，即库存不确定性与拟压力的关系表。

最终的计算结果表明，在不确定性小于 20%，天然气变化量最少占库存 15% ~20% 的条件下能够较准确的确定库存。

应用现场数据实例对库存进行了详细计算，其中误差主要来自压力、z 因子和计量误差。

背景介绍

在天然气地下储气库中，任意时刻的剩余气量都与库存直接相关。这表明，计算库存除了直接测量或账面复核外，需要根据其他方法进行计算求得。任何针对库存复核的方法都会受到若干参数测量或计算误差所带来的不确定性影响，其中包括几何模型、物理学、热力学和经验的误差。在盐穴储气库中，由于蠕变的影响，溶洞体积的不确定性使得问题更加复杂。在多孔渗透性储层中，无法直接测量气层孔隙体积，需要间接计算。而许多这些计算的变量受测量误差和不确定性影响。

库存复核与产能直接相关[1]。库存反映了工作气和垫气在气层中实际存在的情况，主要影响参数是压力，而压力与产能直接相关。因此，库存直接决定储气库能否按规定速度和需求供应天然气。从最初的规划、设计到最终的日常运行，储气库管理人员必须掌握储气库的实际库存，然后才能进行供需分配。

在经济中，随着“开放获取”和更加准确的库存信息使得管理优化现货购买以及微调采出计划表和中断销售成为可能。库存复核对于抵免气体损失缴纳的税收也是必要的。

当一个储气库为多个用户提供服务时，垫气的分配和采气速度优化都需要可靠的库存数据。采气速度必须满足季节性的最大采气量和单日峰值的输送能力。

库存复核中计算不确性的方程

假设任意时刻为 t，体积为 V，温度为 T，压力为 p，库存为 I。

库存与孔隙体积的关系可由热力学状态方程得到：

$$pV = znRT \tag{7.1}$$

气体的量 n 与库存的关系可通过下式描述：

$$n = \frac{I \times 10^9}{379.4} \tag{7.2}$$

将式 7.2 代入式 7.1 得：

$$pV = z\frac{I \times 10^9}{379.4}RT \tag{7.3}$$

其中，I—库存，BCF

则储气库体积为：

$$V = \frac{10^9 \times 10.732}{379.4}\frac{zT}{p}I\text{（现场单位制）} \tag{7.4}$$

孔隙介质（盐穴）体积不确定性

利用库存、温度、压力估算体积的不确定性，可以通过典型的误差分析得到：

$$\frac{\Delta V}{V} = \frac{\Delta I}{I} + \frac{\Delta p}{p} + \frac{\Delta z}{z} + \frac{\Delta T}{T} \tag{7.5}$$

一般情况下，式 7.5 中最后三项的不确定性约为 2%[2]。

相比之下，计算库存 $\Delta I/I$ 的不确定性难度更大。

由于

$$I = \sum_{1}^{n} Q_i \tag{7.6}$$

式中 Q_i——注气/采气量，经代数相加为 I。因此：

$$\Delta I = \Delta \sum_{1}^{n} Q_i \tag{7.7}$$

$$= \sum_{1}^{n} \Delta Q_i \tag{7.8}$$

根据式 7.8 得：

$$\Delta I = \Delta Q_1 + \Delta Q_2 + \Delta Q_3 + \Delta Q_4 + \cdots \tag{7.9}$$

则

$$\Delta Q_1 = \frac{\Delta Q_1}{Q_1} Q_1 \qquad \Delta Q_2 = \frac{\Delta Q_2}{Q_2} Q_2$$

多个代数和的最大误差可表示为每个误差绝对值的和，因此：

$$\Delta I = \left| \frac{\Delta Q_1}{Q_1} Q_1 \right| + \left| \frac{\Delta Q_2}{Q_2} Q_2 \right| + \left| \frac{\Delta Q_3}{Q_3} Q_3 \right| + \cdots \tag{7.10}$$

假设 $\Delta Q/Q_i$是常数，并且为正值，则：

$$\Delta I = \frac{\Delta Q_i}{Q_i} (|Q_1| + |Q_2| + |Q_3| + \cdots) \tag{7.11}$$

$$\frac{\Delta I}{I} = \frac{\Delta Q_i}{Q_i} \frac{\Sigma |Q_i|}{\Sigma Q_i} \tag{7.12}$$

分析上式可知，I 的相对误差（或不确定性）会随着时间的推移而不断增加。因此，在盐穴或孔隙介质的地下储气库中，必须采用相互独立的方法进行定期复核和调整库存。

上述分析既适用于由库存计算气层体积，也适用于由气层体积数据计算库存。气层体积有时可直接根据地下地质和几何参数计算得到。针对多孔渗透性储气库，掌握气水界面的海拔高度*、地下构造图、孔隙度分布图、原始水饱和度和毛细管压力等数据，可以直接计算原始孔隙体积。

针对盐穴储气库，利用声呐可定期确定盐穴的体积。通过库存计算孔隙体积的可靠性会逐渐下降，因此在计算储气库孔隙体积和用两个平衡周期的数据计算库存时，常常采用“差分法”[2]。

式 7.4 也可用于通过气层体积计算库存。

库存复核不确定性

定容储气库的库存可以通过测量气量变化 ΔQ 过程的拟压降计算[1]。

$$I_1 = \frac{\pm(\Delta Q)}{\left(\frac{p}{z}\right)_1 - \left(\frac{p}{z}\right)_2} \left(\frac{p}{z}\right)_1 \tag{7.13}$$

式 7.13 中，ΔQ 表示采气或注气量，p/z 为拟压力（注气前后/采气前后）。加号表示采气，减号表示注气。由热力学基本定律推导得到的式 7.13 要求压力为平衡状态。通过

* 在储气库的任意一点，可以通过气层压降和水层压降作图得到气水界面海拔高度。如果能够读取井底压力可以更加简单可靠的计算气水界面。

霍纳图和 Matthews、Bronz 和 Hazebroek 方法进行压力不稳定分析，可以由监测压力推导出平衡压力[3]。

基于上述方程计算的库存受 ΔQ 与 p/z 变化量的比值影响较大。如果 ΔQ 表示库存很小的变化，则对应的 p/z 变化量也会很小。这将导致计算初始库存时出现较大的误差，该问题将在随后讨论。

库存复核的相对误差分析

利用式 7.13 进行定量误差分析可以看出，I_1 的误差来自 ΔQ、p 和 z 因子值的固有误差。库存的相对误差可表示为：

$$\frac{\Delta I_1}{I}=\frac{\Delta(\Delta Q)}{\Delta Q}+\frac{\Delta\left(\frac{p}{z}\right)_1}{\left(\frac{p}{z}\right)_1}+\frac{\Delta\left[\left(\frac{p}{z}\right)_1-\left(\frac{p}{z}\right)_2\right]}{\left[\left(\frac{p}{z}\right)_1-\left(\frac{p}{z}\right)_2\right]} \quad 7.14$$

一般情况下，注采气量的相对误差在 0.2%。通常该类误差是对流速进行积分引起的。在没有流量计的储气库中，可通过孔板压降计算速率。有时孔板的形状（上游或下游的尖锐边缘）会引起误差，导致气体流量值的误差高达 20% ~30%。

(p/z) 的相对误差可表示为：

$$\frac{\Delta\left(\frac{p}{z}\right)_1}{\left(\frac{p}{z}\right)_1}=\frac{\Delta p}{p}+\frac{\Delta z}{z}$$

p、$\Delta p/p$ 的相对误差在一定程度上是由于实际压力读数造成的，因为该读数可能只有压力表刻度的百分之零点几。利用波氏管压力计或活塞式压力计在井口读取井底压力时误差会进一步变大。有时井底液柱、天然气密度、温度、海拔高度或球阀高度和实际射孔深度等均会增加压力 p 计量的不确定性。采用井口或井底压力的求积仪和等厚图计算平衡压力场[4]，也会导致压力 p 的不确定性在相对误差的基础上增加 10% ~20%。

z 和 $\Delta z/z$ 的相对误差通常小于 1%。然而，从原生气到储集气，以及随后注入储气库的气体密度变化，都会使相对误差变大。

$\Delta[(p/z)_1-(p/z)_2]/(p/z)_1-(p/z)_2$ 是最重要的部分，$(p/z)_1$ 和 $(p/z)_2$ 是采气（或注气）前后的拟压力，则 $\Delta(p/z)$ 的相对误差可由下式计算。

$$\frac{\Delta\left[\left(\frac{p}{z}\right)_1-\left(\frac{p}{z}\right)_2\right]}{\left[\left(\frac{p}{z}\right)_1-\left(\frac{p}{z}\right)_2\right]}=\frac{\left(\frac{p}{z}\right)_1}{\left[\left(\frac{p}{z}\right)_1-\left(\frac{p}{z}\right)_2\right]}\left|\frac{\Delta\left(\frac{p}{z}\right)_1}{\left(\frac{p}{z}\right)_1}\right|+\frac{\left(\frac{p}{z}\right)_2}{\left[\left(\frac{p}{z}\right)_1-\left(\frac{p}{z}\right)_2\right]}\left|\frac{\Delta\left(\frac{p}{z}\right)_2}{\left(\frac{p}{z}\right)_2}\right| \quad 7.15$$

拟压降的误差分析

若库存变化小，p/z 的变化也小，则（推导过程详见第 7 章附录）：

$$\frac{\Delta\left[\left(\frac{p}{z}\right)_1-\left(\frac{p}{z}\right)_2\right]}{\left[\left(\frac{p}{z}\right)_1-\left(\frac{p}{z}\right)_2\right]}\cong\frac{\left(\frac{p}{z}\right)_1}{\left[\left(\frac{p}{z}\right)_1-\left(\frac{p}{z}\right)_2\right]}\left(\left|\frac{\Delta\left(\frac{p}{z}\right)_1}{\left(\frac{p}{z}\right)_1}\right|+\left|\frac{\Delta\left(\frac{p}{z}\right)_2}{\left(\frac{p}{z}\right)_2}\right|\right)$$

括号内各项的计算方法如下：

$$\left|\frac{\Delta\left(\frac{p}{z}\right)_1}{\left(\frac{p}{z}\right)_1}\right|=\left(\frac{\Delta p_1}{p_1}\right)+\left(\frac{\Delta z_1}{z_1}\right)\text{和}\left|\frac{\Delta\left(\frac{p}{z}\right)_2}{\left(\frac{p}{z}\right)_2}\right|=\left(\frac{\Delta p_2}{p_2}\right)+\left(\frac{\Delta z_2}{z_2}\right)$$

如前所述，通过下式进行估算：

$$\left(\frac{\Delta p_1}{p_1}\right)+\left(\frac{\Delta z_1}{z_1}\right)\cong 11\%$$

则

$$\frac{\Delta\left[\left(\frac{p}{z}\right)_1-\left(\frac{p}{z}\right)_2\right]}{\left[\left(\frac{p}{z}\right)_1-\left(\frac{p}{z}\right)_2\right]}\cong\frac{\left(\frac{p}{z}\right)_1}{\left[\left(\frac{p}{z}\right)_1-\left(\frac{p}{z}\right)_2\right]}\times(11+11)\%$$

$(p/z)_1/[(p/z)_1-(p/z)_2]$ 称为放大系数。如果 $[(p/z)_1-(p/z)_2]$ 是 $(p/z)_1$ 的 20%，则放大系数为 5，相对误差 $\Delta[(p/z)_1-(p/z)_2]/|(p/z)_1-(p/z)_2|$ 为 $5\times22=110\%$。

另一方面，如果 $(\Delta p/p)+(\Delta z/z)$ 的值为 2%，$[(p/z)_1-(p/z)_2]$ 是 $(p/z)_1$ 的 30% 时，相对误差 $\Delta[(p/z)_1-(p/z)_2]/|(p/z)_1-(p/z)_2|$ 为 $4\times3.33=13.33\%$。则式 7.14 中库存 I 的相对误差为 $\Delta I/I=0.2+1+1+13.33=15.53\%$。

上述正确的前提是 p/z 误差 1%，计量气量的误差为 0.2%，拟压力在采气前后的变化至少为 30%，库存计算的相对误差可由下式得出（推导过程详见第 7 章附录）：

$$\frac{\Delta I}{I}=\frac{\Delta(\Delta Q)}{\Delta Q}+\frac{\Delta p_1}{p_1}+\frac{\Delta z_1}{z_1}+\frac{\left(\frac{p}{z}\right)_1}{\left[\left(\frac{p}{z}\right)_1-\left(\frac{p}{z}\right)_2\right]}\left(\frac{\Delta p_1}{p_1}+\frac{\Delta z_1}{z_1}\right)+\frac{\left(\frac{p}{z}\right)_2}{\left[\left(\frac{p}{z}\right)_1-\left(\frac{p}{z}\right)_2\right]}\left(\frac{\Delta p_2}{p_2}+\frac{\Delta z_2}{z_2}\right)\quad 7.16$$

在使用式 7.16 计算相对误差时，必须估算每一项的相对误差，并证明其估算是在合理范围。

储气库体积变化的影响

一般情况下，地下储气库受水驱影响，导致注采过程中气层孔隙体积会发生变化。盐穴储气库受塑性蠕变的影响，并且塑性蠕变随着时间一直发生变化。

若注气或采气前后储气库体积在 V_1 和 V_2 之间变化，则库存复核方程与式 7.13 略有不同，如下所示[1]：

$$I = \frac{\pm(\Delta Q)}{\left(\frac{p}{z}\right)_1 - \left(\frac{p}{z}\right)_2 \frac{V_2}{V_1}\left(\frac{p}{z}\right)_1} \tag{7.17}$$

对式 7.17 进行误差分析，结果表明必须在式 7.16 的右边加上 $\Delta V_1/V_1$ 和 $\Delta V_2/V_2$ 两项。V_1 和 V_2 可以通过测量气水界面或通过气层体积数据来计算。V_1 和 V_2 的不确定性必须从可用数据中获取。

实例问题

从储气库 A 的文献中获得以下库存－压力数据[5]（图 7－1）：

日期	(p/z) /psia	账面库存/BCF
1. 1980 年 10 月	2015	7.5
2. 1981 年 9 月	1510	5.17

1. 计算 1980 年 10 月的库存，并与账面库存进行比较。
2. 计算库存的不确定性。

计算库存

$$I_{10/1980} = \frac{7.5 - 5.17}{2015 - 1510}2015$$

$$= \frac{2.33}{2015 - 1510}2015$$

$$= 9.30\text{BCF}$$

相比之下，账面库存为 7.5BCF。

计算库存复核的相对误差

将 $\Delta I/I$ 的每项相对误差相加：

$$\frac{\Delta I}{I} = \frac{\Delta(\Delta Q)}{\Delta Q} = \frac{\Delta p_1}{p_1} + \frac{\Delta z_1}{z_1} + \frac{\left(\frac{p}{z}\right)_1}{\left|\left[\left(\frac{p}{z}\right)_1 - \left(\frac{p}{z}\right)_2\right]\right|}\left(\frac{\Delta p_1}{p_1} + \frac{\Delta z_1}{z_1}\right) + \frac{\left(\frac{p}{z}\right)_2}{\left[\left(\frac{p}{z}\right)_1 - \left(\frac{p}{z}\right)_2\right]}\left(\frac{\Delta p_2}{p_2} + \frac{\Delta z_2}{z_2}\right)$$

$\Delta I/I$ 的每项相对误差估算如下：

$\frac{\Delta(\Delta Q)}{\Delta Q} = 0.2\%$（根据测量中误差的估计值）

$\frac{\Delta p_1}{p_1} \cong 2\%$（根据监测井压力数据和平衡压力的相关性进行估计）

$\frac{\Delta z_1}{z_1} \cong 0.5\%$（根据气体相对密度变化、$z$ 因子和拟临界压力的相关性估计）

$$\frac{\Delta p_2}{p_2} \cong 2\%$$

$$\frac{\Delta z_2}{z_2} \cong 0.5\%$$

计算误差放大系数：

$$\frac{\left(\frac{p}{z}\right)_1}{\left[\left(\frac{p}{z}\right)_1 - \left(\frac{p}{z}\right)_2\right]} = \frac{2015}{2015 - 1510} = 3.99$$

$$\frac{\left(\frac{p}{z}\right)_2}{\left[\left(\frac{p}{z}\right)_1 - \left(\frac{p}{z}\right)_2\right]} = \frac{1510}{2015 - 1510} = 2.99$$

$$\frac{\Delta I}{I} = 0.2 + 2 + 0.5 + 3.99(2 + 0.5) + 2.99(2 + 0.5)$$

$$= 2.7 + 9.98 + 7.48$$

$$= 20.16\%$$

则库存复核的不确定性为：

$$I = 9.3 \pm 20.16\%$$

$$= 9.3 \pm 1.87\text{BCF}$$

讨论

储气库 A 的数据如图 7－1 所示，1980～1981 年从注气转为采气。选择该部分数据有两个原因：

1. 该实例为已经被充分认识的储气库；
2. 该实例可证明方法的准确性和可靠性。

A 点的 p/z 与平衡压力误差应在几个百分点以内。B 点代表真正的平衡状态，因为整个储气库从 5 月到 9 月关闭了 4 个月。这也是在之前的库存计算中，p/z 的相对误差为 2.5%（2% 是由于压力取平均值造成，0.5% 是由于 z 因子/重力不确定性造成）。尽管在 11 月库存略有增加，但 p/z 有所下降，这表明估算 p/z 的不确定性为 2.5% 是合理的。

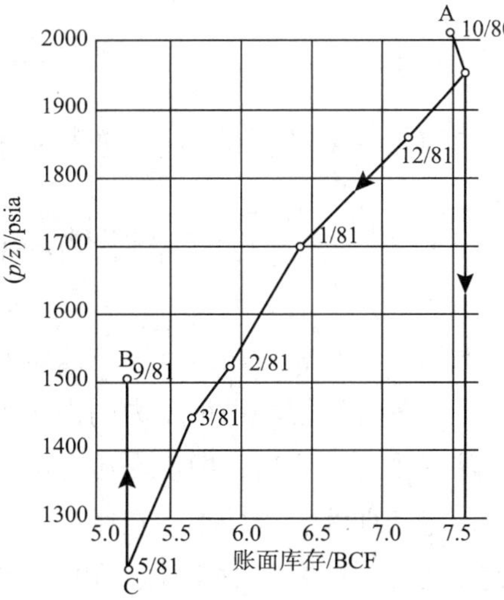

图 7－1　储气库 A 的滞后曲线

当用 A 点和 B 点计算时，$I = 9.3 \pm 1.87$。如果使用 A 点和 C 点计算，则：

$$I_A = \frac{7.5 - 5.17}{2015 - 1225} 2015$$
$$= \frac{2.33}{790} 2015$$
$$= 5.94$$

I_A的不确定性为：

$$\frac{\Delta I_A}{I_A} \cong 0.2 + 19^{*} + \frac{2015}{2015 - 1225}(19) + \frac{1225}{2015 - 1225}(19)$$
$$= 0.2 + 19 + 2.55 \times 19 + 1.55 \times 19$$
$$= 19.2 + 48.45 + 29.46$$
$$= 97.11\%$$

$$I_A = 5.94 \pm 0.9711 \times 5.94$$
$$= 5.91 \pm 5.77$$
$$= 0.14 \text{ 或 } 11.68$$

计算结果表明，A 和 C 可代替 A 和 B，即使 p/z 变成初始 p/z 的 39%，而不是 25%。由于 p/z 的误差为 19%，计算库存的误差将达到 97.11%。

第二组计算结果表明 I_A 在 0.14BCF 至 11.68BCF 之间。

若将 B 点作为滞后曲线的平衡点，I_A 的计算值在 7.49BCF 和 11.27BCF 之间。

将两组计算值的平均值进行比较，结果表明：

$$(I_A)_{\text{平均值}}(A \to B) = 9.3\text{BCF}$$
$$(I_A)_{\text{平均值}}(A \to C) = 5.91\text{BCF}$$

两组结果的平均值为：

$$\frac{9.3 + 5.91}{2} = 7.6\text{BCF}$$

该结果与 1980 年 10 月份的账面库存（7.5BCF）相吻合。

评估不确定性的实用图表

根据无量纲相对误差计算方法编制图版，可快速估算库存复核的相对误差，如图 7－2 所示。首先计算现场平衡压力的拟压力误差，然后通过压降百分比判断库存复核的相对误差。从图中可以看出，即使在压力测量中存在相对误差，库存复核的误差也会随着压降的增大而呈双曲线急剧减小。在图 7－3 中，给定压降条件下，库存误差随着拟压力误差的增大而增加。从式 7.16 可以看出，库存误差与拟压力误差是线性关系，如图 7－3 所示。

---

* 在 1981.5 ~ 1981.9 的平衡状态时期，p/z 的不确定性为[1 －（1225/1510）] = 0.19，即 19%，用该值来代替前面计算的 p/z 不确定性 2.5%。

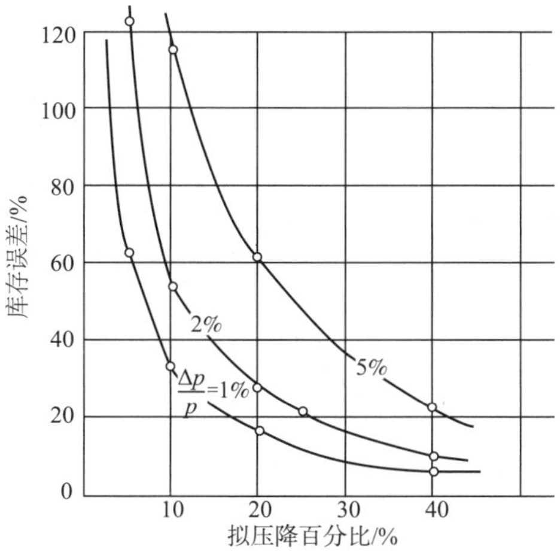

图 7－2　压降与库存误差关系图

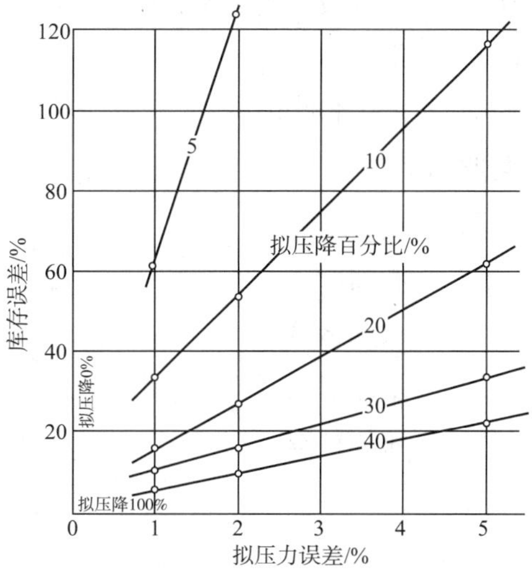

图 7－3　拟压力误差与库存误差的关系图

结　论

• 在地下储气库中，用于库存复核的各种方法都会出现累积误差，并且误差很容易放大。

• 库存的不确定性程度可以通过压力、z 因子和工作气计量的相对误差进行定量评估。

• 不确定性主要取决于压降取值范围和估算平衡压力的相对误差。

• 利用压降百分比和拟压力误差编制的图版可以近似地确定库存误差。

• 储气库采气过程中，必须保证库存变化量足够大（拟压降至少 20% 以上），才能有效地对库存复核（库存误差小于 20%，压力数据误差小于 2%）。

符号说明

a	一个正数
b	一个正数
h	储层厚度
I	库存，BCF
$E(x)$	误差放大系数
n	磅－摩尔数
p	压力，psia
R	气体常数，$R \approx 10.73 \text{psia} \cdot \text{ft}^3/(\text{lb-mol})°\text{R}$
T	温度，°R
z	压缩因子，无因次
(ΔQ)	注入或采出气量，BCF

Q　　注入或采出气量，BCF

p/z　　拟压力，psia

ε　　一个较小的数

希腊符号

$\triangle$　　求差运算符

ϕ　　孔隙度

Σ　　求和运算符

$\|$　　求绝对值运算符

i　　角标计数

第7章附录

两个数的相对误差

计算两个正数 a 和 b 的相对误差。设 $\Delta a/a$ 为 a 的相对误差，设 $\Delta b/b$ 为 b 的相对误差，其差值可表示为

$$a-b=(a\pm\Delta a)-(b\pm\Delta b)$$

$(a-b)$ 的最大误差为

$$=|\Delta a|+|\Delta b|$$

且

$$\Delta a=\frac{\Delta a}{a}a\ ,\ \Delta b=\frac{\Delta b}{b}b$$

$$\frac{\Delta(a-b)}{(a-b)}=\left[\left|\frac{\Delta a}{a}a\right|+\left|\frac{\Delta b}{b}b\right|\right]\frac{1}{(a-b)}$$

$$=\frac{a\left|\frac{\Delta a}{a}\right|+b\left|\frac{\Delta b}{b}\right|}{a-b} \qquad \text{A}-1$$

$$=\frac{a}{a-b}\left|\frac{\Delta a}{a}\right|+\frac{b}{a-b}\left|\frac{\Delta b}{b}\right|$$

由上述方程分析可知，$(a-b)$ 的最大误差可以由各项的相对误差计算出来。

如果 a 和 b 的数值相近，则会出现一种特殊情况。此时，$(a-b)$ 中的相对误差需要通过每项相对误差乘以放大因子 $a/(a-b)$ 和 $b/(a-b)$ 进行放大。假设 $a=b+\varepsilon$，其中 ε 是一个较小的数，则放大因子可通过下式表示：

$$\frac{a}{\varepsilon}\ \text{和}\ \frac{a-\varepsilon}{\varepsilon}=\frac{a}{\varepsilon}-1$$

$$\frac{\Delta(a-b)}{(a-b)}\cong\frac{a}{\varepsilon}\left(\left|\frac{\Delta a}{a}\right|+\left|\frac{\Delta b}{b}\right|\right)$$

如果 ε 是 a 的1%，则

$$\frac{\Delta(a-b)}{(a-b)}=\frac{a}{a/100}\left(\left|\frac{\Delta a}{a}\right|+\left|\frac{\Delta b}{b}b\right|\right)$$

$$=100\left(\left|\frac{\Delta a}{a}\right|+\left|\frac{\Delta b}{b}\right|\right)$$

如果 ε 表示 a 的 $x\%$，则误差放大因子 $E(x)$ 可通过下式表示：

$$\left(\frac{100}{x}\right)\ \text{和}\ \left(\frac{100}{x}-1\right)$$

表7A－1为自变量 x 的误差放大因子表。

表 7A－1　误差放大因子表

x	$100/x$	$(100/x)-1$
1%	100	99
2%	50	49
4%	25	24
6%	16.67	15.67
10%	10	9
20%	5	4
30%	3.33	2.33
50%	2	1

参考文献

1. Tek, M. R. , *Underground Storage of Natural Gas* Houston, Texas: Gulf Publishing Company, Book Division, 1987.
2. Association Technique de I' Industrie du Gaz de France, "Manuel pour le Transport et la Distribution du Gaz", *Stockages Souterrains de Gaz XIII.*
3. Tek, M. R. , Mantia, R. , and M. Rohan, "Inventory Verification in Underground Storage by Pressure Transient Analysis" submitted to SPE, Gas Technology meeting, 1991. (Gas Technology Committee declined acceptance of paper)
4. Meunier, G. , Coulomb, C. and J. P. Laille, "Geostatistics Applied to Gas Reservoirs" SPE 16946, Dallas, Texas, September 1987.
5. Araktingi, R. E. Benefield, M. E. , Bessenyei, Z. , Coats, K. H. and M. R. Tek, "Leroy Storage Facility, Uinta County, Wyoming: A Case History of Attempted Gas Migration Control" *Journal of Petroleum Technology*, January 1984.

第二篇　产　能

“产能是当需要的时候，气井所具备的能力。”

——比尔·奥法雷尔（Bill O’Farrel）

犹他州盐湖城奎斯塔管道公司天然气控制部经理

产能评价介绍

产能是一种衡量储存天然气进入市场速度的指标。这也是管道天然气注入储层速度的指标。

产能需要考虑天然气从地层向井筒流动的稳态流和不稳态流两种形式，以及生产管柱的垂直举升和地面集输系统外输的要求。库存就像银行里的钱，而产能类似于存取款中的现金流。

一般来说，产能与库存相关，尤其是与垫气相关，因为它反映了气层压力大小。

在储气库运行过程中，向市场输送天然气的能力通常远远超过冬季初期的市场需求。但在冬季末期，库存减少，产能开始下降，而这正是天然气需求量增加的时候。有几种策略可以解决这些问题，使用液化天然气、加密钻井、采用特定的开采策略、管道储气、使用盐穴储气等是典型的替代方法。

储气库产能的计算包括井筒周围基质泄流的流动计算和生产管柱、地面集输系统的流动计算。通常将上述两种情形建立的方程结合起来计算产能，将产能作为集输系统中不同地表压力或管线压力下库存的函数。

产能作为一个整体概念，涉及一系列工艺流程。从储气库井筒周围基质泄流开始，经过近井筒地带、射孔孔眼直到生产管柱；之后通过集输管网、分离器、加热器、脱水器、压力调节器、计量器、压缩机和管道输向城市；继而通过中低压输送管线输向变电站、压缩机和分离器等，最终到达个体市场和计量站。

在第二篇中，通过 7 个章节介绍了与产能相关的主要工程概念和内容。其中，讨论多孔介质中气体流动能力的章节为：

第 8 章　多孔介质气体渗流的基本概念和原理；

第 9 章　半稳态渗流；

第 10 章　非稳态渗流；

第 11 章　储气库工程典型问题。

涉及产能相关设备的设计和性能分析的内容包括 3 个章节：

第 12 章　井筒流动方程；

第 13 章　两相流；

第 14 章　储气库井温度场分布。

第 8 章　多孔介质气体渗流的基本概念和原理

“产量”和“压力”是油气藏工程中测量和使用最多的两个参数。在油藏中，产量是用“桶”来计量的；在气藏中，注采气量用标准立方英尺（SCF）计量。多数情况下，产量是指在井底条件下的值，即井底条件下的原油量或气量。不论是开采油藏或气藏，烃类的采出都会导致压力下降。如果油气藏关井时间足够长，使压力恢复平衡，则此井底压力称为静压；否则称为流动压力。

由于压力反映了储集层中的大部分信息，包括库存或储量、衰竭程度，以及其他储层相关信息的变化情况，因此压力被认为是主要的因变量，它是与时间和空间有关的自变量函数。

如果压力 p 是时空坐标 x，y，z 和 t 的特定函数，则可以通过对压力进行微分，得到在特定时间和空间点处的压降梯度，从而计算出产量。根据压降梯度和达西定律可以计算通过特定横截面表观速度，得到井底条件下的产量。而井底条件下的产量可以转化为地表条件下的值，即 STB 或 MCF。这可以通过热力学中油的体积收缩率以及天然气的 pVT 性质计算。在上述计算过程中，需要储层流体参数，即岩石和流体性质。渗透率 k，孔隙度 ϕ，压缩系数 c，原油体积系数 B 或气体膨胀系数 E 等都属于储层流体参数。

如果储层参数不随空间而变化，则称储层是均质储层。如果某些参数随空间而变化（例如垂直渗透率与水平渗透率不同），则称储层为各向异性储层。流体性质随热力学条件（即压强、温度和组分）的变化而变化。如果储层流体随时间变化而变化，则该过程被称为非稳态过程。只要至少有一个变量随时间变化，这个过程就是不稳定的。另一方面，如果所有变量都不随时间变化，这个过程就称为稳态过程。由于几乎所有注采过程都涉及储层中烃类的减少或增加，所以实际上几乎全部过程是非稳态过程。

然而，在一定条件下，流量或压力为常数或接近常数。油藏工程师发现，此时可以将该过程视为近似稳态或拟稳态。如果过程是稳态的，描述多孔介质中渗流的方程就会变得简单。

在多孔介质流体渗流的数学描述中，压力（即因变量）为时空坐标的函数（即自变量），即：

$$p = p(x, y, z, t) \tag{8.1}$$

任意位置（x，y，z）和任意时刻 t 流体的速度和密度为：

$$u_x = u_x(x,y,z,t) \tag{8.2}$$

$$u_y = u_y(x,y,z,t) \tag{8.3}$$

$$u_z = u_z(x,y,z,t) \tag{8.4}$$

$$\rho = \rho(x,y,z,t) \tag{8.5}$$

式中 p——多孔介质中的压力（单位将在后续讨论）；

u_x——x 方向的表观速度；

u_y——y 方向的表观速度；

u_z——z 方向的表观速度；

ρ——流体密度；

x，y，z——三个方向上的笛卡尔坐标；

t——时间。

这些方程表明，共有 5 个未知数，即 5 个因变量，包括 p，u_x，u_y，u_z和 ρ。对应 5 个因变量有 4 个自变量，即 x、y、z 和 t。由于有 5 个未知数，为了进行求解，需有 5 个方程。这些方程是依靠物理学的三大基本定律得出的，包括：

- 连续性方程——质量守恒定律。
- 达西定律或速度方程。
- 热力学状态方程。

连续性方程

连续性方程，又称质量守恒方程，是实验物理和理论物理的主要支柱之一。简单地说，就是所研究系统（任意区域）中的多孔介质的渗流，流入的质量流量减去流出的质量流量，再加上（或减去）外部源的质量流量等于所研究区域质量流量的增加值。如图 8－1所示，在 $t=t$ 时刻，流体通过一个边长分别为 Δx、Δy 和 Δz 的三维矩形多孔可渗透介质。

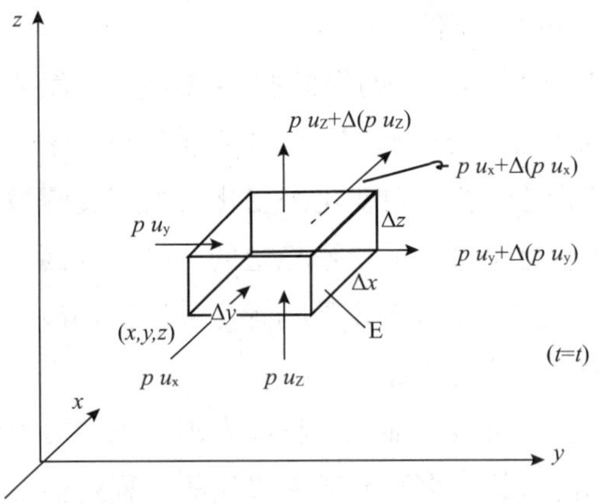

图 8－1　多孔介质渗流单元体

图中所示单元体 E 是一个平行六面体，它的边分别为 Δx、Δy、Δz。在 x 方向，流入单元体的质量流量为 $\rho u_x \Delta y \Delta z$。

x 方向流出单元体的质量流量为 $\Delta y \Delta z [\rho u_x + \Delta(\rho u_x)]$。则 x 方向的净质量流量为 $-\Delta y \Delta z \Delta(\rho u_x)$。类似地，$y$ 方向上净质量流量为 $-\Delta x \Delta z \Delta(\rho u_y)$，$z$ 方向的净质量流量为 $-\Delta x \Delta z \Delta(\rho u_z)$。

由于 3 个方向上单元体的总净质量流量必须等于在 Δt 时间内的净质量变化量，因此得：

$$-\Delta t[\Delta y\Delta z\Delta(\rho u_x)]-\Delta t[\Delta x\Delta z\Delta(\rho u_y)]-\Delta t[\Delta x\Delta y\Delta(\rho u_z)]=\Delta x\Delta y\Delta z\phi[\rho_{t+\Delta t}-\rho_t] \quad 8.6$$

式 8.6 可以改写为：

$$\frac{\Delta(\rho u_x)}{\Delta x}-\frac{\Delta(\rho u_y)}{\Delta y}-\frac{\Delta(\rho u_z)}{\Delta z}=\frac{\phi[\rho_{t+\Delta t}-\rho_t]}{\Delta t}$$

取极限为：

$$\Delta x\to 0$$

$$\Delta y\to 0$$

$$\Delta z\to 0 \text{ 且 } \Delta t\to 0$$

$$\frac{\partial}{\partial x}(\rho u_x)+\frac{\partial}{\partial y}(\rho u_y)+\frac{\partial}{\partial z}(\rho u_z)=-\phi\frac{\partial\rho}{\partial t} \quad 8.7$$

式 8.7 为连续性方程，也可以简写成：

$$\mathrm{div}(\rho\vec{u})=-\phi\frac{\partial\rho}{\partial t}$$

其中

$$\mathrm{div}(\rightarrow)=\frac{\partial}{\partial x}(\rightarrow)x+\frac{\partial}{\partial y}(\rightarrow)y+\frac{\partial}{\partial z}(\rightarrow)z \quad 8.8$$

$(\rightarrow)$ 为矢量值

连续性方程也可以写成极坐标的形式：

$$\frac{1}{r}\frac{\partial}{\partial r}(r\rho u_r)=-\phi\frac{\partial\rho}{\partial t} \quad 8.9$$

其中，孔隙度 ϕ 为常数。

达西定律

达西定律为驱动力、势能梯度和阻力对速度的表达式[1]，通常写成：

$$\vec{u}=-\frac{k\rho}{\mu}\Delta\Phi \quad 8.10$$

式中 $\vec{u}$——速度矢量，量纲与速率一致；

Φ——势能；

$\Delta\Phi$——流动方向上势能的变化量；

μ——流体黏度；

k——孔隙介质的渗透率；

ρ——流体密度；

负号表示沿流动方向上势能的减少。

式 8.10 中，沿多孔介质流动的势能量纲为 L^2/T^2。哈伯特将其写成：

$$\Phi = \int_{p_0}^{p} \frac{\mathrm{d}p}{\rho} + gz \tag{8.11}$$

其中 z 为海拔高度，p_0 表示海平面大气压，g 表示重力加速度[2]。

矢量方程 8.10 沿 x、y、z 三个方向上的投影为：

$$u_x = -\frac{\rho k_x}{\mu}\frac{\partial \Phi}{\partial x} \tag{8.12}$$

$$u_y = -\frac{\rho k_y}{\mu}\frac{\partial \Phi}{\partial y} \tag{8.13}$$

$$u_z = -\frac{\rho k_z}{\mu}\frac{\partial \Phi}{\partial z} \tag{8.14}$$

式 8.12 ~ 式 8.14 中的渗透率沿三个方向是不同的。

通过式 8.11 替换方程中的 Φ 为：

$$u_x = -\frac{k_x}{\mu}\frac{\partial p}{\partial x} \tag{8.15}$$

$$u_y = -\frac{k_y}{\mu}\frac{\partial p}{\partial y} \tag{8.16}$$

$$u_z = -\frac{k_z}{\mu}\left(\frac{\partial p}{\partial z} + g\right) \tag{8.17}$$

在水平方向上的径向流可写成：

$$u_r = -\frac{k_r}{\mu}\frac{\partial p}{\partial r} \tag{8.18}$$

式 8.17 和式 8.18 中的渗透率采用 API 单位制定义：

$$u = \mathrm{cm/s}$$

$$k = D(\text{达西})$$

$$\mu = \mathrm{cP}$$

$$p = \mathrm{atm}$$

$$x, y, z, r = \mathrm{cm};$$

式 8.11 中：

$$\rho = \mathrm{atm \cdot s^2/cm^2}$$

这些单位也称为复合达西 – 厘米克秒单位制。

油田或气田现场单位制下的渗透率

在现场油气田单位制下，渗透率的方程可以写成：

$$q = 0.00634\frac{kA}{\mu}\left(\frac{-\mathrm{d}p}{\mathrm{d}L}\right) \tag{8.19}$$

式中 q——当压力梯度为 $\mathrm{d}p/\mathrm{d}L$ 时，多孔介质中的体积流量，立方英尺/d；

A——横截面积，ft^2；

μ——气体或原油的黏度，cP；

k——多孔介质的渗透率，mD；

dp/dL——压力梯度，psi/ft。

达西定律的量纲

$$u = \frac{k\rho}{\mu}(\frac{d\Phi}{dl}) \tag{8.20}$$

在质量－长度－时间（M，L，T）中的量纲为：

$$[u] = \frac{L}{T}$$

$$[\rho] = \frac{M}{L^3}$$

$$[\mu] = \frac{M}{LT}$$

$$[l] = L$$

$$\Phi = \frac{L^2}{T^2}(\text{或}\frac{F \times L}{M}) = \frac{\text{Energy}}{M}$$

$$[k] = L^2$$

因此，在厘米克秒单位制（CGS）中，渗透率的单位为 cm^2；在现场单位制中，渗透率的单位为 ft^2；在 SI 单位制中，渗透率的单位为 m^2。

达西定律中的符号规定

在 x 方向上的达西定律，速度为：

$$u = \frac{k}{\mu}\rho\frac{d\Phi}{dx} \tag{8.21}$$

其中，u 为表观速度，沿 x 正方向。只有当压力沿 x 正方向减小时，才有可能产生这样的流动。为保证在代数形式上一致，式 8.21 改写为：

$$u = -\frac{k\rho}{\mu}\frac{d\Phi}{dx} \tag{8.22}$$

参照热力学中的符号定义，$d\Phi$ 即 $\Delta\Phi = \Phi_2 - \Phi_1$。由于流动从上游位置点 1 流到下游位置点 2，势函数逐渐减小，因此 $d\Phi$ 为负值；而 dx（即 $\Delta x = x_2 - x_1$）为正。因此，$-d\Phi/dx$为正值。此时，沿 x 正方向，u 为正值。

对于径向渗流，在向心流场中，当流量为正时（即朝井眼方向为正方向，与 r 的正方向相反），达西定律可写成：

$$v_r = +\frac{k\rho}{\mu}\frac{d\Phi}{dr} \tag{8.22}$$

同样，此时 Φ 沿半径向中心方向是递减的。

绝对单位制和混合单位制之间的转换

$$v_r = -\frac{k\rho}{\mu}\frac{\partial\Phi}{\partial r}$$

其中，将 Φ 替换为 $\Phi = \int_{p_0}^{p} dp/\rho + gz$ ，可得：

$$v_r = -\frac{k}{\mu}\frac{\partial}{\partial r}(p + \rho gz) \tag{8.23}$$

式 8.23 中的变量为绝对单位制，即厘米克秒单位制（CGS）。

v 的单位是 cm/s；

k 的单位是 cm^2；

μ 的单位是 g/(cm · s)；

r 的单位是 cm；

p 的单位是 dyn/cm^2；

ρ 的单位是 g/cm^3；

g 的单位是 $981cm/s^2$；

z 的单位是 cm。

现在，在 API 中采用的达西混合单位制为：

v 的单位是 cm/s；

μ 的单位是 cP；

r，z 的单位是 cm；

p 的单位是大气压（atm）；

k 的单位是 D；

ρ 的单位是 g/cm^3；

g 的单位是 cm/s^2。

在上述混合单位制中，如果势能为 p/ρ（即不考虑重力影响），达西方程可简化为：

$$v_r = -\frac{k}{\mu}\frac{\partial p}{\partial r}$$

上式中，各变量的单位与前述相同。

为保持一致性，包含重力势能的达西方程（式 8.23）必须修改。显然，项 ρgz 必须与 p（单位为 atm）具有相同的量纲和单位。其中，ρgz 的单位为（g/cm^3）（cm/s^2）（cm），即为 dyn/cm^2，它必须转换为大气压。

$1dyn/cm^2$ 与大气压（atm）的转化关系如下：

$$\frac{1dyn}{cm^2} = \frac{1}{981}\frac{克力}{cm^2} = \frac{1}{454 \times 981}\frac{磅力}{cm^2}$$

用 lbf 表示 1 磅力：

$$\frac{1dyn}{cm^2} = \frac{1}{454 \times 981}\frac{lbf}{\left(\frac{1}{2.54}\right)^2 in^2}$$

由于 $14.7lbf/in^2 = 1atm$，因此：

$$\frac{1\text{dyn}}{\text{cm}^2}=\frac{1}{14.7}\frac{2.54^2}{454\times981}\text{atm}=\frac{1}{14.7\times\frac{454\times981}{2.54^2}}=\frac{1}{1.0133\times10^6}\text{atm}$$

因此，混合单位制下的方程形式为：

$$v_r=-\frac{k}{\mu}\frac{\partial}{\partial r}(p+\frac{\rho gz}{1.0133\times10^6}) \qquad 8.24$$

渗透率张量

式 8.10 为：

$$\vec{u}=-\frac{k\rho}{\mu}\Delta\Phi \qquad 8.25$$

其中，

$$\Phi=\int_{p_0}^{p}\mathrm{d}p/\rho+gz \qquad 8.26$$

将式 8.25 和式 8.26 联立，得：

$$\vec{u}=-\frac{k}{\mu}\rho\Delta\int_{p_0}^{p}(\mathrm{d}p/\rho+gz) \qquad 8.27$$

使用积分符号下的莱布尼茨微分法则，向空间直角坐标系的三个方向投影。对于渗透率各向异性的情况，有：

$$u_x=-\frac{k_x}{\mu}\frac{\partial p}{\partial x} \qquad 8.28$$

$$u_y=-\frac{k_y}{\mu}\frac{\partial p}{\partial y} \qquad 8.29$$

$$u_z=-\frac{k_z}{\mu}\left(\frac{\partial p}{\partial z}+\rho g\right) \qquad 8.30$$

上述各式中，变量的单位为绝对单位制。

在直角坐标系下，三个速度的分量、压力梯度的分量和重力矢量间的关系如下：

$$\vec{u}=\frac{k}{\mu}(\Delta p+\Delta\rho g) \qquad 8.31$$

在式 8.31 中，压力梯度矢量 $\vec{\Delta}=[\partial p/\partial x,\partial p/\partial y,\partial p/\partial z]$、重力矢量 $\overrightarrow{\rho_g}=[0,0,-\overrightarrow{\rho_g}]$ 的和与速度矢量 $\vec{u}=[u_x,u_y,u_z]$ 成比例关系。

除了大小和方向外，考虑多孔介质中的特定方向时，k 必须在直角坐标系的三个主方向上定义。因此，k 的张量定义为：

$$k=\begin{Bmatrix}k_x & 0 & 0\\ 0 & k_y & 0\\ 0 & 0 & k_z\end{Bmatrix}$$

一般来说，在三维空间中，标量是一个零阶张量，它的大小仅由 1 个量（$3^0=1$）确定。相比而言，一个向量是由 3 个量（$3^1=3$）确定的一阶张量，即其方向由三个单位向量根据其大小确定。同理，一个二阶张量需要由 9 个量（$3^2=9$）来描述，因为它不仅要有大小，还要有方向。

在工程力学中，张量的其他例子包括应力和变形矢量之间的比例关系。

达西定律的偏差——滑脱效应

Klinkenberg 发现，在足够低的压力下，当气体在多孔介质中流动，分子的平均自由程与孔隙间的几何尺寸相当时，分子就会滑动通过，从而获得很高的表观渗透率和压差渗透率[3]。结果表明，此时的渗透率与 $1/p$ 线性相关，且在 $1/p=0$ 时接近极限值 k_L，即此时 $p=\infty$。而 k_L 的值是单相流体的渗透率，可以用油、盐水或纯蒸馏水来测量。

因此：

$$k_g = k_L(1 + b/p) \tag{8.32}$$

式中 k_g——气体渗透率；

k_L——压力无限大时的气体渗透率（与液体渗透率相等）；

p——压力；

b——常数，取决于特定的多孔介质。

高流速下的惯性湍流效应

长期以来，人们知道达西定律在描述多孔介质中的高速流动时不适用。Fancher 等测量了大量固结和未固结砂岩的压降和流速[4]。当降低维数，在双对数坐标上作图时，摩擦系数与雷诺数相关。当雷诺数较低时，其相关系数的斜率值为 -1；但在雷诺数变大时，其斜率逐渐接近水平线。Tek 引入岩性因子、无因次渗透率、摩擦因子和雷诺数，将这些数据和变化规律统一到无因次方程中[5]：

$$f = \frac{d^2}{2k}\frac{1}{Re}\left[1 + \frac{\alpha}{\phi}Re\right] \tag{8.33}$$

式中 d——砂粒的平均直径；

k——渗透率（d^2/k 为无因次渗透率）；

Re——雷诺数（其值为 $\rho vd/u$）；

α——无因次岩性因子；

ϕ——孔隙度。

在过去，许多学者将达西定律的偏差归因于湍流（Fancher 和 Lewis，1933；Elenbaas 和 Katz，1948；Cornell 和 Katz，1953）*。其他学者观察到，当对孔隙结构施加刚性约束时，由于其几何结构的限制，无法在其中真正产生像在管道中一样的随机湍流（Tek，1957；Bakhmeteff 和 Feodoroff，1937）。一些学者将湍流视为影响渗透率测量的因素来处理（Carlson 和 Eastman，1940）。另一些学者根据摩擦系数 - 雷诺数的关系对达西定律的偏差进行修正（Brownell 和 Katz，1947；Brownell 和 Dombrowski，1950）。

---

* 见参考文献 1 中的附录 K

Johnson 和 Taliaferro（1938）使用矿务局的数据，在压降方程中加入 n 阶流速项来对其进行修正。Green 和 Duwez 研究了高速气体在烧结金属中的流动，使用带有速度平方项的经典 Forchheimer 方程对压降项进行校正。

$$-\frac{\mathrm{d}p}{\mathrm{d}L}=\mu\frac{u}{k}+\beta\rho u^2 \tag{8.34}$$

其中，β 为湍流因子。Katz、Cornell、Katz 和 Janicek 对其进行了回归研究。除了式 8.34 中的二次项外，Katz 和 Firoozabadi 在某些情况下还提出了速度的三次项。

在达西定律发生偏差且在随机湍流发生之前，流线的延长和惯性效应被认为是达西定律发生偏差的原因（Hubert，1950；Humpert，1953）。J. C. Slattery 在 1963 年对高速气体流动中产生的惯性效应作了详细分析。

关于达西定律偏差的最新和最普遍接受的共识是，随着速度的增加，初始偏差是由于惯性效应造成的，之后是伴随更高速度的湍流效应导致的（Wright，1968）。

Govier（1961）、Wattenbarger 和 Ramey[6] 使用流动效应修正因子 δ 给出了式 8.34 的另一种形式，描述了达西流－过渡流－非达西流机制下对应的层流－惯性流－湍流效应。

$$u=-\delta\frac{k}{\mu}\frac{\mathrm{d}p}{\mathrm{d}x} \tag{8.35}$$

其中，$\delta=1/(1+\beta\rho ku/\mu)$。当 $\delta=1$ 时，为达西定律。

对于各向异性的多孔介质，δ 在 x、y、z 方向上是不同的。在这 3 个方向上，δ 可以看作是一个渗透率张量修正值。

$$u=-\frac{1}{\mu}k\delta\Delta p \tag{8.36}$$

其中，

$$\delta=\begin{Bmatrix}\delta_x & 0 & 0\\ 0 & \delta_y & 0\\ 0 & 0 & \delta_z\end{Bmatrix}$$

状态方程

对于理想气体，压力－体积－温度的关系为：

$$pV=\frac{m}{(MW)}RT \tag{8.37}$$

式中 p——压力；

V——体积；

m——质量；

MW——重均分子量；

R——气体常数；

T——绝对温度。

由于 $\rho=m/V$，即单位体积的质量，则理想气体的密度可表示为：

$$\rho = \frac{p(MW)}{RT} \tag{8.38}$$

当气体流经多孔介质时，流动是等温的，因此：

$$\frac{\partial\rho}{\partial t} = \frac{(MW)}{RT}\frac{\partial p}{\partial t} \tag{8.39}$$

另一方面，对于真实气体，有：

$$\rho = \frac{(MW)}{zRT}p \tag{8.40}$$

液体渗流偏微分方程

等温渗流时，对于有效压缩系数 c 较小且为恒定值的流体，结合达西定律、连续性方程和状态方程，可得：

$$\left(k_x\frac{\partial^2 p}{\partial x^2}+k_y\frac{\partial^2 p}{\partial y^2}+k_z\frac{\partial^2 p}{\partial z^2}\right)+c\left[k_x\left(\frac{\partial p}{\partial x}\right)^2+k_y\left(\frac{\partial p}{\partial y}\right)^2+k_z\left(\frac{\partial p}{\partial z}\right)^2\right]$$
$$+\left(\frac{\partial p}{\partial x}\frac{\partial k_x}{\partial x}+\frac{\partial p}{\partial y}\frac{\partial k_y}{\partial y}+\frac{\partial p}{\partial z}\frac{\partial k_z}{\partial z}\right)=\phi\mu c\frac{\partial p}{\partial t}+\mu\frac{\partial\phi}{\partial t} \tag{8.41}$$

当忽略重力的影响，假设黏度和孔隙度为常数，c 很小，k 为常数且各向同性，忽略压力梯度的平方项时，式 8.41 可简化为：

$$\frac{\partial^2 p}{\partial x^2}+\frac{\partial^2 p}{\partial y^2}+\frac{\partial^2 p}{\partial z^2}=\frac{\phi\mu c}{k}\frac{\partial p}{\partial t} \tag{8.42}$$

对于径向渗流：

$$\frac{1}{r}\frac{\partial p}{\partial r}\left(r\frac{\partial p}{\partial r}\right)+\frac{1}{k_r}\frac{\partial k_r}{\partial r}\frac{\partial p}{\partial r}+c\left(\frac{\partial p}{\partial r}\right)^2=\frac{\phi\mu c}{k_r}\frac{\partial p}{\partial t}+\frac{\mu}{k_r}\frac{\partial\phi}{\partial t} \tag{8.43}$$

同样，忽略重力影响，假设 c 很小，黏度和孔隙度为常数，k 为常数，且 $(\partial p/\partial r)^2$ 小到可以忽略时，则式 8.43 简化为：

$$\frac{\partial^2 p}{\partial r^2}+\frac{1}{r}\frac{\partial p}{\partial r}=\frac{\phi\mu c}{k}\frac{\partial p}{\partial t} \tag{8.44}$$

式 8.44 为不稳定状态下，微可压缩液体径向通过多孔介质的渗流。用于计算储气库的水体运动。必须强调，只有通过假定岩石性质不变，压缩系数很小且恒定，压力梯度可忽略时，才能得到线性偏微分方程 8.44。否则，式 8.44 为非线性的方程。式 8.42 和式 8.44 均为线性抛物型偏微分方程，经常在流动过程中遇到，也称为扩散方程。组合参数 $k/\mu\phi c$ 称为扩散系数。

式 8.42 和式 8.44 可以简化为：

$$\nabla^2 p=\frac{\phi\mu c}{k}\frac{\partial p}{\partial t} \tag{8.45}$$

压缩系数 c 为整个储层按有效饱和度进行的加权求得。在热传导、分子扩散和电势分布问题中也常用扩散方程。

式 8.45 的稳态、点源和非稳态解将在后续讨论。

气体渗流偏微分方程

推导储层中天然气渗流的偏微分方程与液体渗流的推导步骤相同。对于气体需要在理想气体定律或包含气体压缩系数的关系式中添加压力和密度的关系式。

理想气体

当达西定律与连续性方程结合时：

$$\rho = \frac{MW}{RT}p \tag{8.38}$$

对于气体黏度、岩石性质为常数，且忽略重力和压力梯度平方项，得：

$$\frac{\partial^2 p^2}{\partial x^2} + \frac{\partial^2 p^2}{\partial y^2} + \frac{\partial^2 p^2}{\partial z^2} = \frac{2\phi\mu}{k}\frac{\partial p}{\partial t} \tag{8.46}$$

对于径向渗流：

$$\frac{\partial^2 p^2}{\partial r^2} + \frac{1}{r}\frac{\partial p^2}{\partial r} = \frac{2\phi\mu}{k}\frac{\partial p}{\partial t} \tag{8.47}$$

或

$$\nabla^2 p^2 = \frac{\phi\mu}{kp}\frac{\partial p^2}{\partial t} \tag{8.48}$$

式 8.48 为非线性方程，只在压力梯度平方项是可忽略的理想气体中适用。

径向不稳定流方程的推导

图 8-2 为系统“S”，它是一个径向、水平、不稳定渗流模型。S 是水平圆盘可渗透多孔介质中的一个环状圆柱段，其内外边界分别用 r_w 和 r_e 表示，厚度为 h，孔隙度为 ϕ，渗透率为 k。

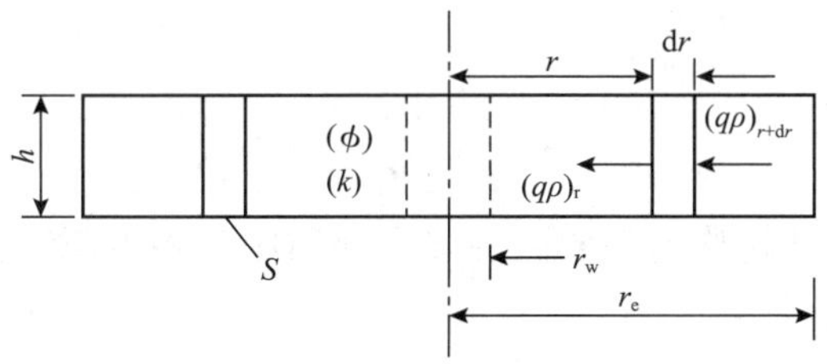

图 8-2 径向不稳定渗流模型示意图

流动是向心的（或离心的），径向从外边界 r_e 向内边界 r_w 流动（或径向向外流动）。此时，质量守恒定律为：

$$+(\text{质量流量})_{\text{流入}} - (\text{质量流量})_{\text{流出}} + (\text{质量流量})_{\text{增减}} = (\text{质量流量变化})_{\text{系统}S}$$

如果 q 表示半径 r 处的体积流量，ρ 表示半径 r 处的气体密度，则：

$$+(q\rho)_{r+dr}-(q\rho)_{r}=2\pi rh\phi\mathrm{d}r\frac{\partial\rho}{\partial t}$$

方程展开为：

$$+(q\rho)_{r}+\frac{\partial}{\partial r}(q\rho)_{r}\mathrm{d}r-(q\rho)_{r}=2\pi rh\phi\mathrm{d}r\frac{\partial\rho}{\partial t}$$

由于：

$$q=+k\frac{A}{\mu}\frac{\partial p}{\partial r}\text{（根据达西定律）}$$

$$=\frac{k}{\mu}2\pi rh\frac{\partial p}{\partial r}$$

该方程满足：

$$\frac{\partial}{\partial r}\left(\frac{k}{\mu}2\pi rh\rho\frac{\partial p}{\partial r}\right)=2\pi rh\phi\frac{\partial\rho}{\partial t} \quad 8.49$$

此时，如果用 c 表示有效压缩系数，定义式为：

$c=-1/V\ (\partial V/\partial p)_{\mathrm{T}}$，且：

$$\rho=\frac{m}{V}$$

式中　m——气体的质量：

$$V=\frac{m}{\rho}$$

它满足：

$$c=-\frac{\rho}{m}\frac{\partial}{\partial p}\left(\frac{m}{\rho}\right)=\left(-\frac{\rho}{m}\right)\left(-\frac{m}{\rho^{2}}\right)\left(\frac{\partial\rho}{\partial p}\right)=+\frac{1}{\rho}\frac{\partial\rho}{\partial p}$$

有：

$$c\rho\partial p=\partial\rho$$

$$\frac{\partial\rho}{\partial t}=c\rho\frac{\partial p}{\partial t}$$

代入式 8.49 得到：

$$\frac{1}{r}\frac{\partial}{\partial r}\left(r\frac{k}{\mu}\rho\frac{\partial p}{\partial r}\right)=\phi c\rho\frac{\partial p}{\partial t} \quad 8.50$$

式 8.50 适用于水平环状均匀各向同性多孔介质中单相可压缩径向不稳定渗流。

在天然气储气库中有：

$$c=c_{\mathrm{g}}(1-s_{\mathrm{w}})+c_{\mathrm{w}}s_{\mathrm{w}}+c_{\mathrm{f}} \quad 8.51$$

式 8.51 为总有效压缩系数与气体压缩系数 c_{g}，束缚水压缩系数 c_{w} 及多孔介质压缩系数 c_{g} 间的关系。s_{w} 表示束缚水饱和度。

$$c_{\mathrm{g}}=\frac{1}{p}-\frac{1}{z}\left(\frac{\partial z}{\partial p}\right) \quad 8.52$$

对于真实气体：$\rho = pM/zRT$，则式 8.50 变为：

$$\frac{1}{r}\frac{\partial}{\partial r}\left(r\frac{Mp}{zRT}\frac{\partial p}{\partial r}\right)=\frac{\phi\mu}{k}\left[\left(\frac{1}{p}-\frac{1}{z}\left(\frac{\partial z}{\partial p}\right)\right)(1-s_w)+c_w s_w+c_f\right]\frac{Mp}{zRT}\left(\frac{\partial p}{\partial t}\right)$$

如果 c_w和 c_f较小，且 s_w远小于 1，则方程简化为：

$$\frac{1}{r}\frac{\partial}{\partial r}\left(\frac{p}{z}\frac{\partial p}{\partial r}\right)=\frac{\phi\mu}{k}\left(\frac{1}{p}-\frac{1}{z}\frac{\partial z}{\partial p}\right)\frac{p}{z}\frac{\partial p}{\partial t} \qquad 8.51$$

由于存在与压力相关的参数，该方程仍然是非线性方程。

式 8.50 是均匀多孔介质中可压缩流体径向渗流的基本偏微分方程。由于方程两侧的系数（$k\rho/\mu$ 和 $\phi c\rho$）本身是压力（因变量）的函数，因此方程是非线性的。

求取式 8.50 的解析解，必须对方程线性化，从而消除方程两端系数与压力的关系。

气体线性流方程的推导（以达西流动为例）

将拟压力 p_p定义为：

$$p_p = 2\int_0^p \frac{p}{z\mu}\mathrm{d}p \qquad 8.52$$

当把因变量压力转换成上式定义的拟压力 p_p时，有：

$$\frac{\partial p_p}{\partial r}=\frac{2p}{z\mu}\frac{\partial p}{\partial r}$$

且

$$\frac{\partial p_p}{\partial t}=\frac{2p}{z\mu}\frac{\partial p}{\partial t}$$

上述两式代入式 8.50，且将密度项 ρ 表示为：

$$\rho=\frac{pM}{zRT}$$

其中，M 为气体的重均分子量，得到：

$$\frac{1}{r}\frac{\partial}{\partial r}\left(r\frac{pM}{zRT}\frac{z\mu}{2p}\frac{\partial p_p}{\partial r}\right)=\phi\frac{\mu c}{k}\frac{pM}{zRT}\frac{z\mu}{2p}\frac{\partial p_p}{\partial t} \qquad 8.53$$

上式化简为：

$$\frac{1}{r}\frac{\partial}{\partial r}\left(r\frac{\partial p_p}{\partial r}\right)=\frac{\phi\mu c}{k}\frac{\partial p_p}{\partial t} \qquad 8.54$$

式 8.54 近似线性，但方程的右边项系数 $\phi\mu c/k$ 与因变量压力有关。式 8.54 与微可压缩流体的线性抛物型偏微分方程类似，如原油流动：

$$\frac{1}{r}\frac{\partial}{\partial r}\left(r\frac{\partial p}{\partial r}\right)=\frac{\phi\mu c}{k}\frac{\partial p}{\partial t}$$

或液体流动：

$$\nabla^2 p=\left(\frac{\phi\mu c}{k}\right)_1\frac{\partial p}{\partial t}$$

真实气体：

$$\nabla^2 p_p = \left(\frac{\phi\mu c}{k}\right)_g \frac{\partial p_p}{\partial t}$$

其中，$p_p = 2\int_0^p p/z\mu \mathrm{d}p$ 为拟压力。

拟压力概念最早是由 Al－Hussainy 和 Ramey 提出的，用于表示真实气体的势能[7]。由于式 8.54 仍然是非线性的，R. G. Agarwal 使用拟时间概念作了进一步的变换[8]。

$$t_p = \int_0^t \frac{\mathrm{d}t}{\mu c} \tag{8.55}$$

当式 8.54 中的时间变量 t 按照式 8.55 转化为拟时间 t_p时，在满足交叉导数项小到可忽略的条件下（如 Lee[9]，Finnjord[10,11]等），式 8.54 变为：

$$\frac{1}{r}\frac{\partial}{\partial r}\left(r\frac{\partial p_p}{\partial r}\right) = \frac{\phi}{k}\frac{\partial p_p}{\partial t_p} \tag{8.56}$$

这是式 8.54 的完全线性形式。

气体渗流方程的发展历史

半个多世纪以来，天然气的产能和流动问题一直是人们关注的焦点。在整个石油天然气开发过程中，人们对天然气生产和地下储气的认识和技术都落后于石油生产，而且发展速度较慢。原因有两点：

（1）天然气资源开发和市场发展滞后于石油勘探和生产。

（2）由于所涉及的数学问题，对多孔介质中的气体流动进行解析解的真实描述仍然存在困难。

在早期，Muskat 提出了使用天然气恒定压缩系数的简化方法[12]。这相当于将原油的渗流方程应用于天然气。结果表明，该方法对于高压气井在低生产速率下适用，但不适用于高速率或非均质性导致的高压力梯度储层。

最早建立的是理想气体在达西流条件下的非稳态渗流偏微分方程（式 8.47）。它在几个方面都是非线性的，在推导过程中，忽略了高阶压力梯度平方项。在天然气技术开发的早期，人们曾多次尝试将偏微分方程线性化。其中的大部分是通过将 p 替换为 p^2，将油井开发的油藏工程推广到气井。Al－Hussainy 和 Ramey[7]在相关文献中做了详细阐述。在计算机科学和数值分析应用发展的几年中（50 年代末和 60 年代初），一些研究人员利用有限差分近似寻求非线性气体渗流问题的数值解[13~15]。

1966 年，在最少的理想条件和假设条件下，Al－Hussainy 和 Ramey 以真实气体势能的形式（又叫作拟压力）给出了描述气体渗流的一般方法。研究表明，当使用真实气体势能而不是 p^2项时，描述气体渗流的方程能够简化为熟悉的抛物型扩散方程，且在一定条件下可以被视为准线性。1979 年，Agarwal 进一步提出了拟时间的概念[12]。在一定条件和假设下，使用拟压力与拟时间的抛物型偏微分方程，可以合理预测气井流动动态。Tek[17]建立了无限大边界和定流量边界条件下，储气库非稳态渗流的渐近解。

真实气体渗流微分方程

在一般情况下，即层流、惯性流、紊流下的真实气体，其黏性、压缩性和压缩因子与压力和温度相关，将本构方程（修正的达西方程或 Forchheimer 方程）与连续性方程和状态方程的表达式联立，得到描述气体渗流的偏微分方程：

$$\nabla\left(\frac{p}{\mu z}k\delta\,\nabla p\right)=\frac{\partial}{\partial t}\left(\phi\,\frac{p}{z}\right) \tag{8.57}$$

式中 p——压力；

ϕ——孔隙度；

k——渗透率张量；

z——压缩因子；

t——时间；

∇——运算符（向量除以标量，标量（梯度）除以向量）；

δ——流动效应修正因子。

$$\delta_{ii}=\frac{1}{1+\beta\rho k_{ii}u_i/\mu} \tag{8.58}$$

式中 β——湍流系数（来自 Forchheimer 方程[18]）；

ρ——天然气密度；

μ——天然气黏度；

u_i——速度矢量 u 在 i 方向的分量。

根据式 8.53 中定义的拟压力，在径向非达西流中，使用 $\delta_{r(LIT)}$ 修正因子得：

$$\frac{1}{r}\frac{\partial}{\partial r}\left(r\delta_r\frac{\partial p_p}{\partial r}\right)=\frac{\phi\mu c}{k}\frac{\partial p_p}{\partial t} \tag{8.59}$$

将时间 t 转化为拟时间，上式变为：

$$\frac{1}{r}\frac{\partial}{\partial r}\left(r\delta_r\frac{\partial p_p}{\partial r}\right)=\frac{\phi}{k}\frac{\partial p_p}{\partial t_p} \tag{8.60}$$

渗流方程稳态解

稳态解即与时间无关，在适当边界条件下，对微分方程积分得到。稳态解可分为定压边界条件下的解和封闭边界条件下的解。其中，封闭边界条件更为普遍，被称为半稳态。下一章将对其进行详细介绍，因为发生无限不稳定衰减后，将接近于储气库井的实际状况。

半稳态渗流方程为产能研究提供了方法基础。

液体渗流稳态解

使用现场单位制时，在定压边界条件下，单相液体通过多孔介质径向流动的稳态解为：

$$Q = 0.00709\,\frac{kh}{\mu}\,\frac{p_1 - p_2}{\ln \dfrac{r_1}{r_2}} \qquad 8.61$$

式中 Q——地层流入井筒的流量，桶/d；

k——渗透率，mD；

h——地层厚度，ft；

μ——液体黏度，cP；

r——半径，ft（其中，外边界处对应 r_1，井筒处对应 r_2）。

对于封闭边界条件下，液体以半稳态定流量生产时，可得：

$$p - p_{\mathrm{wf}} = \frac{q\mu}{2\pi kh}\left(\ln r_{\mathrm{eD}} - \frac{3}{4}\right) \qquad 8.62$$

式 8.62 中是达西混合单位制。

$$r_{\mathrm{eD}} = r_{\mathrm{e}}/r_{\mathrm{w}}$$

式中 r_{e}——封闭边界的外半径，cm；

r_{w}——井筒内半径，cm；

p——泄流基质平均压力，atm；

p_{wf}——半稳态时的井底流压，atm；

q——产量，mL/s；

μ——黏度，cP；

k——渗透率，D；

h——储层厚度，cm。

当流体在封闭边界条件下稳态流时，井底压力不随时间变化：

$$\frac{\partial p_{\mathrm{wf}}}{\partial t} = -\frac{q}{ch\pi r_{\mathrm{e}}^2\phi} \qquad 8.63$$

压力下降速率与孔隙中的流体体积成反比。

上述流体稳态渗流方程对含水层储气库的产量计算有一定的指导意义。

气体渗流稳态解

在下一节中将给出层流和层流－惯性流－湍流（普遍存在）两种情况下，具有定压边界条件的气体稳态渗流方程。

首先，给出了定压边界（包括内部边界和外部边界）条件下的近似解以及整个泄流区域的平均 μ 值和 z 因子。然后，讨论 z 因子随时间变化的完整解。

气体定压边界径向流稳态解

图8－2给出了渗流方程的径向－圆柱流动模型。对多孔介质储层中气体的渗流偏微分方程进行积分，可得到径向稳态渗流方程的解：

$$Q = \pm \frac{0.0007030kh(p_1^2 - p_2^2)}{zT\mu\ln(r_1/r_2)} \qquad 8.64$$

式中 h——砂层厚度；

k——渗透性，mD；

p——压力，psia；

z——压缩因子（按泄流面积平均）；

T——流动温度，°R；

μ——黏度，cP；

Q——14.7psia和60℉条件下测量的稳态气体的流量，MCF/d；

r——半径，ft。

上述单位组合称为现场单位制。对于从储层流向井筒的气体，点1位于外边界处，点2位于井筒处。当气体从井筒注入储层时，则点1在井筒处，点2在外边界处。符号＋或－分别表示采气或注气。

对于定压边界，压缩因子z为变量的情况，近似稳态解如下：

$$Q = \frac{2\pi kh}{\mu}\frac{1}{\ln(r_b/r_w)}\frac{T_f}{T_{sc}}\frac{1}{p_{sc}}\int_{p_w}^{p_f}\frac{p}{z}dp \qquad 8.65$$

对于已知成分或密度的气体，使用z因子图，可以绘制出p/z与p的关系图，然后进行图形积分。

式8.65中的单位为达西混合单位制，即：

Q的单位为mL/s（标准状况）；

k的单位为D；

h的单位为cm；

T_f的单位为°R；

T_{sc}的单位为°R；

p_{sc}的单位为atm；

μ的单位为cP；

p_f为地层边界处的压力，atm；

p_w为井底压力。

外边界半径为r_b，井筒半径为r_w。p/z积分已绘制成表，可在文献中查阅。

参考文献

1. Tek, M. R., Underground Storage of Natural Gas, Gulf Publishing, Houston, 1987.
2. King Hubbert, M., "Darcy's Law and the Field Equations of the Flow of Underground Fluids", Trans. AIME (1956) 207, pp 222 – 239.
3. Klinkenberg, L. J., "The Permeability of Porous Media to Liquids and Gases", API Drill and Prod. Practice 200, 1941.
4. Fancher, G. H., J. A. Lewis, K. B. Barnes, "Some Physical Characteristics of Oil Sands", Pennsylvania State College, Bull. 12, p 65, 1933.
5. Tek, M. R., "Development of a Generalized Darcy Equation", Journal of Pet. Tech. IX, No. 6, pp 45 – 47, 1957; Trans. AIME (1957) 210, p 45.
6. Wattenberger, R. A. and H. J. Ramey, Jr., "Gas Well Testing with Turbulence, Damage and Wellbore Storage", Journal of Pet. Tech. (1968), pp 877 – 878.
7. Al-Hussainy, R. and H. J. Ramey, Jr., "Application of Real Gas Flow Theory to Well Testing and Deliverability Forecasting", Journal of Pet. Tech, pp 637 – 642, 1966.
8. Agarwal, R. G., "Real Gas Pseudo-Time: A New Function for Pressure Build-Up Analysis of MHF Gas Wells", SPE 8279, 1979.
9. Lee, W. L and S. A. Holditch, "Application of Pseudo Time to Build – Up Test Analysis of Low Permeability Gas Wells in Long DurationWell Bore Storage Distortion", Journal of Pet Tech. (2877 – 87), 1982.
10. Finnjord, J., "An Analytical Study of Pseudo-Time for Presure Drawdown in a Gas Reservoir, Arbeidspapier fra Rogaland Distrikthogskole, Working Paper from Rogaland University No 37, Stavanger 1985.
11. Finnjord, J. and Yue Lu, Y., "A Numerical Study for Pseudo-Time Transformation for Drawdown in the Infinite Acting Period". Arbeidspapier fra Rogaland Distrikthogskole, Working Paper from Rogaland University No. 38, Stavanger 1985.
12. Muskat, M., Physical Principles of Oil Productiom, McGraw Hill, New York, 1949.
13. Aronofsky, J. S. and Jenkins, R., Unsteady Flow of Cas through Porous Media; One Dimensional Case, Proc. First US, National. Congress of Applied Mechanics, J. E. Edwards Inc., Ann Arbor, MI (763) 1952.
14. Jenkins, R. and J. S. Aronofsky, "Unsteady Radial Flow of Gas through Porous Media", J. Appl. Mech. (1953) 20, 210.
15. Bruce, G. D. Peaceman, D. W. Rachford, H. H, and Price, J., "Calculations of Unsteady State Gas Flow through Porous Media", Trans. AIME (1953) 198, 79.
16. Douglas, Jr. J., Peaceman, D. W. and Rachford, H. H., "Calculations of Unsteady-State Gas Flow in a Square Reservoir", Trans. AIME (1955) 204, 190.
17. Tek, M. R., Asymptotic Limits Bracketing Gas Well Deliverability Performance, CFATG Lecture, Paris, France, 1988.
18. Forchheimer, P, "Wasserbevegun durch Boden", Zeitz Ver Deutsch, Ing. (1901) 45, 1731.

第9章 储气库中的半稳态渗流

半稳态的概念

当储气库以恒定的速度采气或注气时，储层的最初为非稳态流动。经过一段时间后，井筒周围泄流基质边界内的流动即进入半稳态。

在半稳态下，泄流区域的外边界无流动（即封闭外边界）。径向流条件下的数学表达式为：

$$(\partial p/\partial r)_{r=r_e} = 0 \quad 9.1$$

由于压力是时间的函数，在半稳态下，关系式为：

$$(\partial p/\partial t) = 常数 \quad 9.2$$

在建立半稳态条件下的方程时，我们首先要通过物质平衡和压缩系数确定压力随时间的下降速率。

基本几何模型

进行流动分析的基本几何模型如图9－1所示。它是一个多孔可渗透的水平盘状体。当采气时，会发生向圆心的径向流动。

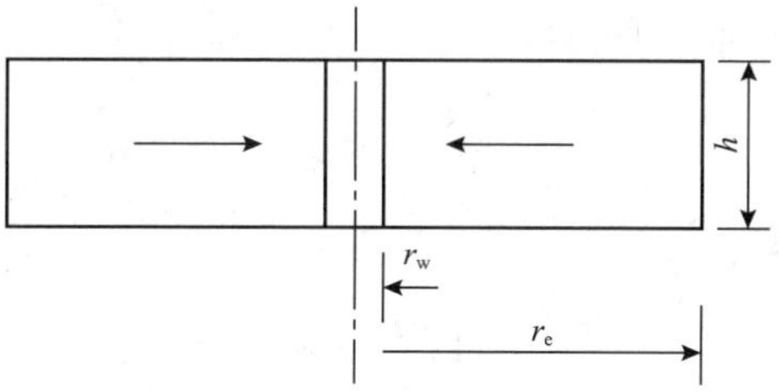

图9－1 径向流动基本模型

半稳态渗流压降速率

在半稳态渗流中，边界为封闭边界时，利用如图 9－2 所示的扩展边界概念，得到压力递减率。

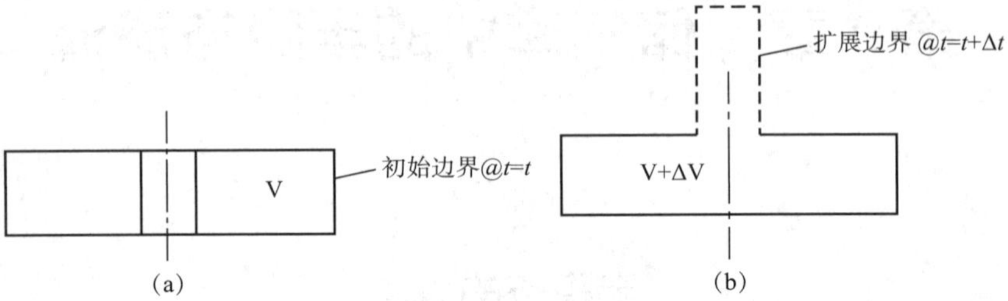

图 9－2　扩展边界概念示意图

当 $t=t$ 时刻，气体所占体积 V；$t=t+\Delta t$ 时刻，气体所占体积为 $V+\Delta V$。井筒处产生的体积差 ΔV，对应 Δt 时间内压力从 p 到（$p-\Delta p$）的体积膨胀。

根据压缩系数 c 的定义得：

$$c=-\frac{1}{V}\left(\frac{\partial V}{\partial p}\right)_{\mathrm{T}} \qquad 9.3$$

温度为恒定值 T 时，上式可以写成：

$$-\partial V=cV\partial p$$

在有限差分形式下为：

$$-\Delta V\approx cV\Delta p$$

及：

$$\frac{\Delta V}{\Delta t}\approx -cV\frac{\Delta p}{\Delta t}$$

当 $\Delta t\rightarrow 0$，取极限为：

$$\frac{\mathrm{d}V}{\mathrm{d}t}=-cV\frac{\mathrm{d}p}{\mathrm{d}t}$$

由于气体在井内发生膨胀，有：

$$\frac{\mathrm{d}V}{\mathrm{d}t}=+q$$

结合前述两个方程，有：

$$-cV\frac{\mathrm{d}p}{\mathrm{d}t}=+q$$

$$\frac{\mathrm{d}p}{\mathrm{d}t}=-\frac{q}{\pi r_e^2 h\phi c} \qquad 9.4$$

半稳态条件下的压降也可以利用质量守恒原理得到，如下：

从油藏边界看，图 9－1 为一个开放系统：

初始气体的物质的量 = 产出的气体物质的量 + 剩余的物质的量。

如果 G 表示初始条件下气体物质的量（或标准立方英尺），G_{pi} 表示累计生产的气体物质的量，V 表示储层中气体的体积，E 为气体体积系数（储层条件下的气体体积与标准状况下的体积比，ft^3/ft^3），有：

$$G = G_p + VE$$

得 $E = 35.37p/zT$（标准状况下，即压力 14.7psi，温度为 520°R 时）。

$$G_p = \int_0^t Eq\mathrm{d}t$$

$$\int_0^t Eq\mathrm{d}t + VE = G$$

将上式两端分别对时间求导：

$$\frac{\mathrm{d}}{\mathrm{d}t}\left[\int_0^t Eq\mathrm{d}t + V35.37\frac{p}{zT}\right] = \frac{\mathrm{d}}{\mathrm{d}t}(G) = 0$$

$$q35.37\frac{p}{zT} = -V\frac{\mathrm{d}}{\mathrm{d}t}\left[35.37\frac{p}{zT}\right]$$

由于 V 为常数：

$$q = -\frac{V}{\left(\frac{p}{z}\right)}\frac{\mathrm{d}}{\mathrm{d}t}\left(\frac{p}{z}\right)$$

$$-\frac{q}{V} = \frac{1}{\left(\frac{p}{z}\right)}\frac{\mathrm{d}\left(\frac{p}{z}\right)}{\mathrm{d}t}$$

$$= \frac{z}{p}\left[\frac{1}{z}\frac{\mathrm{d}p}{\mathrm{d}t} + p\frac{\mathrm{d}}{\mathrm{d}t}\left(\frac{1}{z}\right)\right]$$

$$= \frac{1}{p}\frac{\mathrm{d}p}{\mathrm{d}t} - \frac{1}{z}\frac{\mathrm{d}z}{\mathrm{d}t}$$

$$= \frac{1}{p}\frac{\mathrm{d}p}{\mathrm{d}t} - \frac{1}{z}\frac{\partial z}{\partial p}\frac{\mathrm{d}p}{\mathrm{d}t}$$

$$= \frac{\mathrm{d}p}{\mathrm{d}t}\left(\frac{1}{p} - \frac{1}{z}\frac{\partial z}{\partial p}\right)$$

$$= c\frac{\mathrm{d}p}{\mathrm{d}t}$$

根据压缩系数的定义得：

$$-\frac{q}{V} = c\frac{\mathrm{d}p}{\mathrm{d}t}$$

$$\frac{\mathrm{d}p}{\mathrm{d}t} = -\frac{q}{\pi r_e^2 h\phi c}wwtbp$$

气体半稳态渗流微分方程

从可压缩流体径向非稳态渗流的一般偏微分方程开始：

$$\frac{1}{r}\frac{\partial}{\partial r}\left(r\rho\frac{\partial p}{\partial r}\right)=\frac{\phi\mu c}{k}\rho\frac{\partial p}{\partial t} \tag{9.5}$$

式 9.5 是非线性的，因为：

$$\rho = \rho(p)$$

$$c = c(p)$$

$$\mu = \mu(p)$$

对于多孔介质中的气体渗流，必须使用有效压缩系数 c：

$$c = c_g(1 - s_w) + c_w s_w + c_f \tag{9.6}$$

式中 c_g——气体压缩性系数；

c_w——束缚水压缩系数；

c_f——固体岩石压缩系数；

s_w——束缚水饱和度。

气体压缩系数 c_g 可由压力的函数计算得到：

$$c_g = \frac{1}{p} - \frac{1}{z}\left(\frac{\partial z}{\partial p}\right)_T \tag{9.7}$$

在大多数地下储气库问题中，与其他项相比 c_f 可忽略不计，$c_g s_g$ 项是有效压缩系数的主要组成，其中 $s_g = (1 - s_w)$。

引入拟压力对式 9.5 进行修正：

$$p_p = 2\int_0^p \frac{p}{z\mu}\mathrm{d}p \tag{9.8}$$

$$\frac{\partial p_p}{\partial r} = \frac{2p}{z\mu}\left(\frac{\partial p}{\partial r}\right)$$

$$\frac{\partial p_p}{\partial t} = \frac{2p}{z\mu}\frac{\partial p}{\partial t}$$

由上式有：

$$\frac{\partial p}{\partial r} = \frac{z\mu}{2p}\left(\frac{\partial p_p}{\partial r}\right)$$

$$\frac{\partial p}{\partial t} = \frac{z\mu}{2p}\left(\frac{\partial p_p}{\partial t}\right)$$

且

$$\rho = \frac{M}{zRT}p$$

式中 M——重均分子量。

根据上述关系，式 9.5 为：

$$\frac{1}{r}\frac{\partial}{\partial r}\left(r\frac{pM}{zRT}\frac{z\mu}{2p}\frac{\partial p_{\mathrm{p}}}{\partial r}\right)=\frac{\phi\mu c}{k}\frac{pM}{zRT}\frac{z\mu}{2p}\frac{\partial p_{\mathrm{p}}}{\partial t}$$

上式化简为：

$$\frac{1}{r}\frac{\partial}{\partial r}\left(r\frac{\partial p_{\mathrm{p}}}{\partial r}\right)=\frac{\phi\mu c}{k}\frac{\partial p_{\mathrm{p}}}{\partial t} \qquad 9.9$$

式 9.9 与线性微可压缩流体渗流方程几乎完全相同，只是方程是关于 p_{p} 而不是 p 的拉普拉斯方程。

对于半稳态渗流，偏微分方程 9.9 可以进一步简化：

由于：

$$\frac{\partial p}{\partial t}=\frac{-q}{\pi r_{\mathrm{e}}^{2}h\phi c}$$

$$\frac{1}{r}\frac{\partial}{\partial r}\left(r\frac{\partial p_{\mathrm{p}}}{\partial r}\right)=\frac{\phi\mu c}{k}\frac{2p}{z\mu}\frac{\partial p}{\partial t}$$

$$\frac{1}{r}\frac{\partial}{\partial r}\left(r\frac{\partial p_{\mathrm{p}}}{\partial r}\right)=-\frac{\phi\mu c}{k}\frac{2p}{z\mu}\frac{q}{\pi r_{\mathrm{e}}^{2}h\phi c}$$

则简化为：

$$\frac{1}{r}\frac{\partial}{\partial r}\left(r\frac{\partial p_{\mathrm{p}}}{\partial r}\right)=-\frac{2}{\pi r_{\mathrm{e}}^{2}hk}\frac{pq}{z} \qquad 9.10$$

根据 $pV=znRT$，有：

$$\left(\frac{pq}{z}\right)_{\text{储层条件下}}=\left(\frac{p_{\mathrm{sc}}q_{\mathrm{sc}}}{1}\frac{T}{T_{\mathrm{sc}}}\right)_{\text{标准状况下}}$$

因此：

$$\frac{1}{r}\frac{\partial}{\partial r}\left(r\frac{\partial p_{\mathrm{p}}}{\partial r}\right)=-\frac{2p_{\mathrm{sc}}q_{\mathrm{sc}}}{\pi r_{\mathrm{e}}^{2}kh}\frac{T}{T_{\mathrm{sc}}} \qquad 9.11$$

式 9.11 是储气库井半稳态渗流方程。该方程为线性方程，当开采速率为恒定值时，方程右端项为一个常数。

气体半稳态渗流方程的解析解

式 9.11 为达西混合单位制，可以采用以下两步进行积分：

$$\frac{\partial}{\partial r}\left(r\frac{\partial p_{\mathrm{p}}}{\partial r}\right)=-\frac{2p_{\mathrm{sc}}q_{\mathrm{sc}}T}{\pi r_{\mathrm{e}}^{2}khT_{\mathrm{sc}}}r$$

$$\left(r\frac{\partial p_{\mathrm{p}}}{\partial r}\right)=-\frac{2p_{\mathrm{sc}}q_{\mathrm{sc}}T}{\pi r_{\mathrm{e}}^{2}khT_{\mathrm{sc}}}\frac{r^{2}}{2}+c_{1} \qquad 9.12$$

利用外边界条件确定式中的常数 c_1：

在 $r=r_{\mathrm{e}}$ 时，$\frac{\partial p}{\partial r}=0$

得：

$$\frac{\partial p_{\mathrm{p}}}{\partial r} = 0$$

$$c_1 = \frac{2p_{\mathrm{sc}}q_{\mathrm{sc}}T}{\pi r_{\mathrm{e}}^2 khT_{\mathrm{sc}}}\frac{r_{\mathrm{e}}^2}{2} = p_{\mathrm{sc}}q_{\mathrm{sc}}\frac{T}{T_{\mathrm{sc}}}\frac{1}{\pi kh}$$

将 c_1 的值代入式 9.12 得：

$$r\frac{\partial p_{\mathrm{p}}}{\partial r} = q_{\mathrm{sc}}p_{\mathrm{sc}}\frac{T}{T_{\mathrm{sc}}}\frac{1}{\pi kh}\left(1 - \frac{r^2}{r_{\mathrm{e}}^2}\right)$$

$$\frac{\partial p_{\mathrm{p}}}{\partial r} = q_{\mathrm{sc}}p_{\mathrm{sc}}\frac{T}{T_{\mathrm{sc}}}\frac{1}{\pi kh}\left(\frac{1}{r} - \frac{r}{r_{\mathrm{e}}^2}\right)$$

沿半径方向积分并取极限，得到：

$$p_{\mathrm{pr}} - p_{\mathrm{pwf}} = p_{\mathrm{sc}}q_{\mathrm{sc}}\frac{T}{T_{\mathrm{sc}}}\frac{1}{\pi kh}\left(\ln\frac{r}{r_{\mathrm{w}}} - \frac{r^2}{2r_{\mathrm{e}}^2} + \frac{r_{\mathrm{w}}^2}{2r_{\mathrm{e}}^2}\right) \tag{9.13}$$

忽略相对较小项 $r_{\mathrm{w}}^2/2r_{\mathrm{e}}^2$，加入无因次表皮系数项，将整个泄流基质范围内（从 $r=r_{\mathrm{w}}$ 写到 $r=r_{\mathrm{e}}$）的拟压降表示为：

$$p_{\mathrm{pre}} - p_{\mathrm{pwf}} = p_{\mathrm{sc}}q_{\mathrm{sc}}\frac{T}{T_{\mathrm{sc}}}\frac{1}{\pi kh}\left(\ln\frac{r_{\mathrm{e}}}{r_{\mathrm{w}}} - \frac{1}{2} + s\right) \tag{9.14}$$

式 9.14 由于在泄流区域边界处的拟压力 p_{pre} 不易求得，因此实用性较差。

另一方面，储层平均压力可以通过关井压力（或监测井压力）测量求得或通过相关关系式求得。

根据式 9.13 给出的拟压力分布，可以计算出储层的平均压力，如下式所示（推导过程详见实例分析）：

$$\bar{p} = \frac{\int_{r_{\mathrm{w}}}^{r_{\mathrm{e}}} 2\pi\phi rhp_{\mathrm{p}}\mathrm{d}r}{\int_{r_{\mathrm{w}}}^{r_{\mathrm{e}}} 2\pi\phi rh\mathrm{d}r} \approx \frac{2}{r_{\mathrm{e}}^2}\int_{r_{\mathrm{w}}}^{r_{\mathrm{e}}} p_{\mathrm{p}}r\mathrm{d}r$$

由此得：

$$p_{\mathrm{p}} - p_{\mathrm{pwf}} = p_{\mathrm{sc}}q_{\mathrm{sc}}\frac{T}{T_{\mathrm{sc}}}\frac{1}{\pi kh}\left(\ln\frac{r_{\mathrm{e}}}{r_{\mathrm{w}}} - \frac{3}{4}\right) \tag{9.15}$$

用无因次表皮系数 s 表示表皮压降，得：

$$\bar{p}_{\mathrm{p}} - p_{\mathrm{pwf}} = q_{\mathrm{sc}}\frac{p_{\mathrm{sc}}}{T_{\mathrm{sc}}}\frac{T}{\pi kh}\left(\ln\frac{r_{\mathrm{e}}}{r_{\mathrm{w}}} - \frac{3}{4} + s\right) \tag{9.16}$$

式 9.16 为达西混合单位制，其中：

$\bar{p}_{\mathrm{p}}$ 的单位为 $(\mathrm{atm})^2/\mathrm{cP}$；

p_{pwf} 的单位为 $(\mathrm{atm})^2/\mathrm{cP}$；

q_{sc} 的单位为 mL/s；

T_{sc} 的单位为°R（与 T 相同）；

p_{sc} 的单位为 atm；

k 的单位为是 D；

h 的单位为是 cm；

r_e的单位为 cm；

r_w的单位为 cm。

实例问题

推导半稳态渗流条件下，总拟压降与油藏拟压降和井筒流动拟压降间的关系式。

求解

拟压力分布方程推导如下：

$$p_{pr} - p_{pwf} = p_{sc} q_{sc} \frac{T}{T_{sc}} \frac{1}{\pi kh}\left(\ln\frac{r}{r_w} - \frac{r^2}{2r_e^2} + \frac{r_w^2}{2r_e^2}\right) \quad 9.13$$

$$\bar{p}_p \approx \frac{2}{r_e^2}\int_{r_w}^{r_e} p_p r \mathrm{d}r$$

式中，p_p为储层平均拟压力。当 r_w远小于 r_e时，

$$p_p \approx p_{sc} q_{sc} \frac{T}{T_{sc}} \frac{1}{\pi kh}\left(\ln\frac{r}{r_w} - \frac{r^2}{2r_e^2}\right) + p_{pwf}$$

$$\bar{p}_p - p_{pwf} = \frac{2}{r_e^2} q_{sc} \frac{p_{sc}}{T_{sc}} \frac{T}{\pi kh}\int_{r_w}^{r_e}\left(r\ln\frac{r}{r_w} - \frac{r^3}{2r_e^2}\right)\mathrm{d}r$$

采用分部积分：（$u = \ln r/r_w$，$\mathrm{d}V = r\mathrm{d}r$）

$$\int_{r_w}^{r_e} r\ln\frac{r}{r_w}\mathrm{d}r = \frac{r^2}{2}\ln\frac{r}{r_w}\Big|_{r_w}^{r_e} - \int_{r_w}^{r_e}\frac{r}{2}\frac{1}{r_w}\mathrm{d}r$$

$$= \frac{r^2}{2}\ln\frac{r}{r_w}\Big|_{r_w}^{r_e} - \frac{r^2}{4}\Big|_{r_w}^{r_e}$$

$$= \frac{r_e^2}{2}\ln\frac{r_e}{r_w} - \frac{r_e^2}{4} + \frac{r_w^2}{4}$$

对另一项积分：

$$-\int_{r_w}^{r_e}\frac{r^3}{2r_e^2}\mathrm{d}r = -\frac{r^4}{8r_e^2}\Big|_{r_w}^{r_e} = -\frac{r_e^4}{8r_e^2} + \frac{r_w^4}{8r_e^2}$$

$$\bar{p}_p - p_{pwf} = \frac{2}{r_e^2} q_{sc} \frac{p_{sc}}{T_{sc}} \frac{T}{\pi kh}\left(\frac{r_e^2}{2}\ln\frac{r_e}{r_w} - \frac{r_e^2}{4} + \frac{r_w^2}{4} - \frac{r_e^4}{8r_e^2} + \frac{r_w^4}{8r_e^2}\right)$$

简化为：

$$\bar{p}_p - p_{pwf} = q_{sc} \frac{p_{sc}}{T_{sc}} \frac{T}{\pi kh}\left(\ln\frac{r_e}{r_w} - \frac{3}{4}\right)$$

实例问题

将半稳态拟压降方程 9.16 的单位制由达西混合单位制转换为现场单位制。

求解

$$\bar{p}_{p} - p_{pwf} = q_{sc}\frac{p_{sc}}{T_{sc}}\frac{T}{\pi kh}\left(\ln\frac{r_e}{r_w} - \frac{3}{4} + s\right) \qquad 9.16$$

令 $\bar{p}'_{p}$ 的单位为 $psia^2/cP$；

$\bar{p}'_{pwf}$ 的单位为 $psia^2/cP$；

q'_{sc} 的单位为 MCF/d；

p'_{sc} 的单位为 psia；

T'_{sc} 的单位为°R；

k'的单位为 mD；

h'的单位为 ft；

r'_e的单位为 ft；

r'_w的单位为 ft。

将式 9.16 改写为：

$$\bar{p}'_{p}\left(\frac{psia\ atm}{14.70psia}\right)^2\frac{1}{cp} - p'_{pwf}\left(\frac{psia\ atm}{14.70psia}\right)^2$$

$$= q'\frac{MCF}{D}1000\frac{ft^3}{MCF}\frac{1}{86400}\times\frac{D}{s}(30.48cm/ft)^3$$

$$\frac{p'_{sc}\ atm}{14.70}\frac{atm}{psia}\frac{T'°R}{1.8}\frac{°K}{°R}\frac{1.8}{T'_{sc}°R}\frac{°R}{°K}\frac{1}{\pi k'mD}\times\frac{10^3mD}{D}\frac{1}{h'ft}\frac{ft}{30.48cm}\left(\ln\frac{r'_e}{r'_w} - \frac{3}{4} + s\right)$$

将式 9.16 转换为现场单位制，得：

$$\bar{p}'_{p} - p'_{pwf} = \frac{(14.70)^2\times1000\times(30.48)^3\times10^3}{86400\times14.70\times30.48}q'\frac{p'_{sc}}{T'_{sc}}\frac{T'}{\pi k'h'}\left(\ln\frac{r'_e}{r'_w} - \frac{3}{4} + s\right)$$

因此，采用现场单位制时：

$$\bar{p}'_{p} - p'_{pwf} = 1422.32q_{sc}\frac{T}{kh}\left(\ln\frac{r_e}{r_w} - \frac{3}{4} + s\right) \qquad 9.17$$

式 9.17 将井筒周围基质的压降与生产管柱的压降相结合，广泛应用于地下储气库的设计和天然气产能的计算中。

非达西效应

式 9.17 为达西流动条件下的解析解，加入了表皮效应的影响。在式 9.18 的括号内加入拟压降项 Dq_{sc} 作为惯性湍流效应，湍流系数 D 的量纲为（q_{sc}）$^{-1}$。Lee、Logan 和 Tek[1] 等的研究表明，加入表皮系数和湍流效应的影响，可以得到低或中等湍流强度下的合理近似解：

$$\bar{p}'_{\mathrm{p}} - p'_{\mathrm{pwf}} = 1422.32 q_{\mathrm{sc}} \frac{T}{kh}\left(\ln \frac{r_{\mathrm{e}}}{r_{\mathrm{w}}} - \frac{3}{4} + s + Dq_{\mathrm{sc}}\right) \tag{9.18}$$

文献 1 和文献 2 给出了湍流系数 D 的计算方程[2]。式 9.18 采用现场单位制。

参考文献

1. Lee, R. L, Logan, R. W., and M. R. Tek., "Effect of Turbulence in Flow of Real Gas through Porous Media"; SPE Formation Evaluation, March 1986: 108 – 120.
2. Lee, R. L., Deliverability of Natural Gas, Ph. D. Dissertation, University of Michigan, Ann Arbor, 1986.

第 10 章　储气库中的非稳态渗流

关于流体在多孔介质中的非稳态渗流，已有大量的相关文献。在本章中，首先回顾液体渗流的求解。在地下储气库中，这些解适用于与天然气接触的水流动[1,2]，可应用于储气能力的前景评价和盖层完整性评价的相关试泵测试。关于非稳态气体渗流，本章将介绍从压力到拟压力和时间到拟时间的数学模型的推导，以及用玻尔兹曼变换方法对定流量、线源问题的求解。

此外，对储气库动态的渐近解和湍流对多孔介质中实际气体流动的影响进行了总结。

液体径向渗流的非稳态解 （压缩系数为较小的常量）

描述液体在多孔介质中非稳态渗流的微分方程基本是非线性的，不易直接求出解析解。然而，有一些简化的假设可以消除非线性并能得到解析解。其中一些方法的实用性已经在现场得到证明，本节将重点讨论这些条件下的解。

有三种基本解与时空边界的几何形状和条件有关。这些包括：

(1) 无限大储层，径向流动。

(2) 有限大储层，径向流动，封闭外边界。

(3) 有限大储层，径向流动，定压外边界。

在上述三种情况下，为了求出解，必须有如下假设：

- 整个储层厚度都被射开；
- 储层均质，k、ϕ 均为常数；
- 各向同性，$k_x = k_y = k_z = k_r = k$；
- 有效压缩性系数 c 为一个较小的常数；
- 储层厚度 h 为常数；
- 黏度 μ 为常数；
- 压力梯度很小（可忽略压力梯度的平方项）；
- 忽略重力影响。

无限大储层线性流（液体恒定速率流动）

$$p(r,t) = p_i - \frac{q\mu}{4\pi kh}\left[\frac{1}{2}Ei\left(\frac{\phi\mu cr^2}{4kt}\right)\right] \quad 10.1$$

$$Ei(x) = \int_x^{\infty}\frac{e^{-u}}{u}\mathrm{d}u \quad 10.2$$

其中：

$$x < \frac{1}{100}\text{时}，\quad Ei(x) = \ln\left(\frac{1}{x}\right) - 0.5772$$

式 10.1 可近似为：

$$p_{\mathrm{wf}} = p_{\mathrm{i}} - \frac{q\mu}{4\pi kh}\left[\ln\frac{kt}{\phi\mu cr_{\mathrm{w}}^2} + 0.80907\right] \quad 10.3$$

式 10.1、式 10.2、式 10.3 为达西混合单位制。

有限大储层封闭边界径向流（液体恒定速率流动）

$$p_{\mathrm{wf}} = p_{\mathrm{i}} - \frac{q\mu}{4\pi kh}\times\left[\frac{2t_{\mathrm{DW}}}{r_{\mathrm{eD}}^2} + \ln r_{\mathrm{eD}} - \frac{3}{4} + 2\sum_{n=1}^{\infty}\frac{e^{-n^2 t_{\mathrm{DW}}}J_1^2(\alpha_{\mathrm{n}}r_{\mathrm{eD}})}{n^2[J_1^2(\alpha_{\mathrm{n}}r_{\mathrm{eD}}) - J_1^2(\alpha_{\mathrm{n}})]}\right] \quad 10.4$$

式 10.4 中：

$$r_{\mathrm{D}} = \frac{r}{r_{\mathrm{w}}},\quad r_{\mathrm{eD}} = \frac{r_{\mathrm{e}}}{r_{\mathrm{w}}},\quad t_{\mathrm{DW}} = \frac{kt}{\phi\mu cr_{\mathrm{w}}^2}$$

其中，α_{n}为以下方程的解：

$$J_1(\alpha_{\mathrm{n}}r_{\mathrm{eD}})Y_1(\alpha_{\mathrm{n}}) - J_1(\alpha_{\mathrm{n}})Y_1(\alpha_{\mathrm{n}}r_{\mathrm{eD}}) = 0$$

式中，J_1和 Y_1表示一阶贝塞尔函数[5]。式 10.4 中为达西混合单位制。

当 t_{DW}无限大时，式 10.4 化简为：

$$p_{\mathrm{wf}} = p_{\mathrm{i}} - \frac{q\mu}{4\pi kh}\left[\frac{2t_{\mathrm{DW}}}{r_{\mathrm{eD}}^2} + \ln r_{\mathrm{eD}} - \frac{3}{4}\right] \quad 10.5$$

需指出，在本节或其他章节中，$q\mu/4\pi kh$ 组合表示的方程均为达西混合单位制。

有限大储层定压外边界径向流（液体恒定速率流动）

$$p_{\mathrm{wf}} = p_{\mathrm{i}} - \frac{q\mu}{4\pi kh}\times\left[\ln r_{\mathrm{eD}} - 2\sum_{n=1}^{\infty}\frac{e^{-\beta n^2 t_{\mathrm{DW}}}J_0^2(\beta_{\mathrm{n}}r_{\mathrm{eD}})}{n^2[J_1^2(\beta_{\mathrm{n}})J_0^2(\beta_{\mathrm{n}}r_{\mathrm{eD}})]}\right] \quad 10.6$$

式中

$$r_{\mathrm{eD}} = \frac{r_{\mathrm{e}}}{r_{\mathrm{w}}},\quad t_{\mathrm{DW}} = \frac{kt}{\phi\mu cr_{\mathrm{w}}^2}$$

其中，β_{n}为以下方程的解：

$$J_1(\beta_{\mathrm{n}})Y_0(\beta_{\mathrm{n}}r_{\mathrm{eD}}) - Y_1(\beta_{\mathrm{n}})J_0(\beta_{\mathrm{n}}r_{\mathrm{eD}}) = 0$$

J'_{s} 和 Y'_{s} 表示一阶或零阶贝塞尔函数。单位为达西混合单位制。

实例问题

无限大储层中的一口油井，在井底条件下，以 200 桶/天的恒定产量生产。

（1）推导出井底压降速率随时间的变化关系。

（2）计算 $t=0$、$t=1$、$t=100$ 时，压降速率是多少（psi/d）？

其中，$k=350$mD；$\mu=1$cP；$h=80$ft；$\phi=0.15$。

求解

$$p_w = p_0 + \frac{(\pm q_0)162.6}{kh}\left[\log\frac{\phi\mu c r_w^2}{0.00633kt} - 0.3513\right]$$

上式采用的是现场单位制，其中时间 t 的单位为天。

井底压降速率为：

$$\frac{\mathrm{d}p_w}{\mathrm{d}t} = \frac{(\pm q_0)162.6}{kh} \times \frac{0.00633kt}{\phi\mu c r_w^2} \times \frac{\phi\mu c r_w^2}{0.00633k} \times \left(-\frac{1}{t^2}\right) - \frac{\mathrm{d}p_w}{\mathrm{d}t} = \frac{(\pm q_0)162.6}{2.303kht}$$

式中　$+q_0$表示由于采气导致的压降。

1. $t=0$d 时，∞ psi/d，为 $p=p(t)$ 垂直压降曲线。

2. $t=1$d 时，$\frac{\mathrm{d}p_w}{\mathrm{d}t} = -\frac{200\times162.6}{350\times80\times1\times2.303} = -0.5$psi/d

3. $t=10$d 时，$\frac{\mathrm{d}p_w}{\mathrm{d}t} = -0.05$psi/d

4. $t=100$d 时，$\frac{\mathrm{d}p_w}{\mathrm{d}t} = -0.005$psi/d

真实气体的非稳态渗流

描述真实气体通过多孔介质非稳态渗流的偏微分方程可以近似求解。使用经典的线源近似方法，其解适用于水平圆柱形边界定流量条件。整个推导过程将在本节展开，首先将压力视为半径和时间的函数，然后通过两个连续变换（即将压力变量变为拟压力变量，时间变量变为拟时间变量）将方程线性化。

利用玻尔兹曼变换，对得到的拟压力关于半径和拟时间的线性化方程进行求解。

数学模型的建立（用第 8 章公式）

由公式 8.50：

$$\frac{1}{r}\frac{\partial}{\partial r}\left(r\frac{k}{\mu}\rho\frac{\partial p}{\partial r}\right) = \phi c\rho\frac{\partial p}{\partial t} \qquad 8.50$$

$$\rho = \frac{pM}{zRT}$$

将压力改写为拟压力，即：

$$p_{\mathrm{p}} = 2\int_{0}^{p} \frac{p}{z\mu}\mathrm{d}p$$

当把压力转换成上式定义的拟压力 p_{p}时，有：

$$\frac{\partial p_{\mathrm{p}}}{\partial r} = \frac{2p}{z\mu}\frac{\partial p}{\partial r}$$

$$\frac{\partial p_{\mathrm{p}}}{\partial t} = \frac{2p}{z\mu}\frac{\partial p}{\partial t}$$

将上述两式代入式 8.50，且将密度项 ρ 表示为：

$$\rho = \frac{pM}{zRT}$$

$$\frac{1}{r}\frac{\partial p_{\mathrm{p}}}{\partial r}\left(r\frac{\partial p_{\mathrm{p}}}{\partial r}\right) = \frac{\phi\mu c}{k}\frac{\partial p_{\mathrm{p}}}{\partial t} \qquad 8.54$$

式 8.54 接近线性，但方程的右边项中 μc 与压力有关。

将时间变量 t 按照式 8.55 转化为拟时间 t_{p}：

$$t_{\mathrm{p}} = \int_{0}^{t}\frac{\mathrm{d}t}{\mu c} \qquad 8.55$$

可得：

$$\frac{1}{r}\frac{\partial}{\partial r}\left(r\frac{\partial p_{\mathrm{p}}}{\partial r}\right) \approx \frac{\phi}{k}\frac{\partial p_{\mathrm{p}}}{\partial t_{\mathrm{p}}} \qquad 8.56$$

如 Lee[6]、Finniord[7,8]等学者所述，如果在上述转换过程中，某些交叉导数项很小且可以忽略时，则式 8.56 是线性的。尽管在长时间流动过程中，最终都会变为半稳态流，但 Tek、Oren 和其他学者发现，附加项的影响很小，而且只造成很小一部分压力分布误差。

通过玻尔兹曼变换求解定流量和线源条件下，方程 8.56 的解。

定义：

$$s = \frac{\phi r^2}{4kt_{\mathrm{p}}}$$

$$\frac{\partial s}{\partial r} = \frac{\phi r}{2kt_{\mathrm{p}}}$$

$$\frac{\partial s}{\partial t_{\mathrm{p}}} = -\frac{\phi r^2}{4kt_{\mathrm{p}}^2}$$

使用上述变换，得：

$$\frac{1}{r}\frac{\partial}{\partial s}\left(r\frac{\partial p_{\mathrm{p}}}{\partial s}\frac{\partial s}{\partial r}\right)\frac{\partial s}{\partial r} = \frac{\phi\partial p_{\mathrm{p}}}{k\partial s}\frac{\partial s}{\partial t_{\mathrm{p}}}$$

将 $\partial s/\partial r$ 和 $\partial s/\partial tp$ 的值代入：

$$\frac{1}{r}\frac{\partial}{\partial s}\left(r\frac{\phi r}{2kt_{\mathrm{p}}}\frac{\partial p_{\mathrm{p}}}{\partial s}\right)\frac{\phi r}{2kt_{\mathrm{p}}} = -\frac{\phi}{k}\frac{\phi r^2}{4kt_{\mathrm{p}}^2}\frac{\partial p_{\mathrm{p}}}{\partial s}$$

$$\frac{\mathrm{d}}{\mathrm{d}s}\left(s\frac{\partial p_{\mathrm{p}}}{\partial s}\right)=-s\frac{\partial p_{\mathrm{p}}}{\partial s}$$

定义：

$$\frac{\partial p_{\mathrm{p}}}{\partial s}=\alpha$$

$$\frac{\mathrm{d}}{\mathrm{d}s}(s\alpha)=-s\alpha$$

$$\alpha+s\frac{\mathrm{d}\alpha}{\mathrm{d}s}=-s\alpha$$

$$s\frac{\mathrm{d}\alpha}{\mathrm{d}s}=-\alpha(s+1)$$

$$\int\frac{\mathrm{d}\alpha}{\mathrm{d}s}=\int-\frac{s+1}{s}\mathrm{d}s$$

$$\alpha=c_2\frac{e^{-s}}{s}$$

用边界条件来求 c_2：

内边界条件为定流量时：

$$\left(2\pi rh\frac{\partial p}{\partial r}\right)_{r=r_{\mathrm{w}}}=q\frac{\mu}{k}$$

$$r\frac{\partial p}{\partial r}=\frac{q\mu}{2\pi kh}$$

变换后的边界条件：

$$\frac{\partial p}{\partial r}=\frac{z\mu}{2p}\frac{\partial p_{\mathrm{p}}}{\partial r}$$

因此：

$$r\frac{z\mu}{2p}\frac{\partial p_{\mathrm{p}}}{\partial r}\bigg|_{r\to 0}=\frac{q\mu}{2\pi kh}$$

$$r\frac{\partial p_{\mathrm{p}}}{\partial r}=\frac{qp}{z}\frac{1}{\pi kh}$$

$$\frac{qp}{z}=q_{\mathrm{sc}}\frac{p_{\mathrm{sc}}}{T_{\mathrm{sc}}}T$$

如前所述：

$$r\frac{\partial p_{\mathrm{p}}}{\partial r}=\frac{q_{\mathrm{sc}}}{T_{\mathrm{sc}}}\frac{p_{\mathrm{sc}}T}{\pi kh}$$

使用第二个变换：

$$r\frac{\partial p_{\mathrm{p}}}{\partial s}\frac{\partial s}{\partial r}=q_{\mathrm{sc}}\frac{p_{\mathrm{sc}}}{T_{\mathrm{sc}}}\frac{T}{\pi kh}$$

$$r\frac{\phi r}{2kt_{\mathrm{p}}}\frac{\partial p_{\mathrm{p}}}{\partial s}=q_{\mathrm{sc}}\frac{p_{\mathrm{sc}}}{T_{\mathrm{sc}}}\frac{T}{\pi kh}$$

$$2s\alpha = q_{sc}\frac{p_{sc}}{T_{sc}}\frac{T}{\pi kh}$$

$$\lim(s\to 0)2s(e^{-s}/s)C_2 = q_{sc}\frac{p_{sc}}{T_{sc}}\frac{T}{\pi kh}$$

$$C_2 = \frac{1}{2}q_{sc}\frac{p_{sc}}{T_{sc}}\frac{T}{\pi kh},\ \alpha = \frac{dp_p}{ds} 及 \alpha = c_2\frac{e^{-s}}{s}$$

$$\int_{p_{pi}}^{p_p} dp_p = -q_{sc}\frac{p_{sc}}{T_{sc}}\frac{T}{2\pi kh}\int_s^{\infty}\frac{e^{-s}}{s}ds$$

$$p_p = p_{pi} - q_{sc}\frac{p_{sc}}{T_{sc}}\frac{T}{2\pi kh}\int_s^{\infty}\frac{e^{-s}}{s}ds$$

$$p_p(r,t_p) = p_{pi} - q_{sc}\frac{p_{sc}}{T_{sc}}\frac{T}{2\pi kh}Ei\left(\frac{\phi r^2}{4kt_p}\right)$$

井底拟压力为：

$$p_{pw} = p_{pi} - q_{sc}\frac{p_{sc}}{T_{sc}}\frac{T}{2\pi kh}Ei\left(\frac{\phi r^2}{4kt_p}\right) \qquad 10.7$$

式 10.7 采用达西混合单位制。

***Ei* 函数的对数近似**

如果：

$$\frac{\phi r^2}{4kt_p} \leqslant \frac{1}{100}$$

$$Ei\left(\frac{\phi r^2}{4kt_p}\right) \approx -\ln\left(\frac{\gamma\phi r_w^2}{4kt_p}\right)$$

式中，γ 是欧拉常数。

$$\ln\gamma = 0.5772$$

$$\gamma = 1.781$$

代入并加入表皮和湍流效应：

$$p_{pwf} = p_{pi} - q_{sc}\frac{p_{sc}}{T_{sc}}\frac{T}{2\pi kh}\left[\ln\left(\frac{4kt_p}{\gamma\phi r_w^2}\right) + 2S + Dq_{sc}\right] \qquad 10.8$$

转换为现场单位制：

$$p_{pwf} = p_{pi} - \frac{14.7^2\times 1000\times 30.48^2}{86400}Q\frac{p_{sc}}{14.7}\times\frac{T}{T_{sc}}\times\frac{T}{2\pi k\,10^3 h(30.48)}\left[\ln\frac{4kt_p}{\gamma\phi r_w^2} + 2S + Dq_{sc}\right]$$

$$p_{pwf} = p_{pi} - \frac{14.7^2\times 1000\times 30.48^2\times 14.7}{86400\times 14.7\times 520\times 2\times\pi\times 10^3(30.48)}\frac{QT}{kh}\times\left[\ln\frac{4kt_p}{\gamma\phi r_w^2} + 2S + Dq_{sc}\right]$$

$$t_{pD} = \frac{4kt_p}{\phi r_w^2}$$

$$p_{pwf} = p_{pi} - 711\frac{QT}{kh}\times\left[\ln\frac{t_{pD}}{\gamma} + 2S + DQ\right] \qquad 10.9$$

其中，$2S$ 为：

$$2S = \frac{(\Delta p_{\mathrm{p}})_{\mathrm{skin}}}{711\,\dfrac{QT}{kh}} \tag{10.10}$$

无因次的表皮系数为：

$$S = \frac{(\Delta p_{\mathrm{p}})_{\mathrm{skin}}}{1422\,\dfrac{QT}{kh}} \tag{10.11}$$

无因次的湍流系数为：

$$DQ = \frac{(\Delta p_{\mathrm{p}})_{\mathrm{turb}}}{711\,\dfrac{QT}{kh}} \tag{10.12}$$

湍流系数为：

$$D = \frac{(\Delta p_{\mathrm{p}})_{\mathrm{turb}}}{711\,\dfrac{Q^2T}{kh}} \tag{10.13}$$

量纲为 Q^{-1}。

储气库的动态渐近极限

利用对 $\mu_i c_i$ 乘积的玻尔兹曼变换，可以得到在定流量条件下，近似为线源时，气体渗流微分方程的两种渐近解。这两种解与 $(\mu c)_{最终}/(\mu c)_{初始}$ 的比值相关。当 $\lambda=(\mu c)_{最终}/(\mu c)_{初始}=1$ 时，为早期不稳定流动条件下产能的解析解。当 $\lambda\neq1$ 时，为晚期不稳定流动条件下产能的上下限。利用修正的玻尔兹曼变换对拟压力、拟时间的偏微分方程求解，能够得到更准确的产能。下文表明，拟时间条件下的解位于渐进解的上下限之间。对于早期不稳定流动，它更接近于 $\lambda=1$ 时的值；对于晚期不稳定流动，它更接近于最终值为 λ 时的解。在储层边界影响下，半稳态渗流可能掩盖了后期的不稳定流动。其相关的应用范围包括反采气指数的边界方程、不稳定等时试井和半稳态试井的绝对无阻流量方程。

气体渗流的动态渐近极限

在无限大储层中，真实气体非稳态径向渗流中，拟压力和真实时间的关系式为：

$$\frac{1}{r}\frac{\partial p_{\mathrm{p}}}{\partial r}\left(r\frac{\partial p_{\mathrm{p}}}{\partial r}\right)=\frac{\phi\mu c}{k}\frac{\partial p_{\mathrm{p}}}{\partial t} \tag{8.54}$$

当 μc 视为常数，即 $\approx(\mu c)_{\mathrm{i}}$ 时，在定流量、近似为线源条件下，式 8.54 的解是已知的。

在早期，这个解被认为是一个上下渐近极限。

μc 的值会随着采气（或注气）过程中的压力变化而变化，因此储气库的运行仍然在压力上下极限之间。当井的压力从原始压力下降至废弃压力时，将会被废弃。在储气库中，注/采井的压力变化范围更窄。最大压力根据保持盖层完整性的压力确定，最小压力由保持岩石可压缩性的压力确定。

本节的目的是在接近最大和最小压力条件下，求取气体的渗流微分方程的解析解。

由于天然气黏度随着压力的增加而增加，而有效压缩系数随着压力的增加而降低。所以在采气季节，随着采气压力下降（比如从2000psia降低到500psia），天然气产量将增加大约60%。在这种情况下，气井的产能有望保持在μc比值分别为1和2.0时的两个渐近包络线之间。在采气过程中，压力从3000psia降至废弃值500psia时，μc比值从1变化到3。

有限μc比值的渐近解

定义：

$$\lambda = \mu c / (\mu c)_{\mathrm{i}}$$

利用玻尔兹曼变换$s = \phi\mu_{\mathrm{i}} c_{\mathrm{i}} r^2 / 4kt$，并结合一般的边界条件，求解偏微分方程8.54在定流量和近似线源条件下的解析解。然后，将该解（即拟压力关于Ei函数和储层性质的时空方程）转化为实际压力关于半径和时间的函数。

拟压力解为：

$$p_{\mathrm{p}}(r_{\mathrm{w}}, t) = p_{\mathrm{pi}} - q_{\mathrm{sc}} \frac{p_{\mathrm{sc}}}{T_{\mathrm{sc}}} \frac{T}{2\pi kh} Ei\left(\lambda \frac{\phi\mu_{\mathrm{i}} c_{\mathrm{i}} r_{\mathrm{w}}^2}{4kt}\right) \tag{10.14}$$

如果：

$$\left(\lambda \frac{\phi\mu_{\mathrm{i}} c_{\mathrm{i}} r_{\mathrm{w}}^2}{4kt}\right) \leqslant \frac{1}{100}$$

则：

$$p_p(r_{\mathrm{w}}, t) = p_{\mathrm{pi}} - q_{\mathrm{sc}} \frac{p_{\mathrm{sc}}}{T_{\mathrm{sc}}} \frac{T}{2\pi kh} \left(\ln \frac{4kt}{\lambda\gamma\phi\mu_{\mathrm{i}} c_{\mathrm{i}} r_{\mathrm{w}}^2}\right) \tag{10.15}$$

令：

$$\frac{kt}{\phi\mu_{\mathrm{i}} c_{\mathrm{i}} r_{\mathrm{w}}^2} = t_{\mathrm{D}}$$

考虑表皮效应和湍流效应时：

$$p_{\mathrm{p}}(r_{\mathrm{w}}, t) = p_{\mathrm{pi}} - q_{\mathrm{sc}} \frac{p_{\mathrm{sc}}}{T_{\mathrm{sc}}} \frac{T}{2\pi kh} \left(\ln \frac{4t_{\mathrm{D}}}{\lambda\gamma} + S + DQ_{\mathrm{sc}}\right) \tag{10.16}$$

式10.16为达西混合单位制。

将式10.16转换为现场单位制时，得：

$$p_{\mathrm{pf}} = p_{\mathrm{pi}} - 711 \frac{QT}{kh} \left(\ln \frac{4t_{\mathrm{D}}}{\lambda\gamma} + S + DQ_{\mathrm{sc}}\right) \tag{10.17}$$

在地下储气库注采作业过程中，λ值将会从初始值1变化到最终值（如2或2.5）。

实例问题

储气库在非稳态、定流量条件下，以$Q = 6550\mathrm{MCF/d}$的流量采气或注气。储层数据如

表 10－1 所示。

• 在压力为 3000～500psia 时，计算并绘制在储层温度下物理参数（如黏度 μ、有效压缩系数 c、z 因子、μz、μc 等）与压力的函数。

• 计算并绘制拟压力与压力的函数。

表 10－1　储层参数和运行参数表

储层参数	地层厚度	$h=40\text{ft}$
	渗透率	$k=20\text{mD}$
	孔隙度	$\phi=0.15$
	井筒半径	$r_w=0.25\text{ft}$
	气体相对密度	$G=0.6$
	储层温度	$T=120^\circ\text{F}$
运行参数	产量/注气量	$Q=6550\text{MCF/d}$
	初始压力	$p_i=3000\text{psia}$
假设参数	原始水饱和度	$s_w=0.20$
	孔隙压缩系数	$c_f=10\times10^{-6}\text{psi}^{-1}$
	水的压缩系数	$c_w=3\times10^{-6}\text{psi}^{-1}$

• 计算下列情况下压力－时间曲线：

C1. $D=0$，$S=0$

C2. $D=0$，$S=2$

C3. $D=0$，$S=-5$

C4. $D=0$，$S=5$

C5. $DQ=5$，$S=5$

在 $\Delta t=0.218\text{h}$ 和 $\Delta t=2.5$、10、20、30、40、50h 分别计算 $t=0.218\text{h}$ 到 $t=157.218\text{h}$ 的结果。

求解

高压物性参数计算

我们首先估计上述压力范围内的气体黏度。Tek[1]，Katz 和 Lee[3]，Kumar[4] 等已经发表了气体黏度与温度、压力、组分和相对密度的关系式。本例问题中使用的值由 Katz 和 Lee 出版的书中图 4－36 估算得到。

根据对应气体相对密度为 0.6 时的拟临界性质，根据 Tek[1] 文献中的图 2－3 确定压缩因子 z。

有效压缩系数的计算包含气体、水和储层的压缩系数：

$$c_{\text{eff}} = c_g(1-s_w)+c_w s_w + c_f$$

代入气体压缩系数公式：

$$c_{\mathrm{eff}} = \left(\frac{1}{p} - \frac{1}{z}\frac{\partial z}{\partial p}\right)(1 - s_{\mathrm{w}}) + c_{\mathrm{w}}s_{\mathrm{w}} + c_{\mathrm{f}}$$

其中：

$$\frac{\partial z}{\partial p} = \frac{1}{p_{\mathrm{c}}}\frac{\partial z}{\partial p_{\mathrm{r}}}$$

上式在储层温度 $T_{\mathrm{r}} = 1.61$（p_{c}表示临界压力）得到。

当 $p = 3000\mathrm{psia}$ 时：

$$c_{\mathrm{eff}} = \left(\frac{1}{3000} - \frac{1}{0.83}\frac{1}{673}\frac{0.025}{1}\right)(1 - 0.2) + 0.8 \times 3 \times 10^{-6} + 10 \times 10^{-6}$$

$$= 2.433 \times 10^{-4}\mathrm{psi}^{-1}$$

表 10－2 给出了其他压力下的 c 值及高压物性参数。

表 10－2 不同压力下的高压物性参数

p/psia	μ/cP	T_{r}	p_{r}	z	μz	c	μc/ cP × psia^{-1}
3000	0.0195	1.61	4.458	0.830	0.016	2.433×10^{-4}	4.74×10^{-6}
2000	0.0158	1.61	2.972	0.820	0.013	4.412×10^{-4}	7.0×10^{-6}
1500	0.0145	1.61	2.229	0.850	0.012	6.024×10^{-4}	8.7×10^{-6}
1000	0.0130	1.61	1.486	0.890	0.012	8.924×10^{-4}	12.0×10^{-6}
500	0.0120	1.61	0.743	0.940	0.011	17.12×10^{-4}	21.0×10^{-6}

拟压力计算

$$p_{\mathrm{p}} = 2\int_0^p \frac{p}{z\mu}\mathrm{d}p$$

利用上述定义和 Dake[5] 发布的程序以及表 10－2 中计算的高压物性参数，对 $p/z\mu$ 进行计算，如表 10－3 所示。

表 10－3 拟压力计算值

p/psia	$z\mu$/cP	$2p/z\mu$/ psia/cP	$(2p/z\mu)_{\mathrm{av}}$, psia/cP	$(2p/z\mu)_{\mathrm{av}}\Delta p$/ psia^2/cP	$\Sigma\ (2p/z\mu)_{\mathrm{av}}\Delta p$/ psia/cP
0	0.011	0	0	0	0
500	0.011	90909	45454.50	22.73×10^6	22.73×10^6
1000	0.012	166666.67	128787.84	64.39×10^6	87.12×10^6
1500	0.012	250000	208333.34	104.17×10^6	191.29×10^6
2000	0.013	307692	278846.00	139.42×10^6	330.71×10^6
2500	0.014	357143.0	332417.50	166.21×10^6	496.92×10^6
3000	0.016	375000	366071.50	183.04×10^6	679.95×10^6

在计算拟压力的值后，发现拟压力与压力的关系为过原点的抛物线：

$$p_p = 95.0 * p^2$$

结果如图 10.1 所示。

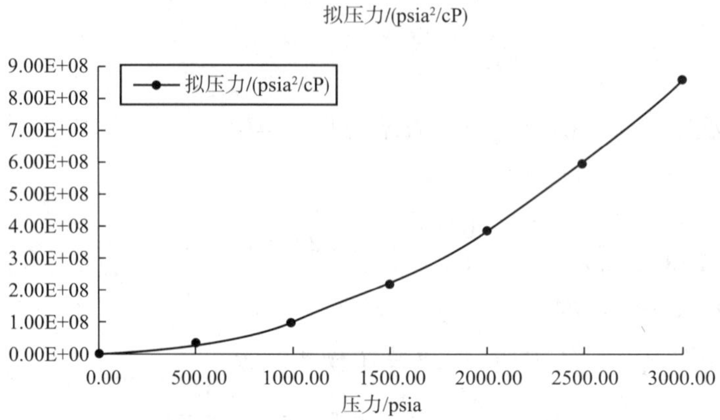

图 10－1　拟压力与压力关系图

Microsoft Excel© 电子表格程序作图计算的结果如表 10－4 所示。表 10－4 中还包括 μ_c 乘积的相关计算。

表 10－4　物理参数计算表

1994. 8. 20			指数曲线拟合			$y = b * m^p$
压力/psia	μc/(cP/psi)	曲线拟合参数，m 和 b	压力/psia	p_p	c 拟合值	p_p 计算值
3000	4.74E－06	1.00	2.50E＋02	2.27E＋07	1.00132578	36150290.7
2000	7.00E－06	0.00	7.50E＋02	8.71E＋07	25957498.3	70114801.9
1500	8.70E－06		1.50E＋03	3.37E＋08		189389801
1000	1.20E－05		2.25E＋03	5.17E＋08		511568112
500	2.10E－05		2.75E＋03	7.07E＋08		992204937
		压力/psia	μ_c/cP · psi^{-1}			
		0	2.33E－05			
		500	1.75E－05			
		1000	1.32E－05			
		1500	9.93E－06			
		2000	7.48E－06			
		2500	5.63E－06			
		3000	4.24E－06			

图 10－2 显示了 μc 乘积与压力的指数关系。其中菱形的点代表计算值，由下式给出：

$$\mu c = (2.326 \times 10^{-5}) \times (0.99943275)^p$$

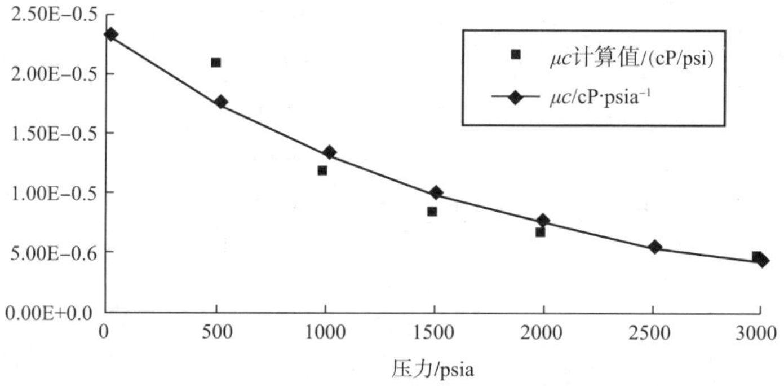

图 10-2 μc 乘积与压力的指数关系

不稳定压力计算

不稳定压力由式 10.9 计算得到，为近似线源定流条件下，拟压力和拟时间偏微分方程的解。使用 Macintosh LC Ⅲ上 Microsoft Excel©电子表格程序的计算结果分别如图 10-3、图 10-4、图 10-5、图 10-6、图 10-7 和图 10-8 所示。

1. 图 10-3 展示了 $S=0$，$DQ=0$ 时瞬时压力没有压降的情况。
2. 图 10-4 展示了 $S=2$，$DQ=0$ 的计算结果。
3. 图 10-5 展示了 $S=5$，$DQ=0$ 的计算结果。
4. 图 10-6 展示了 $S=-5$，$DQ=0$ 的计算结果。
5. 图 10-7 展示了 $S=5$，$DQ=5$ 的计算结果。

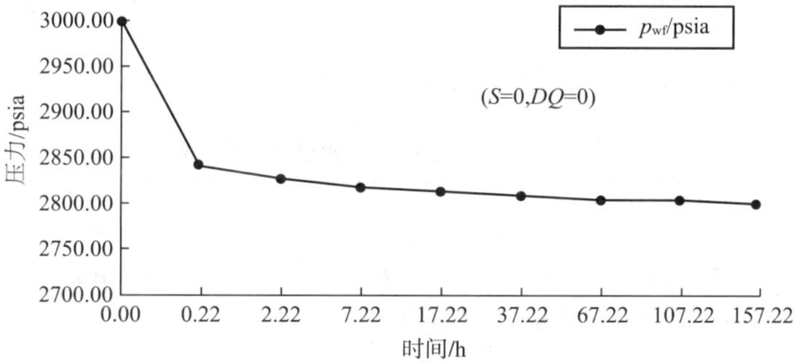

图 10-3 不稳定压力与时间的关系（$S=0$，$DQ=0$）

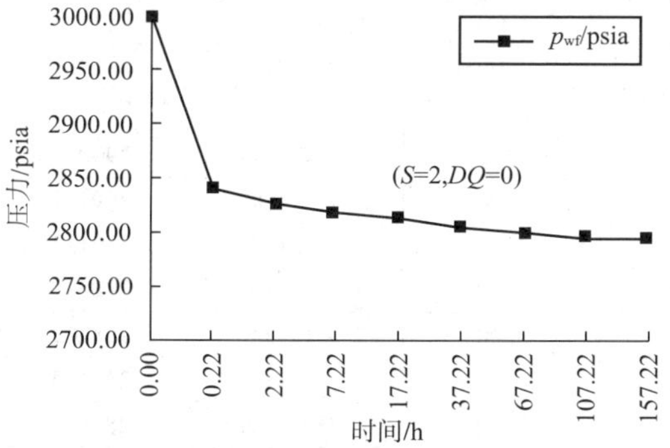

图 10-4 不稳定压力与时间的关系（$S=2$，$DQ=0$）

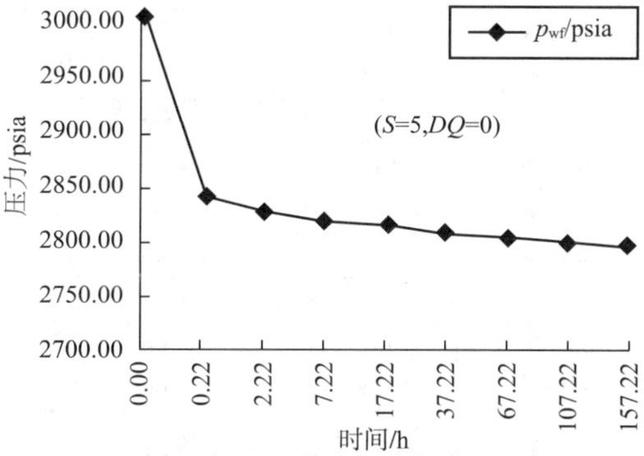

图 10-5 不稳定压力与时间的关系（$S=5$，$DQ=0$）

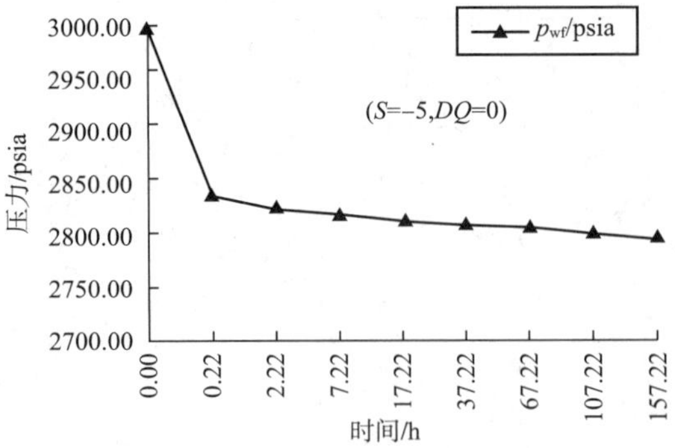

图 10-6　不稳定压力与时间的关系
($S=-5$，$DQ=0$)

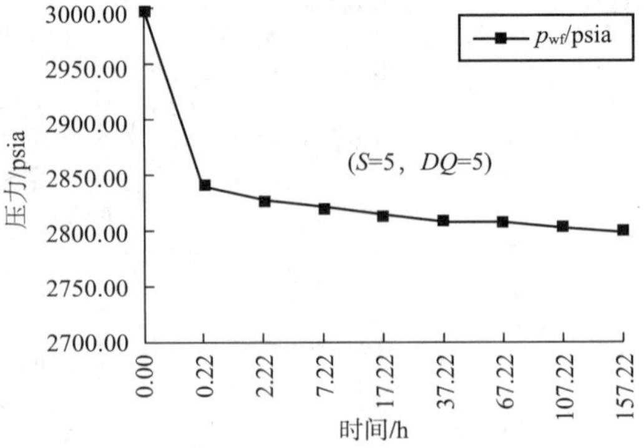

图 10-7　不稳定压力与时间的关系
($S=5$，$DQ=5$)

图 10-8 是对图 10-4 和图 10-7 的叠加，图 10-4 和图 10-7 显示了真实气体非稳态渗流时，表皮效应和湍流效应对不稳定压力的影响。表 10-5 为不稳定压力计算的电子表格程序输出示例。

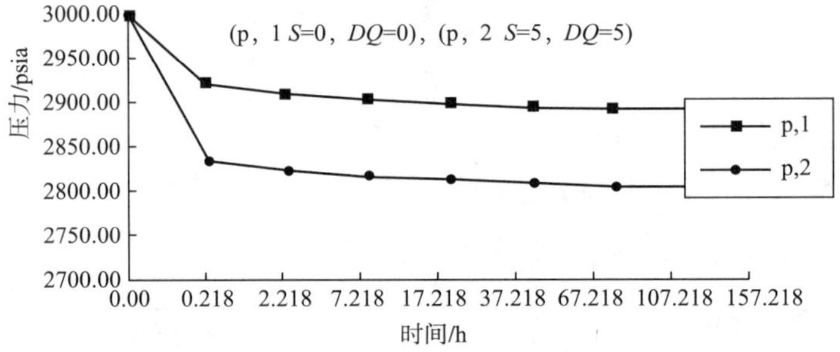

图 10-8　表皮效应和湍流效应对不稳定压力的影响

表 10-5　拟压力渐进极限法计算表

气体产能-渐进极限　1993. 8. 23

储层参数：

$h=40$ft，$k=20$mD，$\phi=0.15$，$r_w=0.40$ft，$p_i=3000$psia，$G=0.6$，$r_e=1000$ft，μ（初始）$=0.0215$cP，c（初始）$=2.9193$E-41/psi，$T=580$d°R，p_p（初始）$=6.7354$E8 (psia)^2/cP

$Q=6550.00$MCF/d

时间/h	t_D	S	DQ	λ	p_p	p/psia
0. 000	0. 00E+00	0. 00	0. 00	3. 00	0. 00E+00	3000. 00
0. 218	7. 64E+03	0. 00	0. 00	3. 00	6. 14E+08	2931. 36
2. 000	7. 01E+04	0. 00	0. 00	3. 00	6. 06E+08	2913. 43
5. 000	1. 75E+05	0. 00	0. 00	3. 00	6. 03E+08	2905. 99
10. 000	3. 51E+05	0. 00	0. 00	3. 00	6. 01E+08	2900. 35
20. 000	7. 01E+05	0. 00	0. 00	3. 00	5. 99E+08	2894. 70
30. 000	1. 05E+06	0. 00	0. 00	3. 00	5. 97E+08	2891. 38
40. 000	1. 40E+06	0. 00	0. 00	3. 00	5. 96E+08	2889. 03
50. 000	1. 75E+06	0. 00	0. 00	3. 00	5. 95E+08	2887. 20
100. 000	3. 51E+06	0. 00	0. 00	3. 00	5. 93E+08	2881. 52
500. 000	1. 75E+07	0. 00	0. 00	3. 00	5. 88E+08	2868. 29
1000. 00	3. 51E+07	0. 00	0. 00	3. 00	5. 85E+08	2862. 58

当 $\Delta t=0.22$ 时，C5 方案计算如下。

$p_i=3000\text{psia}$，$p_{pi}=8.55\times10^8\text{psia}^2/\text{cP}$，$Q=6550\text{MCF/d}$，$T=580°\text{R}$，$k=20\text{mD}$，$h=40\text{ft}$。

$$t_{pD}=\sum\Delta t_{pD}\text{ , }\Delta t_{pD}=\frac{\Delta t_p k}{\phi r_w^2}$$

t_{pD}和 Δt_{pD}公式为 CGS 绝对单位制。

初始条件下，$\Delta t_0=0$，$t_{p0}=0$，$t_{p1}=\Delta t_1/\mu_0 c_0$，$\mu_0 c_0=4.24\times10^{-6}\text{cP/psi}$

将其转换成 CGS 单位制。

注意，μc 有时间维度。

$$1\text{cP/psi}=(2.54)^2\times10^{-2}/453\times981=1.45\times10^{-7}\text{s}$$

$$\mu_o c_o=4.24\times10^{-6}\times1.45\times10^{-7}=6.15\times10^{-13}\text{s}$$

当 $\Delta t=0.22\text{h}$ 时

$$t_{p1}=0.22\times3600/6.15\times10^{-13}=1.28\times10^{15}\text{（无因次）}$$

$r_w=7.62\text{ cm}$ 时，采用 CGS 绝对单位制：

$$t_{pD1}=\frac{kt_p}{\phi r_w^2}=\frac{0.020\times10^{-8}\times1.28\times10^{15}}{0.15\times(7.62)^2}=2.93\times10^4$$

当 $S=5, DQ=5$ 时

$$p_{pwf1}=8.55\times10^{-8}-\frac{711\times6550\times580}{20\times40}\left[\ln\frac{4\times2.93\times10^4}{1.784}+2\times5+5\right]$$

$$=7.67\times10^8\text{psia}^2/\text{cP}$$

$$p_1=2481.23\text{psia}$$

计算下一个压力，$(\mu c)_1=4.639\times10^{-6}\text{cP/psi}$ 的值。

$$t_{p2}=\Delta t_{p1}+\Delta t_{p2}$$

依次反复迭代计算。

实例问题渐进极限解

一口储气库注采井的参数如下：

$h=40\text{ft}$，$k=20\text{mD}$，$\phi=0.15$，$r_w=0.40\text{ft}$，$p_i=3000\text{psia}$，$G=0.6$，$r_e=1000\text{ft}$，$\mu_{初始}=0.0215\text{cP}$，$c_{初始}=2.9193\times10^{-4}\text{psi}^{-1}$，$T=580°\text{R}$，$p_{pi}=6.7354\times10^8\ (\text{psia})^2/\text{cP}$。

该井以 6550.00MCF/d 的恒定产量生产。

计算和绘制 μc 比值在 $\lambda=1$ 和 $\lambda=3$ 时，不稳定压力的渐近线图。

求解

由式 10.17 进行不稳定压力的计算。在没有特定数据的情况下，假设 $S=0$（无表皮效应），$DQ=0$（无湍流效应）。

表 10－6 给出了根据式 10.17 使用 Microsoft Excel 电子表格程序计算的结果。该结果为 C5 方案的计算参数，即 $\Delta t=0.22\text{h}$，$p_i=3000\text{psia}$，$p_{pi}=8.55\times10^8\text{psia}^2/\text{cP}$，$Q=6550\text{MCF/d}$，$T=580°\text{R}$，$k=20\text{mD}$，$h=40\text{ft}$。

表 10-6　拟压力渐进极限法计算表

Q, MCF/d	μc., cP/psi	k/mD	h/ft	ϕ	Δt, h	Δt_p	S	DQ	t_P	t_{PD}	P_{pi}	P_{pwf}	t/h	p_{wf}/psia	当前 μc
6550.00	4.74E-06	20.00	40.00	0.15	0.00	0.00E+00	5.00	5	0.00E+00	0.00E+00	8.55E+08		0.00	3000.00	4.240E-06
6550.00	4.74E-06	20.00	40.00	0.15	0.22	1.28E+15	5.00	5	1.28E+15	2.93E+04	8.55E+08	7.67E+08	0.22	2841.23	4.639E-06
6550.00	4.74E-06	20.00	40.00	0.15	2.00	1.07E+16	5.00	5	1.20E+16	2.75E+05	8.55E+08	7.59E+08	2.22	2827.19	4.677E-06
6550.00	4.74E-06	20.00	40.00	0.15	5.00	2.65E+16	5.00	5	3.85E+16	8.84E+05	8.55E+08	7.55E+08	7.22	2819.84	4.696E-06
6550.00	4.74E-06	20.00	40.00	0.15	10.00	5.29E+16	5.00	5	9.14E+16	2.10E+06	8.55E+08	7.52E+08	17.22	2814.39	4.711E-06
6550.00	4.74E-06	20.00	40.00	0.15	20.00	1.05E+17	5.00	5	1.97E+17	4.52E+06	8.55E+08	7.50E+08	37.22	2809.54	4.724E-06
6550.00	4.74E-06	20.00	40.00	0.15	30.00	1.58E+17	5.00	5	3.54E+17	8.14E+06	8.55E+08	7.48E+08	67.22	2805.82	4.734E-06
6550.00	4.74E-06	20.00	40.00	0.15	40.00	2.10E+17	5.00	5	5.64E+17	1.30E+07	8.55E+08	7.46E+08	107.22	2802.87	4.742E-06
6550.00	4.74E-06	20.00	40.00	0.15	50.00	2.62E+17	5.00	5	8.26E+17	1.90E+07	8.55E+08	7.45E+08	157.22	2800.45	4.748E-06

图 10 -9 为 $\lambda=1$ 和 $\lambda=3$ 时不稳定压力两个渐近极限的比较。位于上面的曲线是 $\lambda=1$ 时的情形，在接近末期有明显驼峰是由于时间间隔增大（以 h 为单位）时比例失真造成。

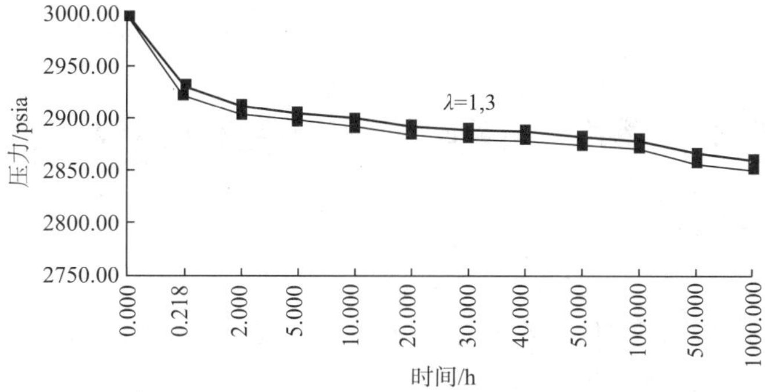

图 10 -9 $\lambda=1$ 和 $\lambda=3$ 时不稳定压力的渐近极限

参考文献

1. Tek, M. R. , Underground Storage of Natural Gas, Gulf Publishing, 1987.

2. Katz, D. L. , M. R. Tek, K. H. Coats, M. L Katz, S. C. Jones and M. C. Miller, Movement of Underground Water in Contact with Natural Gas, A. G. A. Monograph, New York, 1963.

3. Katz, D. L and Robert L. Lee, "Natural Gas Engineering, Production and Storage", McGraw Hill, 1990.

4. Kumar, S. , Gas Production Engineering, Gulf Publishing, 1987.

5. Dake, L. P, Fundamentals of Reservoir Engineering, Elsevier, 1978.

6. Lee, W. J. and S. A. Holditch, Application of Pseudo - Time to Build Up Test Analysis of Low Permeability Gas Wells in Long Duration Well Bore Storage Distortion, Journal of Pet. Tech. , (2877 -87), 1982.

7. Tinnjord, J. , An Analytical Study of Pressure Time for Pressure Drawdown in a Gas Reservoir, Arbeiods papier fza Rogaland Distridthogskole, Working Paper from Rogaland University No. 37, Stavanger 1985.

8. Finnjord, J. and Yue Lu Y. , A Numerical Study for Pseudo - Time Transformation for Drawdown in the Infinite Acting Period, Arbeidspapierfra Rogaland Desluklhogakole, Working Paper from Rogaland University No. 38, Stavanger 1985.

第 11 章　储气库产能典型问题

储气库产能主要受表皮效应、湍流效应和井筒储集效应的影响。本章讨论了这三个问题以及反采气指数和泄流半径的概念。

影响渗流的表皮和湍流效应

利用拟压力和拟时间的概念，达西定律中的天然气渗流可以近似地用一个线性的偏微分方程来描述，该方程能够得到解析解。关于气井产能的文献表明[1~4]，表皮效应和湍流效应可以通过在达西渗流方程的解析解中添加一个表皮因子常数和与流速成正比的湍流系数来表征。

Robert Lee 采用湍流的 Forchheimer 表征方法，通过数值模拟研究了一系列非稳态气体的湍流流动。研究表明，产能问题可以用 7 个无因次量组合来描述。其中，拟压降 p_{pD} 为因变量，半径 r_D 和拟时间 t_{pD} 为自变量。流态（达西或非达西流）由湍流修正因子 δ 确定。另外三个无因次量分别为湍流数 F_B（Forchheimer β 因子的函数）、无因次流量 q_{FD} 以及黏度比 $F_{\mu r}$[1~6]。

大量真实气体流动的数值模拟结果表明，在高湍流强度下，即使增加一个井筒湍流项［即如前所述常数 D（q_{sc}）］也无法完全预测压力降。因此，提出了用相关系数 C_1 修正湍流项 D 的新方法。研究表明，C_1 可以表示为关于湍流数、无因次流量和高压物性的函数。

相应地，定流量下的半稳态渗流方程为：

$$\bar{p}_p - p_{pwf} = 1422.32 q_{sc} \frac{T}{kh}\left(\ln \frac{r_e}{r_w} - \frac{3}{4} + S + DC_1 q_{sc}\right) \qquad 11.1$$

式 11.1 中的常数 C_1 取决于湍流强度。在数值上，它是 Forchheimer 数 N_{Fo} 的函数。

$$N_{Fo} = q_{scD} N_T \qquad 11.2$$

式中　q_{scD}——无因次流量。

$$q_{scD} = \frac{1.422 \times 10^6 T q_{sc}}{khp_{pi}} \qquad 11.3$$

式中　q_{sc}——定流量流速，MMCF/d；

T——温度，°R；

k——渗透率，mD；

h——地层厚度，ft；

p_{pi}——初始（平衡）储层的拟压力，psia²/cP；

N_T——无因次湍流强度；

$$N_T = \frac{1.564 \times 10^{-18} k^2 \beta G p_{pi}}{T \mu_i r_w} \tag{11.4}$$

β——Forchheimer 湍流系数，ft^{-1}；

μ_i——储气库气体在初始压力或平衡压力下的黏度；

G——气体相对密度，$M/29$；

r_w——井筒半径，ft。

相关参数 C_1 与 Forchheimer 数之间的关系为[4]：

$$0 < N_{F_o} < 0.1 \quad D = 0 \quad C_1 = 1.0 \tag{11.5}$$

$$0.1 \leqslant N_{F_o} \leqslant 1.0 \quad C_1 = \left(1 - \frac{r_w}{r_d}\right) F_\mu \tag{11.6}$$

$$N_{F_o} > 1.0 \quad C_1 = \left(1 - \frac{r_w}{r_d}\right) F_\mu (N_{F_o})^{-0.028} \tag{11.7}$$

上述三个区域分别对应于层流、惯性流和湍流。这三个区域也可以用通过多孔介质流动的雷诺数来近似描述。

$$F_\mu = \frac{\mu}{\mu_i}，为黏度比。$$

r_D为无因次半径。

在井筒处，$r_D = 1$。多数情况下，$\mu/\mu_i \approx 1.0$，此时，N_{Re}的极限值与N_{Fo}的极限值近似相等。

对于非稳态渗流，定流量条件下考虑湍流强度影响的解为：

$$p_{pwf} - p_i = 711.16 \frac{QT}{kh} \left(\ln \frac{4 t_{pD}}{r_D} + 2S + C_1 DQ \right) \tag{11.8}$$

式中，各字母的定义与前文相同。

方程的无因次化

用拟压力 p_p和拟时间 t_D表示真实气体通过多孔介质时，非达西流或湍流的一般径向渗流方程为：

$$\frac{1}{r} \frac{\partial}{\partial r} \left(r \delta_r \frac{\partial p_p}{\partial r} \right) = \frac{\phi}{k_r} \frac{\partial p_p}{k_r \partial t_p} \tag{11.9}$$

其中

$$t_p = \int_0^t \frac{1}{c\mu} dt \tag{11.10}$$

在式 11.9 中，δ_r为湍流修正因子。假设 ϕ 与压力无关，储层均质且各向同性，即 k 为常数。式 11.9 的近似无因次形式可写为：

$$\frac{1}{r_D}\frac{\partial}{\partial r_D}r_D\delta_{r_D}\left(\frac{\partial p_{pD}}{\partial r_D}\right)=\frac{\partial p_{pD}}{\partial t_{pD}} \quad 11.11$$

式中，

无因次半径为：

$$r_D = r/r_w \quad 11.12$$

湍流修正因子为：

$$\delta_{rD} = \left(1+\frac{N_T q f_D F_\mu}{r_D}\right)^{-1} \quad 11.13$$

湍流强度为：

$$N_T = 1.564\times10^{-18}\frac{k_r^2\beta\gamma_g p_{pi}}{T\mu_i r_w} \quad 11.14$$

无因次储层流量：

$$q_{fD} = 1.422\times10^6\frac{Tq_{scf}}{k_r h p_{pi}} \quad 11.15$$

黏度比为：

$$F_\mu = \mu_i/\mu \quad 11.16$$

无因次拟时间为：

$$t_{pD} = F_{taD}t_D \quad 11.17$$

其中，拟时间比为：

$$F_{taD} = \left(\int_0^t\frac{1}{\mu c}dt'\right)/\left(\frac{t}{\mu_i c_i}\right) \quad 11.18$$

无因次时间为：

$$t_D = 2.637\times10^{-4}\frac{k_r t}{\phi r_w^2\mu_i c_i} \quad 11.19$$

无因次拟压力下降：

$$p_{pD} = \frac{p_{pi}-p_p}{p_{pi}q_{fD}} \quad 11.20$$

无因次流量：

$$q_{scD} = 1.422\times10^6\frac{Tq_{sc}}{k_r h p_{pi}} \quad 11.21$$

R. L. Lee 得到了非稳态条件下，不同湍流强度和无因次边界条件及初始条件下式 11.11 的解。

由于气体湍流流动的问题是非线性的，湍流修正因子 δ_r 必须采用迭代法在每个时间步长上达到收敛，具体无因次解的形式为：

$$p_{pD} = f(r_D, t_D, q_{scD}, C_D, F_{taD}, F_\mu, N_T) \quad 11.22$$

真实气体渗流的数值解

对式 11.9 进行对数变换：

$$R_L = \ln\left(\frac{r}{r_w}\right) \tag{11.23}$$

得[3,4]：

$$\frac{\partial}{\partial R_L}\partial R\frac{\partial p_p}{\partial R_L} = r_w^2 e^{2R_L}\frac{\phi}{k}\frac{\partial p_p}{\partial t_s} \tag{11.24}$$

式 11. 24 展开为以下无因次形式：

$$\partial R\frac{\partial^2 p_{pD}}{\partial R_L^2} + \frac{\partial \delta_R}{\partial R_L}\left(\frac{\partial p_{pD}}{\partial R_L}\right) = e^{2R_L}\frac{\partial p_{pD}}{\partial t_{pD}} \tag{11.25}$$

使用密歇根大学开发的两个模拟程序，用 FDM（有限差分法）和 FEM（有限元法）对式 11. 25 和式 11. 9 进行数值求解。FDM 程序需要在井筒内边界使用传统的“虚拟点”方法[3,4]。由于在井筒内的虚拟点上 δ_R 没有定义，第二项中 δ_R 的径向梯度求解比较困难。这一问题可以利用径向梯度的两点上游权重近似方法解决。将求取 p_{pD} 的井筒虚拟点方法与求取 $\partial\delta_R/\partial R$ 的上游权重方法相结合，可以在各种情况下得到稳定的数值解。对于高湍流强度情形的研究，程序为式 11. 25 提供了多种求解方法。有关数值求解和量纲的具体细节，可参阅 Robert L. Lee 的博士论文[3,4]。

在具有边界条件和初始条件下，对于定流量情形，式 11. 24 的解为拟压力的时空分布。井筒半径处的解为井底拟流压关于速度、拟时间以及附加表皮和湍流的函数。数值计算的收敛准则为无因次拟压降等于或小于 10^{-4}。结果表明，数值解与解析解之间的差值小于 0. 1 psi（0. 7kPa）。当采用不同大小的网格进行误差评价时，R. L. Lee 发现，即使在高湍流度和指定误差为 10^{-3} 的情况下，计算的压力误差也不会大于 1psi。

反采气指数（IPI）

Lee、Logan 和 Tek[5] 首先提出了反采气指数的概念，即井筒拟压降与恒定流量之比。

$$IPI = \frac{\Delta p_p}{q_{sc}}$$

现在，使用式 11. 1 半稳态渗流条件下的方程：

$$\bar{p}_p - p_{pwf} = 1422.32\frac{q_{sc}T}{kh}\left(\ln\frac{r_e}{r_w} - \frac{3}{4} + S + DC_1 q_{sc}\right) \tag{9.18}$$

$$\frac{\bar{p}_p - p_{pwf}}{q_{sc}} = IPI = 1422.32\frac{T}{kh}\left(\ln\frac{r_e}{r_w} - \frac{3}{4} + S + DC_1 q_{sc}\right)$$

因此，对于一口给定的储气库井，在低到中等湍流强度的情况，IPI 与 q_{sc} 为线性关系，如图 11 -1 所示。其中，$N_T = 0$ 的水平线为达西渗流下的曲线。

N_T 表示湍流强度。在图 11 -1 中，当 $N_T = 400$ 时，曲线在低湍流强度下几乎为一条直线。当 $NT = 3000$ 时，可以看到，IPI 与 q_{sc} 曲线在高流量时开始向上弯曲，但在较低流量水平时，IPI 与 q_{sc} 几乎变成了一条直线。一般来说，可以得到无因次修正的 $(IPI)_D$ 与

$C_1 q_D$关系曲线，它适用于所有情形。其中（IPI）$_D$为 IPI 与 IPI 初始值（IPI）$_i$的比值，如图 11－2 所示。表皮效应的大小通过无因次拟压降的程度来表示，表现为一系列垂直平移的直线。在图 11－2 中，s 为无因次表皮系数，水平虚线表示达西渗流时的情况。

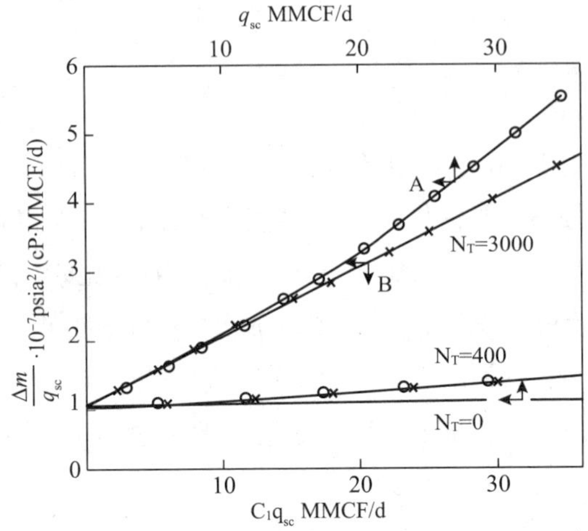

图 11－1　反采气指数与流量的关系
（m 拟压力，真实气体势能均用 P_p 表示）

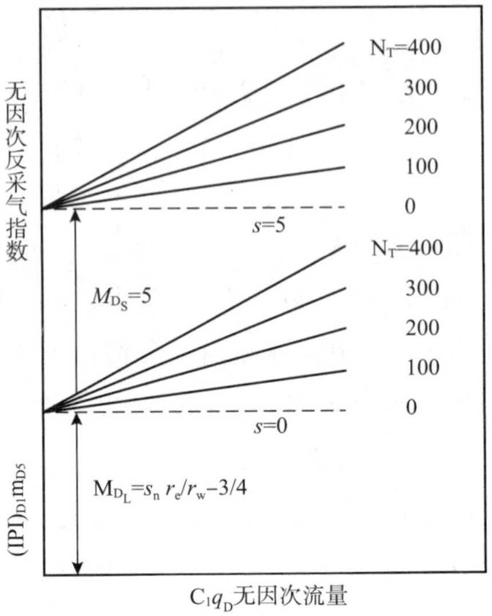

图 11－2　无因次反采气指数（IPI）图

绝对无阻流量

绝对无阻流量定义为气井的最大产能，即当气井井口压力为大气压力时的产能。它是气井产能的标准。Tek[7]等学者指出当回压为大气压力时对应的拟压力相对于初始拟压力可忽略不计时，拟压降与初始值几乎一致。如果将 IPI 与 p_{pi} 相除，将得到一个无因次量，称为标准化 IPI 曲线，用 J_{IN}表示：

$$J_{IN} = (\Delta p_p / p_{pi})(1/q_{sc}) vs\ q_{sc}$$

在绝对无阻流量条件下，有 $\Delta p_{pi} \approx p_{pi}$，$J_{IN} = 1/q_{sc}$。

对于低到中度湍流强度的情况（$0 < N_t < 400$），Lee、Logan 和 Tek[7]认为可采用图版来确定绝对无阻流量（AOF），如图 11－3 所示。已知半稳态的流量和相应的拟压降数据。首先绘制标准化的 IPI 与 q_{sc}的关系曲线，如图 11－3 中过点 I 的水平或倾斜线，点 I 为纵坐标（$\ln r_e/r_w - 3/4 +$

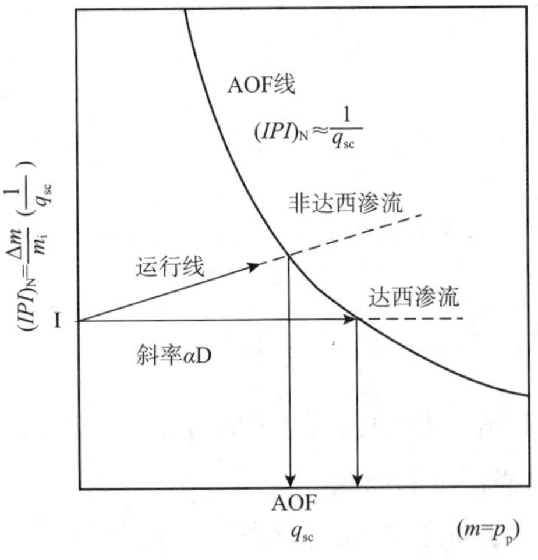

图 11－3　确定 AOF 的图形化流程

s）与横坐标 $q_{sc}=0$ 的交点。该井的半稳态曲线在达西渗流条件下为水平线，在非达西渗流条件下为倾斜线。该线与双曲线 $J_{IN}=1/q_{sc}$ 的交点表示该井的绝对无阻流量（AOF）点。

近 30 年来，气井的产能一直采用等时线图或改进的等时线图进行表征。这些图在双对数坐标上为 $\Delta(p^2)$ 与 Q 的关系，仅为近似线性趋势的外推。*IPI* 曲线在平面坐标上为线性曲线。该曲线不仅实用，而且能求出解析解，更好的描述气井产能。

井筒储集、 表皮和湍流效应的影响

当储气库井开始采气时，初始流量主要来源于井筒中天然气。此后，来自地层的流量逐渐增加，直至达到设定的地面流量为止。一旦井筒储集效应完全消失，其流动特征就真实反映地层泄流基质的性质和特征。然后，在“无限作用模式”下对储层流动进行分析。通常情况下，早期数据不适用于这些分析。

井筒储集效应持续时间从几个小时到几天不等，这取决于多种因素。在数据受到影响，有时主要受井筒储集效应影响的情况下，使用常规的油气藏工程分析方法，往往会导致不准确、甚至毫无意义的结果[8~10]。

Van Everdingen 和 Hurst 等[11]首先发表了井底流量与地面流量之间的定量关系。估算井底流量的公式为：

$$q_{sf}=q_{sc}(1-e^{-C_2t_D}) \qquad 11.26$$

式中 C_2 为正值的常数，由井筒和储层参数确定。

1988 年，Oren、Lee、Stevenson 和 Tek[12]发表了 C_2 的无因次解。他们指出，可以使用早期数据来获得可靠的储层参数。他们研究了表皮效应和湍流强度的影响，得出了气井的压降方程和无因次典型曲线。该典型曲线是使用 FDM 模拟器生成的，在特定无因次表皮系数和井筒储存参数下，无因次压降与无因次拟时间成双对数曲线，如图 11 -4 所示。

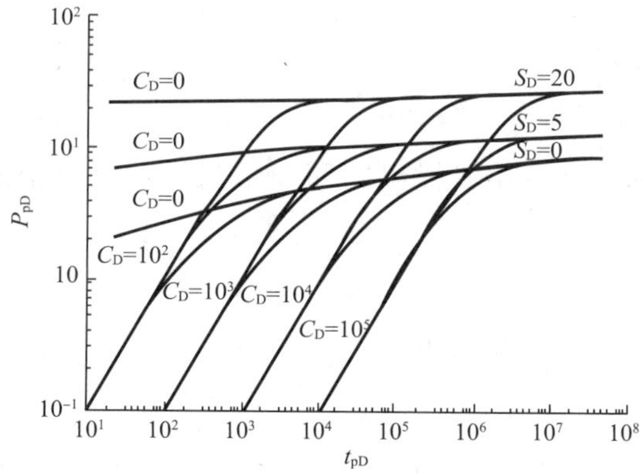

图 11 -4　真实气体无因次拟压降与无因次拟时间的关系（由 Kluwer 学术出版社提供）

根据 Oren 等建立的非稳态定流量下真实气体渗流方程，得井底拟压降的方程如下：

$$p_{pD} = W_D\left[\frac{1}{2}(\ln t_{pD} + 0.80907) + s_D + C_1 F_B q_{sc}\right] \quad 11.27$$

式中

$$p_{pD} = \frac{p_{pi} - p_p}{p_{pi} q_D} \quad 11.28$$

$$q_D = 1.422 \times 10^6 \frac{T q_{sc}}{k h p_{pi}} \quad 11.29$$

k——渗透率，mD；

T——储层温度，°R；

h——地层厚度，ft；

W_D——衰减因子，无因次。

$$W_D = 1 - e^{-C_2 t_{pD}} \quad 11.30$$

其中，

$$C_2 = 2.935[c_D^{-0.974} t_{pD}^{-0.097}(s'_D + 6)^{-1.129}] \quad 11.31$$

s'_D——表观表皮系数；

$$s'_D = s_D + N_{TD} q_D \quad 11.32$$

s_D——无因次表皮系数；

N_{TD}——湍流强度数；

$$N_{TD} = 1.564 \times 10^{-18} \frac{k^2 \beta \gamma_g p_{pi}}{T \mu_i r_w} \quad 11.33$$

β——湍流因子，ft^{-1}；

γ_g——实际气体的相对密度；

μ_i——气体的初始黏度，cP；

r_w——井筒半径，ft；

F_B——湍流系数，$(MMCF/d)^{-1}$。

q_D与N_{TD}的乘积称为 Forchheimer 数，N_{Fo}。

在式 11.27 中，C_1为 R. L. Lee[4] 提出的回归系数。它取决于流态，由湍流强度定量描述。

对于层流：

$$0 \leqslant N_{F_o} \leqslant 0.1 \quad F_B = 0 \quad 11.34$$

对于惯性流：

$$0.1 \leqslant N_{F_o} \leqslant 1.0$$

$$C_1 = \left(1 - \frac{r_w}{r_d}\right) F_\mu \quad 11.35$$

式中 r_d——泄流半径，ft。

$F_\mu = \dfrac{\mu_i}{\mu}$， 为黏度数。

对于湍流：

$$N_{F_o} > 1.0$$

$$C_1 = \left(1 - \frac{r_w}{r_d}\right) F_\mu (N_{F_o})^{-0.028} \qquad 11.36$$

通过与 FDM 模拟结果的对比，对式 11.31 进行了统计评价。参数 C_2 与所有实例的相关系数为 0.96，标准差小于 9.7%。式 11.31 与 FDM 模拟器生成的曲线对比如图 11－5 所示。

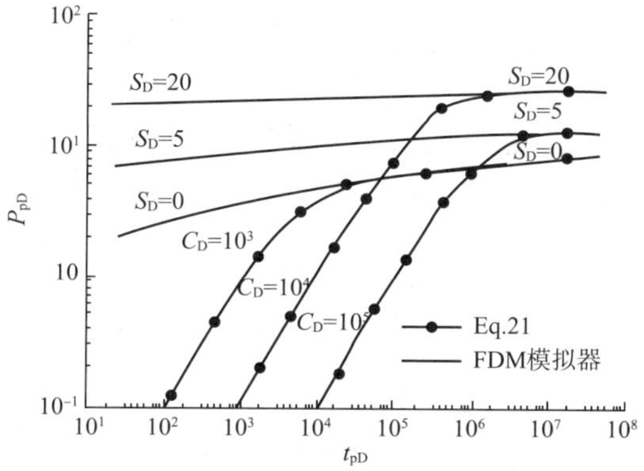

图 11－5 计算值与 FDM 模拟值对比图（由 Kluwer 学术出版社提供）

总结

本节利用 FDM 模拟软件对多孔介质中真实气体非稳态渗流偏微分方程进行求解，并对多种井筒储集、表皮和湍流的影响下的情形进行了研究，得到了用于描述包括井筒储集占主导地位在内的压降关系式。引入井筒衰减因子 W_D 和相关系数 C_2，用于描述不同表皮和湍流情形下的早期或晚期压力降。

储气库泄流半径的概念

气井的泄流半径通常定义为注采时没有气体流向井筒的最大外围半径。在采气过程中，泄流范围从井筒开始，向外边界扩展，直至在半稳态条件下趋于稳定。

当储气库井在无限作用模式下以定流量生产时，对泄流半径的分析应首先得出储层中体积流量的分布方程，其中储层流量为时间和空间的函数。

从式 10.7 开始：

$$p_{pw} = p_{pi} - q_{sc} \frac{p_{sc}}{T_{sc}} \frac{T}{2\pi kh} E_i \left(\frac{\phi r_w^2}{4kt_p}\right) \qquad 10.7$$

或者是在 E_i 函数对数近似基础上，加上表皮效应和湍流项：

$$p_{\mathrm{pw,t}} = p_{\mathrm{pi}} - q_{\mathrm{sc}}\frac{p_{\mathrm{sc}}}{T_{\mathrm{sc}}}\frac{T}{2\pi kh}\left[\ln\left(\frac{4kt_{\mathrm{p}}}{\gamma\phi r_{\mathrm{w}}^{2}}\right) + 2S + Dq_{\mathrm{sc}}\right] \quad 10.8$$

首先，写出任意 r 时的式 10.7；然后对井筒处的 p_{p} 求导；之后，应用达西定律得：

$$\frac{q_{rt_{\mathrm{p}}}}{q_{\mathrm{w}}} = e^{-\phi r^2/4kt_{\mathrm{p}}} \quad 11.37$$

由式 11.37，可得气井的泄流半径：

$$r_{\mathrm{d}} = 2.146\left(\frac{4kt_{\mathrm{p}}}{\phi}\right)^{1/2} \quad 11.38$$

式 11.38 是 CGS 绝对单位制。

式 11.38 推导过程如下：

从定流量方程的点源解出发，拟压力的时空分布为：

$$p_{\mathrm{p}}(r,t_{\mathrm{p}}) = p_{\mathrm{pi}} - q_{\mathrm{sc}}\frac{p_{\mathrm{sc}}}{T_{\mathrm{sc}}}\frac{T}{2\pi kh}E_{\mathrm{i}}\left(\frac{\phi r^2}{4kt_{\mathrm{p}}}\right)$$

式中

$$t_{\mathrm{p}} = \int_0^t \frac{\mathrm{d}t}{\mu c}$$

$$\mu = \mu(p)$$

$$c = c(p)$$

现使用达西定律：

$$q = 2\pi rh\frac{k}{\mu}\left(\frac{\partial p}{\partial r}\right)$$

根据链式法则：

$$\left(\frac{\partial p}{\partial r}\right) = \frac{\partial p}{\partial p_{\mathrm{p}}}\frac{\partial p_{\mathrm{p}}}{\partial r}$$

由于：

$$p_{\mathrm{p}} = 2\int_0^p \frac{p}{z\mu}\mathrm{d}p$$

$$\frac{\partial p_{\mathrm{p}}}{\partial p} = \frac{2p}{z\mu}$$

$$q = +2\pi rh\frac{kz\mu}{\mu p}q_{\mathrm{sc}}\frac{p_{\mathrm{sc}}}{T_{\mathrm{sc}}}\frac{T}{2\pi kh}e^{-\phi r^2/4kt_{\mathrm{p}}}\frac{4kt_{\mathrm{p}}}{+\phi r^2}\frac{2\phi r}{4kt_{\mathrm{p}}}$$

由于：

$$E_{\mathrm{i}}(x) = \int_x^\infty \frac{e^{-s}}{s}\mathrm{d}s$$

$$\frac{\partial[E_{\mathrm{i}}(x)]}{\partial r} = \frac{\partial}{\partial x}\left(\int_x^\infty \frac{e^{-x}}{x}\mathrm{d}x\right)\frac{\partial x}{\partial r} = \frac{e^{-x}}{x}\frac{\partial x}{\partial r}$$

其中，$x = x(r)$ 使用莱布尼茨法则。

因此：

$$q(r_w,t_p)=q_{sc}\frac{p_{sc}}{p_w}\frac{zT}{T_{sc}}e^{-\phi r_w^2/4kt_p}$$

且：

$$q_{sc}p_{sc}=nRT_{sc}$$

$$q_wp_w=znRT$$

$$\frac{q_{sc}p_{sc}}{q_wp_w}=\frac{T_{sc}}{zT}$$

$$q_{sc}p_{sc}z\frac{T}{T_{sc}}\frac{1}{p_w}=q_w$$

因此：

$$\frac{q(r,t_p)}{q_w}=e^{-\phi r^2/4kt_p}$$

如果在 $\frac{q}{q_w}\leqslant\frac{1}{100}$ 时，任意泄流半径为：

$$e^{-\phi r_d^2/4kt_p}=10^{-2}$$

方程两边取自然对数：

$$\ln(0.01)=-4.61\text{，因此：}-\phi r_d^2/4kt_p=-4.61$$

可得：

$$r_d=2.146\left(\frac{4kt_p}{\phi}\right)^{1/2} \qquad 11.38$$

实例问题

储气库中气体相对密度为 0.60，初始压力为 2000 psia。泄流基质的孔隙度为 0.20，渗透率为 200 mD。当气井以定流量开始采气时，求流量随半径和时间的分布？当 $t=600\text{s}$ 时，泄流半径是多少？该井的生产速率为 6550MCF/d，储层温度为 95℉，储层厚度为 $h=20\text{ft}$。

求解

$$\frac{q_{r,t_p}}{q_w}=e^{-\phi r^2/4kt_p}$$

$$t_p=\int_0^t\frac{dt}{\mu c}\text{，假设}\mu c\approx\text{常数}\approx\mu_ic_i$$

$$\mu_i=0.016\ \text{cP（参见第 10 章实例问题）}$$

将黏度单位 cP 转换为 CGS 单位制，g/(cm · s)

$$1\text{P}=\frac{1\text{g}}{1\text{cm}\cdot1\text{s}}$$

$$1\text{cP} = 10^{-2}\frac{\text{g}}{\text{cm}\cdot\text{s}}$$

$$\mu_\text{i} = 0.016 \times 10^{-2}\frac{\text{g}}{\text{cm}\cdot\text{s}} = 1.6 \times 10^{-4}\frac{\text{g}}{\text{cm}\cdot\text{s}}$$

$$c_\text{i} \approx \frac{1}{p_\text{i}} = \frac{1}{2000\text{psia}}$$

将 psia 转换为 CGS 单位制，

即$\frac{\text{dyn}}{\text{cm}^2}$，即$\frac{\text{g}\times\text{cm}}{\text{s}^2\text{cm}^2}$

$$1\text{psia} = (453.5\ (\text{gf})/(2.54)^2\text{cm}^2) = \frac{453.5\times981}{(2.54)^2}\frac{\text{dyn}}{\text{cm}^2} = \frac{453.5\times981}{(2.54)^2}\frac{\text{g}\times\text{cm}}{\text{s}^2\times\text{cm}^2}$$

$$1\text{psia} = \frac{453.5\times981}{(2.54)^2}\frac{\text{g}}{\text{s}^2\times\text{cm}}$$

$$c_\text{i} = \frac{1}{2000\times\frac{453.5\times981}{(2.54)^2}}\frac{\text{cm}\times\text{s}^2}{\text{g}} = 7.26\times10^{-9}\frac{\text{cm}\times\text{s}^2}{\text{g}}$$

$$\mu_\text{i}c_\text{i} = 1.6\times10^{-4}\times7.26\times10^{-9}\text{s} = 1162\times10^{-12}\text{s}$$

$$t_\text{p} \cong \frac{t}{1.162\times10^{-12}} \cong 8.6\times10^{11}t$$

因此：

$$\frac{q_{r,t_\text{p}}}{q_\text{w}} = e^{-0.2r^2/4\times0.2\times10^{-8}\times8.6\times10^{11}t}$$

式中 r——距井筒的距离，cm；

t——实际流动时间，s。

简化得：

$$\frac{q_{r,t_\text{p}}}{q_\text{w}} = e^{-(2.91\times10^{-5}r^2/t)}$$

假设 $t = 1800$s，有：

$$\frac{q_{r,t_\text{p}}}{q_\text{w}} = e^{-(1.62\times10^{-8}r^2)}$$

表 11－1 给出了在 600s、1800s 和 10800s（10min、1/2h 和 3h）三种不同流动时间下，地层流量比（$r = r$ 处的 q 除以 $r = r_\text{w}$ 处的 q）分布的计算结果。图 11－6 为流动时间为 600s 时，任意半径位置上的井筒流量比。可以看出，在前 1000cm（32.81ft），局部流量几乎占井筒流量的 100%。同样地，在距井筒轴线 4000cm（131.23ft）以内，局部流量占 50%。但当距离为 10000cm（328.1ft）时，局部流量只占 1%。图 11－7 分别为 600s、1800s 和 10800s 的三种地层流量分布。

表 11－1　地层流量分布

储气库井的泄流半径流量 q 分布						
半径/cm	时间/s	$q(r, t)/q(w, t)$	时间/s	$q(r, t)/q(w, t)$	时间/s	$q(r, t)/q(w, t)$
30	600	1.000	1800	1.000	10800	1.000
100	600	1.000	1800	1.000	10800	1.000
1000	600	0.953	1800	0.984	10800	0.997
1500	600	0.897	1800	0.964	10800	0.994
2000	600	0.824	1800	0.937	10800	0.989
3000	600	0.646	1800	0.865	10800	0.976
4000	600	0.460	1800	0.772	10800	0.958
5000	600	0.297	1800	0.668	10800	0.935
6000	600	0.174	1800	0.559	10800	0.908
8000	600	0.045	1800	0.355	10800	0.842
10000	600	0.008	1800	0.199	10800	0.764

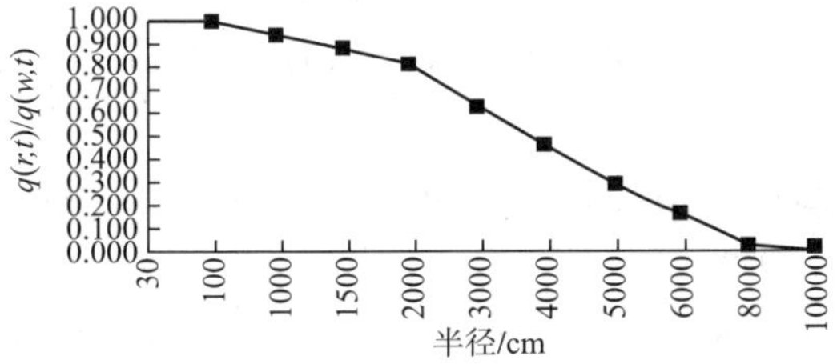

图 11－6　流动时间为 600s（10min）时的流量比分布

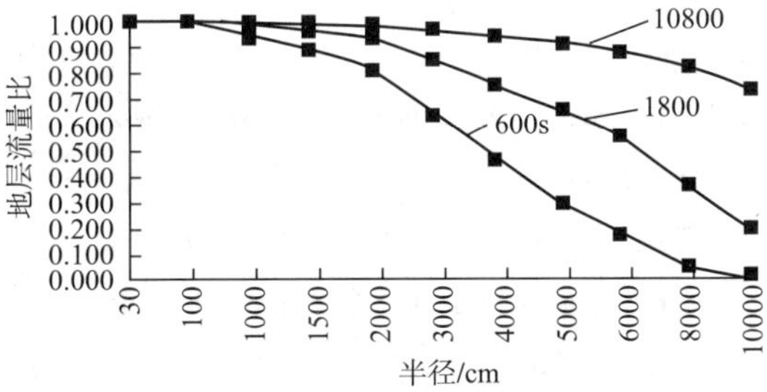

图 11－7　不同流动时间下的地层流量比分布

泄流半径的计算用式 11.38：

$$r_d = 2.146\left(\frac{4kt_p}{\phi}\right)^{1/2}$$

代入数据：

$$r_d = 2.146\left(\frac{4 \times 0.2 \times 10^{-8} t_p}{0.20}\right)^{1/2}$$

$$r_d = 4.292 t_p^{1/2}$$

其中，$t_p \approx 8.6 \times 10^{11} t$；t 为流动时间，s。

当 $t = 600$s 时，r_d 为：

$$r_d = 2.146 \times 4543.13 = 9749.55\text{cm}\ (319.87\text{ft})$$

参考文献

1. Al Hussainy, R. and H. J. Ramey, Jr., Application of Real Gas Flow to Well Testing and Deliverability Forecasting, JPT 18, 637-642, 1966.

2. Tek, M. R., "Deliverability of Natural Gas", M. R. Tek (Ed.). Underground Storage of Natural Gas-Theory and Practice (M. R. Tek, Editor) NATO ASI Series, Vol. 171, Kluwer Scientific Publishers, Dordrecht, Netherlands, 1989.

3. Lee, R. L., Logan, R. W. and M. R. Tek, "Effect of Turbulence on Transient Flow of Real Gas through Porous Media", SPE Journal of Formation Evaluation, 108-120, 1987.

4. Lee, R. L., "Deliverability of Natural Gas", PhD Dissertation, University of Michigan, Ann Arbor, Michigan, 1986.

5. Lee, R. L, Logan, R. W. and M. R. Tek, "Deliverability of Natural Gas" Proceedings 8th Doha Technical Symposium, 41-47, Doha, Qatar. 1984.

6. Lee, W. J., "Well Testing", Society of Petroleum Engineers of AIME, Dallas, Texas, 1982.

7. Tek, M. R., "Deliverability of Natural Gas", Proceedings of NATO Advanced Study Institute, Ankara, Turkey, 1988.

8. Earlougher, R. D., Jr., "Advanced Well Test Analysis", Monograph series, SPE, Richardson, Texas, 1977.

9. Energy Resources Conservation Board. Theory and practice of the Testing of Gas Wells, Calgary, Alberta, Canada, 3rd edition, 1975.

10. Chu, W. C., Garcia-Rivera, J. and R. Raghaven., "Analysis of Interference Test Data Influenced by Wellbore Storage and Skin at the Flowing Well", JPT, 171-178, 1980.

11. Van Everdingen, A. F. and W. Hurst., "The Skin Effect and Its Influence on the Productive Capacity of a Well", Trans., AIME, 198, 171-176 1953.

12. Oren, P. E., Lee, R. L, Stevenson, M. D., and M. R. Tek, "The Development of a Generalized Drawdown Equation for Real Gas Flow Including the Effects of Wellbore Storage and Turbulence", Underground Storage of Natural Gas-Theory and Practice (M. R. Tek, Editor) NATO ASI Series, Vol. 171, Kluwer Scientific Publishers, Dordrecht, Netherlands, 1989.

第12章 描述井筒流动的方程

概 述

储气库气体进入井筒后，其温度、压力及相关性质会受到管柱摩擦和传热的影响。气体从储气库的泄流边界一直到民用或商用的流量计或燃烧炉的完整路径为：近井区域→井底→生产管柱→采油树→分离器→加热器→收集系统→脱水设备→压缩机→流量计→加臭→压力调节器→管道→城市→中间运输网络→低压分配网络。

本章将介绍与井筒和管柱设计及性能分析有关的基本原理和程序。

有关其他中间流程设备的设计或性能分析，读者可参考作者的著作《地下天然气储气库完整性设计和操作规程及典型案例》。其他关于这一主题的参考文献包括：《采气工程》，Sanjay Kumar，Gulf Publishing；《天然气工程、生产和储存》Donald L. Katz and Robert L. Lee，McGraw Hill[1-3]。

管流分类

天然气是我国的主要能源，是最清洁的化石燃料。它供应充足，而且很容易通过管道运输。国内总能源需求的三分之一是通过长距离管道运输。

驱动流体通过管道流动的力是管道内能的一部分，称为“压力”。从物理学、流体力学和热力学定律中可知，“摩擦”是一种发生在流体流动过程中的现象，它总是消耗压能，并将其转化为热能。由于摩擦的存在，从上游到下游压力一般会下降。在管道的设计或性能分析中，有各种管道流动，如表12-1所示。它们涉及单相或多相流动。单相流可能出现在水平、垂直、倾斜或弯曲的管道中，以及分支或环状管道网络中。

在多相流中，有气水或油水两相，也可以有气、油、水三相。特殊情况下，两相或三相流动有时也会涉及分散固相。此外，这些流动都可以发生在水平、垂直、弯曲和许多其他几何形状的管道中。

表 12－1　管流分类表

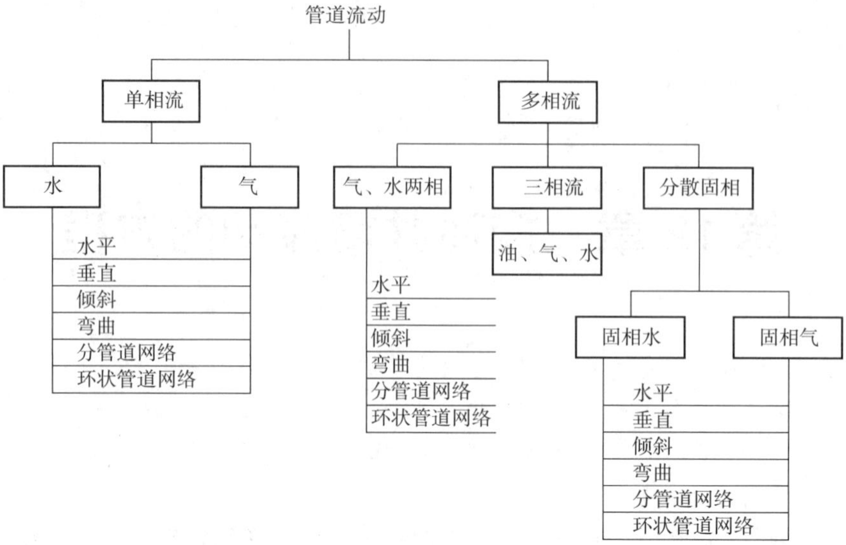

管流基本原理

管道流动的工程分析往往从管柱两点之间能量平衡的热力学出发[4]，热力学第一定律指出，一个系统中总能量的变化等于传递给系统的热量减去系统对外做的功，即：

$$\Delta E = q - w \tag{12.1}$$

将其应用到稳态流动系统中，在流动系统中两点之间的流体不可压缩，则：

$$\frac{\Delta p}{\rho} + \Delta\left(\frac{v^2}{2g_c}\right) + \Delta\left(\frac{g}{g_c}z\right) = -w - lw \tag{12.2}$$

式 12.2 表明，压能、动能和重力势能的变化量等于在热力学边界上的轴功（$-w$）减去摩擦损失功（lw）。根据 Δ 的约定，为在下游点 2 处的值减去上游点 1 处的值。即$\Delta p = p_2 - p_1$。

相应地，有：

$$\Delta\left(\frac{v^2}{2g_c}\right) = \frac{v_2^2}{2g_c} - \frac{v_1^2}{2g_c}$$

其中，v_2和 v_1分别表示点 2 和点 1 的平均速度。

如果流体是绝对可压缩的，式 12.2 中的第一项就不再是点函数，而是依赖于路径函数，为 $\int_{p_1}^{p_2} \mathrm{d}p/\rho$。

$-w$ 项表示通过热力学边界的比能，即轴功，用 ft × lbf/lbm 表示。如果在两个研究点之间，没有泵、压缩机或其他类似的原动机，则 w 的值等于零。如果在点 1 和点 2 之间有这样的设备存在（流动方向默认为从上游点 1 流到下游的点 2），比如用泵或压缩机等为流体提供能量，则 w 被认为是负值。因此，$-w$ 为流入系统的能量。另一方面，如果流体以轴功的形式向周围提供能量，如涡轮驱动，则 w 为正值。

在所有几何形状的流动问题中，无论是单相还是多相，lw 这都与摩擦有关，通常用范宁摩擦因子方程计算。

$$lw = f\sum_{1}^{N} L_{ei}\frac{v_i^2}{2g_c D_i} \qquad 12.3$$

在式 12.3 中，f 为摩擦系数，无因次，是雷诺数和相对粗糙度 ε/D 的函数；v_i 表示平均速；L_{ei} 为管柱的等效长度；d_i 为点 1 和点 2 之间的管柱直径。

管柱静压力梯度

由动量守恒原理推导出的井筒单相静压力梯度微分方程为：

$$\mathrm{d}p = \rho\frac{g}{g_c}\mathrm{d}h \qquad 12.4$$

式中　p——压强，深度 h 的函数，$\mathrm{lbf/ft^2}$（绝对值）；

ρ——流体（井筒中的水或气体）的密度，$\mathrm{lbm/ft^3}$；

g——重力加速度，$32.17\mathrm{ft/s^2}$；

g_c——换算系数，32.17（lbm/lbf）$\times \mathrm{ft/s^2}$；

h——垂直深度，ft。

静态液体压力梯度

将单相液体（油、盐水或凝析油等）的梯度看作一个完全线性可分离变量微分方程时，式 12.4 对 h 积分可得到深度变化与压力变化的关系：

$$\Delta p = \rho\frac{g}{g_c}\Delta h \qquad 12.5$$

对于纯水，$\rho = 62.4\mathrm{lbm/ft^3}$；

如果 $h = 1\mathrm{ft}$，有：

$$\frac{\Delta p}{\Delta h} = 62.4\times\frac{32.17}{32.17}(\mathrm{lbf/ft^2})/\mathrm{ft}$$

或：

$$\frac{\Delta p}{\Delta h} = 62.4\times\frac{32.17}{32.17}\times\frac{1}{144} = 0.433\mathrm{psi/ft}$$

静态气体压力梯度

对于储气库气体，式 12.4 的积分需要将密度作为压力的函数代入：

$$\rho = \frac{29G}{zRT}p \qquad 12.6$$

式中　ρ——密度，$\mathrm{lbm/ft^3}$；

G——气体相对密度，重均分子量/29，$29G = MW$ = 重均分子量，lbm/lb · mol；

p——压力 lb/ft^2（绝对值）（在热力学的应用中，压力使用绝对压力，温度使用绝对温度，参见附录储气库工程师的八条戒律）；

z——压缩因子，无因次，$z=z(p_r, T_r)$，其中 p_r 和 T_r 为对比压力和对比温度；

R——气体常数，1545ft × lbf/（lb · mol）°R；

T——平均温度，°R。

将式 12.6 代入式 12.4，进行积分：

$$p_x = (p_{TOP} + 14.7)e^{0.01874Gx/T_a z_a} \qquad 12.7$$

式中 p_x——距基准面 x 处的压力，psia；

p_{TOP}——地表压力，psig；

G——气体相对密度；

x——基准面深度，ft；

T_a——平均温度，°R；

z_a——平均 z 因子。

流动压力梯度

根据热力学第一定律，从流动系统能量平衡出发，推导井底压力的计算公式：

$$p_s^2 - e^s p_w^2 = \pm 0.000667 f \frac{Q^2 T_a^2 z_a^2}{d^5}(e^s - 1) \qquad 12.8$$

（+为采气，－为注气）

$$s = 0.0375 GL/T_a z_a \qquad 12.9$$

式中 p_s——井底流动压力，psia；

p_w——井口流动压力，psia；

G——气体相对密度，（MW）/29；

L——基准面深度，ft；

T_a——平均流动温度，°R；

z_a——平均压缩系数；

e——自然对数的底，2.718；

f——穆迪（Moody）摩擦系数，见图 12-1 和图 12-2；

Q——气体流量，MCF/d；

d——生产管柱内径，in。

穆迪（Moody）摩擦系数 f 是相对粗糙度 ε/d 雷诺数的函数。

雷诺数 Re，计算如下：

$$Re = \frac{1000Q \times 0.0764 \times G \times 4 \times d \times 144}{86400 \times \pi \times d^2 \times \mu \times 0.000672 \times 12} \qquad 12.10$$

式中 μ——储气库气体的黏度，cP（气体压力、温度和相对密度的函数）。

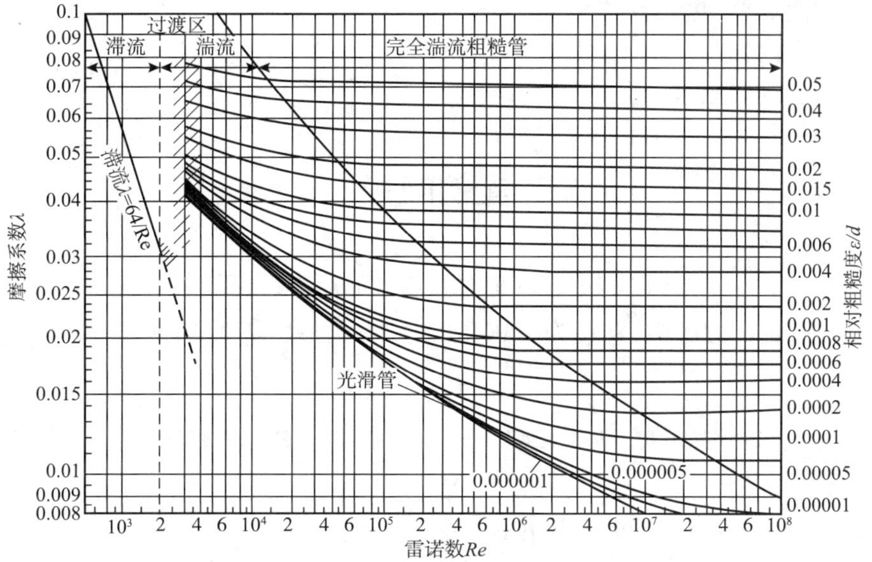

图 12－1　穆迪（Moody）摩擦系数图（穆迪，ASME 提供）

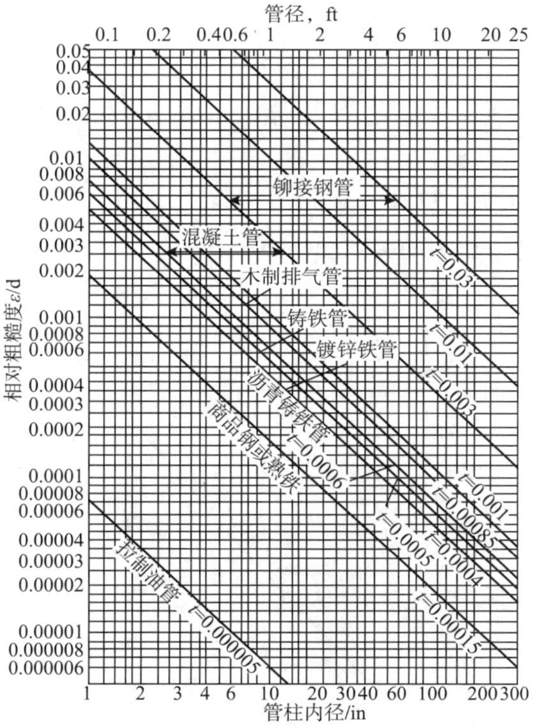

图 12－2　相对粗糙度图（穆迪，ASME 提供）

环空中的流动

根据水力半径和等效直径的概念，推导同心环空流动时的压降方程：

$$p_s^2 - e^s p_w^2 = \pm 0.000667 f \frac{Q^2 T_a^2 z_a^2}{(D_1 + D_2)^2 (D_1 - D_2)^3} \tag{12.11}$$

式中 f——穆迪（Moody）摩擦系数；

D_1——套管内径；

D_2——油管外径。

实例问题

在储气库关井压力恢复过程中，画出井口与井底压力差值随井口压力变化的曲线。储气库气体相对密度 G 为0.6；深度为2000ft；平均井筒温度 T 为60℉。

求解

$p_c=672\text{psia}$，$T_c=360°\text{R}$，$T_r=1.42$，$p_T=1300\text{psia}$，$P_{av}=1350\text{psia}$，$z_a=0.785$

使用式12.7：

$$0.01874\frac{GX}{T_aZ_a}=\frac{0.01874\times0.6\times2000}{520\times0.785}=0.0551$$

$$p_x=(p_T+14.7)e^{0.0551}=(p_T+14.7)1.0551$$

由于：

$$p_T=1300\ \text{psig}$$

$$\Delta p=1314.7(1.0551-1)=72.4\ \text{psi}$$

以井底压力表示：

$$p_x=1314.7+72.4=1387.1\ \text{psia}$$（井底压力用psia表示）

图12－3为压差与井口压力的关系图。

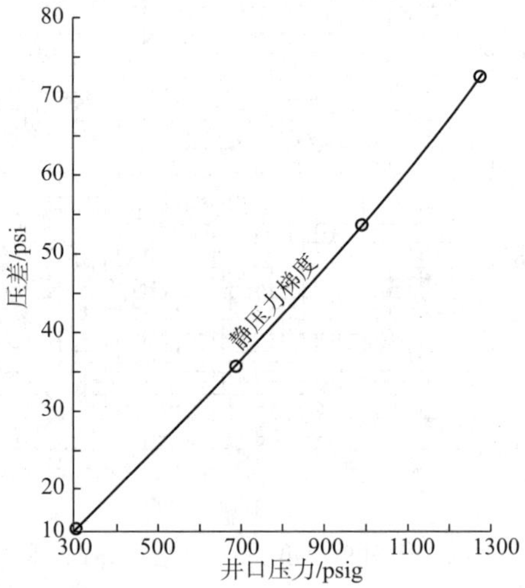

图12－3　压差与井口压力的关系图

参考问题

例题中储气库以2in的管柱4MMCF/d的流量生产的。当井口压力等于1300psig时，计算总压降和井底压力。

表12－2给出了储气库注采情况下，计算静压力梯度和流动压力梯度的相关步骤。

表12－2　穆迪（Moody）摩擦系数法回压测试计算表

	静态情形				
1. Q 流量，MCF/d					
2. p_w 井口压力，psia					
3. T_a 平均温度/460 + °F					
4. p_a 假定单位为 psia					
5. $p_a/p_c = p_r$					
6. $T_a/T_c = T_r$					
7. z_a					
8. μcP					
9. GQ/μ					
10. 穆迪（Moody）系数					
11. $S = 0.0375GL/T_a z_a$					
12. e^s					
13. $e^s - 1$					
14. $(QT_a z_a)^2$					
15. $6.67 \times 10^{-4}(QT_a z_a)^2(e^s - 1)f/d^5 = b$					
16. p_w^2					
17. $e^s {p_w}^2$					
18. $p_s^2 = b + e^s {p_w}^2$					
19. p_f^2					
20. p_f/psia					
21. p_s/psia					
22. $p_f^2 - p_s^2$/psia^2，千					

$\rho_c =$　psia；$T_a =$　°R；$L =$　ft；$G =$　；$d =$　in；$d^5 =$

实例问题

在第一个实例静态压力梯度问题中，气井是通过直径为2in的管柱以每天400万立方英尺的产量生产的（在标准状况14.73psia和60℉下测量）。

根据井口压力变化，计算并绘制从井底到井口的总压降（psig），井深为2000ft。

井口压力在300到1300psig变化，曲线类似于图12－3所示。

环空处井底流压计算

已知 $D_1 = 6.345$in，$D_2 = 1.900$in，$p_w = 1000$psia，$Q = 275000$MCF/d，$L = 6500$ft，$T_a = 460 + 97 = 557$°R。求解 p_s。

假设 $p_a = 2250$psia，则

$$p_r = \frac{2250}{671} = 3.35$$

$$T_2 = \frac{550}{360} = 1.53$$

$$z_a = 0.785$$

$$d_{eq} = D_1 - D_2 = 6.456 - 1.900 = 4.556\text{in}$$

$$\varepsilon / d_{eq} = 0.0004;\ G = 0.6;\ \mu = 0.0158\text{cP}$$

$$Re = \frac{275000 \times 1000 \times 0.0764 \times 0.6 \times 4 \times 144 \times 4.556}{86400 \times \pi \times (6.456^2 - 1.9^2) \times 0.0158 \times 0.000672 \times 12} = 25126349.93$$

$$f = 0.016$$

$$s = \frac{0.00375 \times 0.6 \times 6500}{557 \times 0.785} = 0.33$$

$$e^s = 1.40$$

$$e^s - 1 = 0.40$$

$$p_s^2 = 1.40 \times 10^6 + \frac{0.000667 \times 0.016 \times 27500^2 \times 557^2 \times 0.784^2 \times 0.40}{(8.356)^2 (4.566)^3}$$

$$= 1.4 \times 10^6 + 9.323 \times 10^6$$

$$= 1.072 \times 10^7$$

$$p_s = 3275\text{psia}$$

参考文献

1. Tek, M. R. , Underground Storage of Natural Gas, Gulf Publishing Co. , 1987.
2. Kumar, S. , Gas Production Engineering, Gulf Publishing Co. , 1987.
3. Katz, D. L. and R. L. Lee, Natural Gas Engineering, Production and Storage. McGraw Hill, 1990.
4. Tek, M. R. and J. O. Wilkes, Notes and Problems in Fluid Flow and Heat Transfer, University of Michigan, Ann Arbor, MI, 1974.

第 13 章　两相流对储气库产能的影响

两相流是地下储气库和输气管道运营研究的热点。两相流也发生在井筒、集输系统、分离器、脱水器和储气库井周围的多孔介质中（特别是在含水储气库中）。据报道[1]，目前有超过 5000 种研究两相流技术的出版物。

在物理化学中，相的定义为不同的、可分离的整体。一个经典的例子是瓶装沙拉酱中橄榄油和醋组成的混合物，橄榄油和醋是两种可分离的液相，而悬浮物和香料则是分散的固相，另一种固相是玻璃容器。相有时包含多种组分，它们的分布和性质在相态学的学科中有专门研究。

本章将讨论水平、垂直、倾斜或弯曲管道中压降计算的模型，流型的确定和流动压力梯度计算程序的评价。

两相流介绍

与储气库产能有关的两相流基本问题如下：

已知流动系统的几何形状、两相的物理性质和管道一端的工作条件，预测沿管道系统的压力。多年来，人们对两相流中由摩擦引起的滑移和压降现象提出了大量关联式和预测方法。在许多情况下，能量损失关联式被证明是不可取得，因为不可能在数量上涵盖所有相关变量。通过多年积累的研究经验和丰富的数据，对“滑脱”和“滞留”及其对压降影响的认识逐渐加深。

滑脱定义为各相的表观速度（每相的体积流量除以每相的总可流动截面面积）之差。各相的表观速度等于该相单独流经管道时的平均速度。长期以来，各相的存容比（各相体积与管道空间之比，又称滞留率）被认为是滑脱速度的函数，且并不一定等于各相分流量与总流量的比值。

20 世纪 70 年代，人们考虑能量平衡，把压力梯度看作存容比、加速度和摩擦梯度之和[1,2]。大多数垂直两相流关联式失效的主要原因是在给定的工作条件下，同一管道中存在几种不同的流动状态。例如，在生产管柱底部流动着不饱和的原油，则在不同深度分别有：单相液流、两相泡状流、段塞流、过渡流（可能是环状或泡沫状）、雾化流。

在这种情况下，为上述任何一种流型专门开发的关联式都无法完全描述整个管道内的全部流动状况。

1967 年，Orkiszewski[3]对委内瑞拉 22 口稠油井的数据进行研究，分析了所有现存的关联式。得出 Duns 和 Ros[4]对过渡流和雾化流提出的关联式与 Griffith 和 Wallis[5]对泡状流所提出的关联式能够有效地预测压降值。Orkiszewski[5]的开创性工作使许多学者找到了一种方法。在这种方法中，流型的预测和识别应先于压降计算关联式的使用。T. L. Gould[2]开发并发表了一套计算流程，现在许多业内人士仍在遵循这种流程。

M. R. Tek[1]将两相流的关联式分为三类：

1. 不考虑滑脱或流型的关联式
2. 考虑滑脱而不考虑流型的关联式
3. 同时考虑滑脱（与存容比有关）和流型的关联式

除 Gould 和 Tek[6]，Begg 和 Brill[7]外，很少有人研究倾斜两相管流和弯曲管道中两相流动。关于这方面的研究，读者可参见本章的参考文献。

在本文中首先使用 Gould 和 Tek[6]开发的方法进行编程，确定管道任意点的主要流型，然后使用最优的关联式分别计算存容比、摩擦损失和加速度梯度，代入并对下一段管长增量进行压力迭代。

压降模型

图 13－1 为用于分析倾斜、垂直或弯曲压降模型的几何示意图。

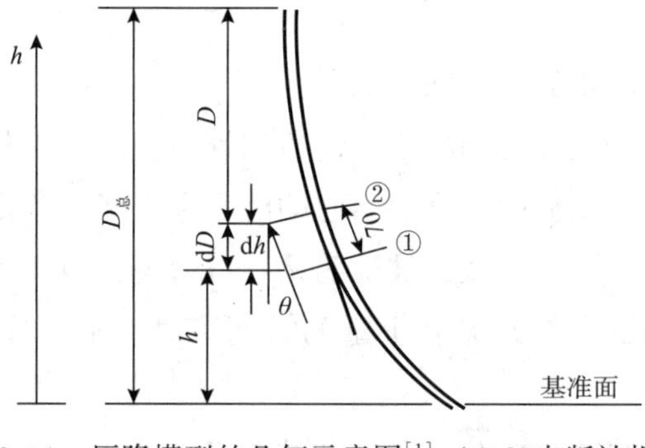

图 13－1　压降模型的几何示意图[1]（Gulf 出版社提供）

点 1 和点 2 之间稳态流动的热力学能量平衡微分方程为：

$$\frac{\mathrm{d}p}{\rho}+\mathrm{d}\left(\frac{v^2}{2g_c}\right)+\mathrm{d}\left(\frac{g}{g_c}h\right)=-lw \qquad 13.1$$

在式 13.1 中，

$$lw=\frac{fv^2}{2g_c d}\mathrm{d}l \qquad 13.2$$

式 13.1 和式 13.2 中

p——压强，垂直坐标 h 的函数，psia；

ρ——两相混合物的密度，lbm/ft^3；

v——管道中两相混合物的平均速度，ft/s；

g_c——换算系数，$=32.17lbm \times ft/lbf \times s^2$；

D——管道直径或管道当量直径，ft；

d——微分算子；

g——重力加速度，$32.17ft/s^2$；

h——距离井底的高度，ft；

lw——摩擦损失功，ft × lbf/lbm；

f——穆迪（Moody）摩擦系数，无因次；

dl——沿管道的微分长度，ft。

式 13.1 中：

$$\mathrm{d}h = \mathrm{d}l\cos\theta$$

式中 θ——管道切线与向下垂线间的夹角，弧度。

在油气开采中，深度由 D_p 表示，则：

$$\mathrm{d}D_p = -\mathrm{d}h$$

将式 13.1 和式 13.2 组合，得到表示压力－深度梯度的方程，得：

$$\frac{\mathrm{d}p}{\mathrm{d}D_p} = \frac{\rho_m \dfrac{g}{g_c} + f\rho_m \dfrac{v^2}{2g_c D\cos\theta}}{1 - \dfrac{W_T q_g}{g_c A^2 p}} \tag{13.3}$$

式 13.3 表明任意点的总压降梯度由三个主要分量组成。等号右边的第一项是密度梯度，它与重力相对应。与混合物密度 ρ_m 成正比，而混合物密度 ρ_m 又依赖于存容比。等号右边第二项是摩擦梯度，它取决于摩擦系数，同时与两相混合物的密度成正比；第二项中的分母通常称为加速度梯度项，在 d（$v^2/2g$）不可忽略的情况下，它等于（$1-M^2$），M 代表马赫数（即流速与声速之比）。Wallis[8] 指出，当加速度梯度不可忽略时，对于单相或雾化流状态，分母等于（$1-M^2$）。

式 13.3 用于两相流压力梯度的计算，通常采用以下有限差分形式：

$$\frac{\Delta p}{\Delta D_p} = \frac{\rho_m + \tau_f/\cos\theta}{1 - M^2} \tag{13.4}$$

其中，表征两相流的两个重要项，混合物密度 ρ_m 和摩擦项 τ_f 的量纲都为单位立方距离的力，与单位长度的压力量纲相同。当 $\cos\theta$ 较小时，摩擦梯度 $\tau_f/\cos\theta$ 增大，接近于水平流动。

Beggs 和 Brill[7] 与 Dukler[8] 的研究表明，在水平流动中，两相混合物的摩擦梯度可能是单相流动摩擦梯度的两到三倍[7,9]。

对于 ρ_m 项，混合物密度与液相存容比的关系如下：

$$\rho_m = \rho_l \varepsilon_l + \rho_g (1 - \varepsilon_l) \qquad 13.5$$

式中　ε_l为管道中的液相体积分数，称为液相存容比。

文献表明，液相存容比一般为滑脱速度 v_s的函数：

$$v_s = \frac{v_{sg}}{1 - \varepsilon_l} - \frac{v_{sl}}{\varepsilon_l} \qquad 13.6$$

两相流中的流型描述了每一相占据管道的方式。其中包括：液相连续，气相分散；气相连续，液相分散；气液两相均连续；气液两相交替。

识别特定的流型是很重要的，因为它提供了预测实际滑脱速度的依据，而通过滑脱速度可以根据式 13.6 确定液相存容比。一旦计算出 ε_l，就可以确定混合物的密度，最终能够确定压力梯度。

在液相连续（泡状流）的流型下，滑脱速度可视为气泡上升的最终速度。在泡状流环境中，由于湍流产生的破碎力和惯性效应，小气泡常常合并成较大的气泡，大气泡又分裂成较小的气泡。这就形成了大小不变的气泡上升速度。

Harmaty[10] 给出了气泡上升速度与两相流系统物理性质的函数关系：

$$v_\infty = 1.53 \left[\sigma g g_c \left(\frac{\rho_l - \rho_g}{\rho_l^2} \right) \right]^{1/4} \qquad 13.7$$

式中　v_∞——气泡上升末速度，ft/s；

s——表面张力，lbf/ft；

g——重力加速度，=32.17ft/s^2；

g_c——换算系数，=32.17lbm×ft/lbf×s^2；

ρ_l——液相密度，lbm/ft^3；

ρ_g——气（或蒸汽）相密度，lbm/ft^3。

当处于分散气泡中的连续相为纯稳态流动时，液相存容比的计算需要使用 Wallis 提出的“漂移通量”法。

当使用式 13.3 进行压力梯度计算时，对于每一种特定的流型都要专门计算 ρ_m和 τ_f项。对于液相连续流动，ρ_m由式 13.5 计算得到，ε_l由式 13.6 计算得到，其中 v_s由式 13.7 估计（即 v_∞）。τ_f项根据文献中有关泡状流的关联式计算，详情请参考 Gould[2] 相关文献。对于气相连续流动，通过气相的穆迪（Moody）摩擦系数来计算 τ_f项。

如果在流型图中，流型显示为两相交替流动（具体流型的预测将在后续部分讨论），则根据泡状流和雾化流两个方程计算 τ_f，并根据与流型边界的接近程度进行有代表性的加权平均。

迭代法计算压降

根据式 13.4，开发了有限差分算法，根据选择的压降值 Δp，计算相应深度的增加值

ΔD_p。从两相流管柱上游或下游开始，已知压力、温度及其他参数（液体速度、气体速度、气油比等），首先确定全局占优的流型，然后根据一定的深度增量，分别计算存容比、摩擦损失和加速度梯度，从而得出 $\Delta p/\Delta D_p$的值。若预先确定了 Δp 的值，就可以计算 ΔD_p的值，从而将计算下一深度的值。

流型的确定

利用 Gould 和 Tek[26] 开发的通用流型图，根据流体的物理性质、流量、流动系统的几何形状和平均压力水平，计算全局占优势的流型，如图 13 – 2 所示。该图是对 Duns 和 Ros[4] 发表的原始流型图的扩展。

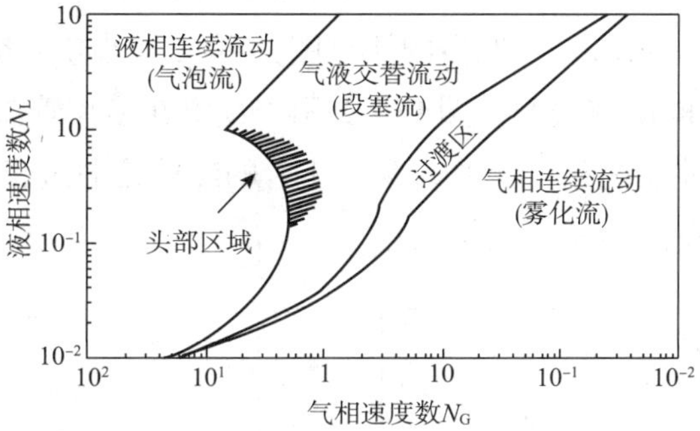

图 13 – 2　两相流扩展流型图（Gulf 出版社提供）

根据物理性质和流体参数，计算气相速度数 N_G和液相速度数 N_L两个无因次数，将其绘制在 $N_G - N_L$坐标中。从图 13 – 2 中可以看出，共划分出连续液相、过渡区、气液交替和气相连续四个区域。同样在图 13 – 2 中，作为头部区域的交叉阴影区域被认为是以不稳定方式从一种流型转为另一种流型。

若储气库注采井设计不当，将导致过量水侵，在水淹前，有时会在后期进入头部阴影区域。头部区域的压降计算与交替流型的计算相同。

根据两相界面的性质，可以进一步细分液相连续流型。例如，液相连续、气相分散的情况通常被描述为气泡流或泡沫流。同样地，交替相称为塞流或段塞流。在倾斜或水平管道中，有一种两相连续的流型，称为分层流。

Tom Gould 的研究表明，在垂直管流中气液两相交替流型占据了速度数象限的一小部分区域，称为环流。在 45°倾斜管道或近水平的管道中，该区域变得更大。气相连续区还包括环流、同环流、波文流和雾化流等区域。

N_G、N_L的无因次数为：

$$N_G = v_{sg}\left(\frac{\rho_l}{gg_c\sigma}\right)^{1/4} \tag{13.8}$$

$$N_L = v_{sl}\left(\frac{\rho_l}{gg_c\sigma}\right)^{1/4} \tag{13.9}$$

在式 13. 8 和式 13. 9 中：

N_G——气相速度数，无因次；

N_L——液相速度数，无因次；

v_{sg}——气相表观速度，ft/s；

v_{sl}——液相表观速度，ft/s（两种表观速度均由原始流量除以管道的总横截面积计算）；

ρ_l——液相密度，lbm/ft^3；

ρ_g——气相密度，lbm/ft^3；

σ——表面张力，lbf/ft。

图 13－3、图 13－4 和图 13－5 是由 T. L. Gould[2] 绘制的垂直、45°倾斜和水平管道的流型图。图 13－6 为 Hoogendorn[11] 发表的流型图，可以看出与前者图形相似。

Gould，Tek 和 Katz 的研究表明，图 13－2 用于预测在多相管流中的流型和压降，且具有很好的可靠性。对于涉及两相以上的问题，作者的经验是通过将体系合并为“重相”和“轻相”两相，然后采用上述的两相流方法。

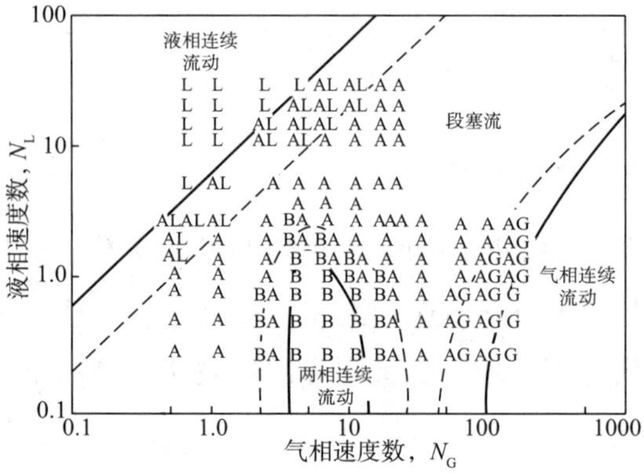

图 13－3　垂直管流的流型图

（Gulf 出版社提供）

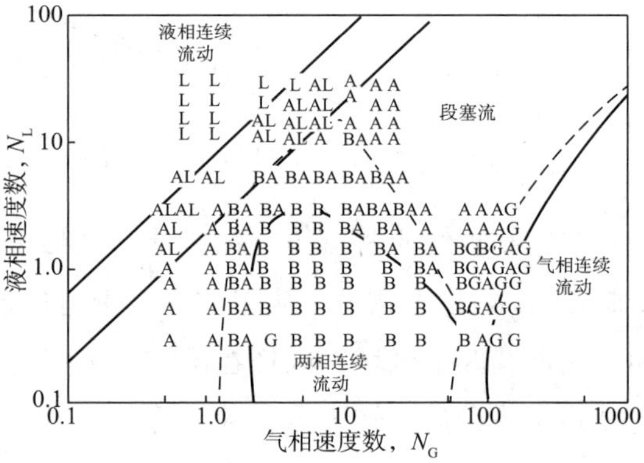

图 13－4　45°倾斜管流的流型图

（Gulf 出版社提供）

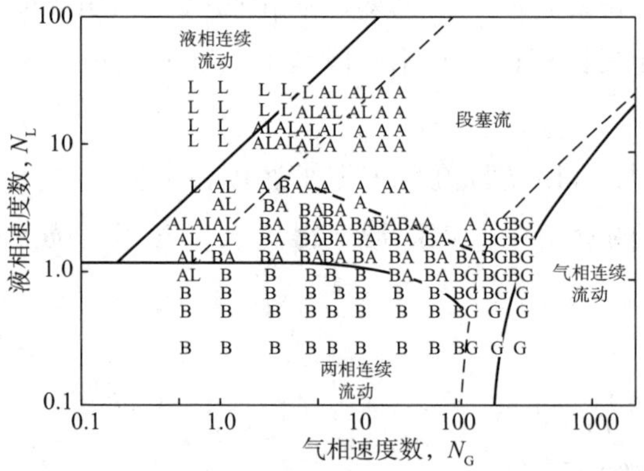

图 13－5　水平管流的流型图

（Gulf 出版社提供）

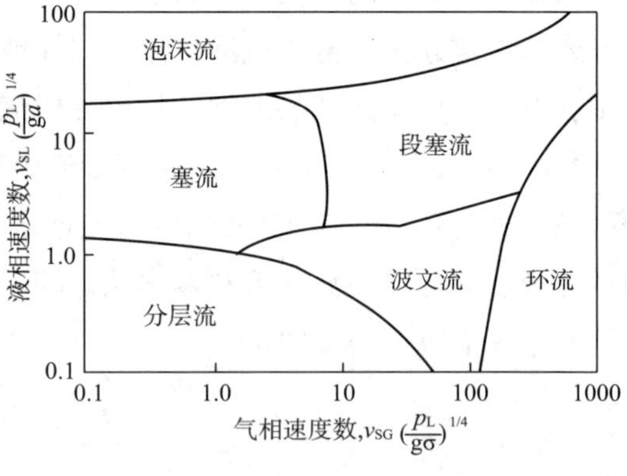

图 13－6　Hoogendorn 水平管流的流型图

（Gulf 出版社提供）

加速度梯度的计算

加速度梯度项 $W_T q_g / g_c A^2 p$ 通常比 1 小得多，因此可以忽略不计。但当在接近阻塞流（声速流）的条件时，它对压降的影响变得很重要。

加速度梯度占总压力梯度的比例公式为：

$$\left(\frac{dp}{dL}\right)_A = \frac{W_T q_g}{g_c A^2 \bar{p}} \left(\frac{dp}{dL}\right)_T \qquad 13.10$$

式 13.10 成立的条件为：$q_L \ll q_g$，或 $q_g \approx q_T$（其中，L 表示液体，g 表示气体，T 表示总体系）。

参考文献 1 中，给出了完整的推导过程。虽然式 13.10 更适用于雾化流条件，但它对其他流型的加速度梯度也给出了合理的近似解。

由式 13.3 可知，当 $W_T q_g / g_c A^2 p \to 1$ 时，实际压力梯度无穷大。当这种情况发生在两相流系统中，在管道末端的激波达到声速时，将产生阻塞流。阻塞流（声速流）发生时的压力可由下式计算：

$$p = \frac{W_T q_g}{g_c A^2} \qquad 13.11$$

只要气相流量比液相流量大得多，式 13.11 就能可靠地预测阻塞流（声速流）的压力水平。

图 13－7 为不同液相流量下，阻塞流（声速流）发生时压力随气液比的变化曲线。

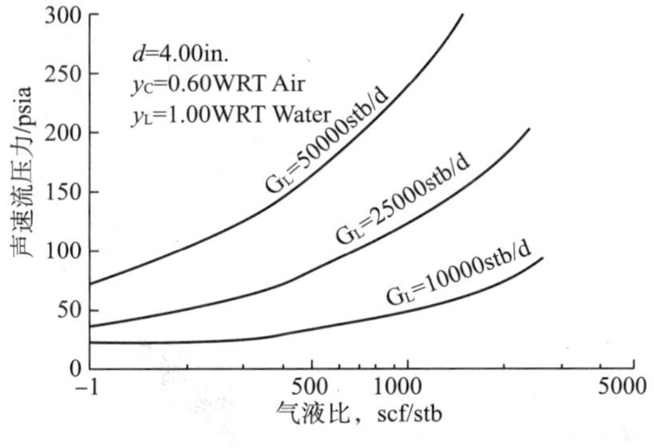

图 13－7　4in 管道中不同流量下的阻塞流边界（Gulf 出版社提供）

压降模型的评价

通过来自多种多相流测量装置的数据以及已发表的室内实验数据进行对比研究，对 Gould 压降模型进行评价。利用五种文献来源数据，将结果与 Orkiszewski 方法、Duns 和 Ros 方法进行对比。

对比结果如表 13－1 所示，基于随机抽取的 148 个点，Gould 模型的预测结果与 Orkiszewski 模型基本一致，而比 Duns 和 Ros 模型好。由于选取的对比数据大多属于段塞流状态，Gould 模型在计算段塞流压降时基本遵循 Orkiszewski 的方法，所以二者结果基本一致。计算得到的压降与实测压降的对比如图 13－8 所示。

表 13－1　预测压降与实测压降的统计对比

数据来源	Gould 方法	Oikiszewski 方法	Duns 和 Ros 方法
Baxendell Thomas（25 个数据点，管径 2.992in 和 2.441in） 平均误差/% 标准偏差/%	 －1.5 7.5	 －2.1 11.1	 ＋2.3 20
Fancher Brown（20 个数据点，管径 1.995ft） 平均误差/% 标准偏差/%	 －4.4 12.9	＋0.3 11.8	＋1.7 32.1
Hagedorn Brown（32 个数据点，管径 1.38ft） 平均误差/% 标准偏差/%	 －3.9 12.7	 ＋0.1 8.2	 －16.9 36.6
Orkiszewskiis（22 口井，管径 2.992ft） 平均误差/% 标准偏差/%	 ＋1.3 10.7	 －1.2 10.4	 ＋22.7 18.7
Poettmann Carpenters（49 口井，管径 1.995ft 和 2.992ft） 平均误差/% 标准偏差/%	－1.1 10.4	－1.0 12.0	＋5.8 12.4
总体结果（148 个数据点） 平均误差/% 标准偏差/%	 －0.096 11.3	 －0.8 10.8	 ＋2.4 27.0

M. R. Tek.《天然气地下储气库》(Gulf 出版社提供)。

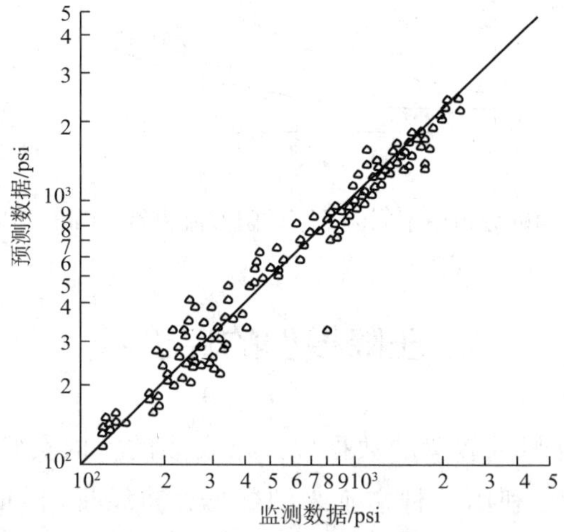

图 13－8　压降模型预测数据与现场数据对比图（Gulf 出版社提供）

表 13－2 为用于评价 Gould 模型的现场数据中变量的取值。

表 13－2 压降模型现场数据取值范围

变量	变量范围
直径（d）/in	1.380～2.992
黏度（μ）/cP	0.7～2.000
气液比（R）/SCF	200～100.000
压力/psia	30～4.00
流动长度（L）/ft	1000～10.000
流型	段塞流泡沫流
倾斜角（与垂向的夹角）/（°）	0

Gulf 出版社提供。

表 13－3 为大直径管道压降预测的平均误差。

表 13－3 大直径管道压降预测的平均误差

管径/in	数据点数量	平均误差/%
10.05	3	－9.8
6.398	4	+11.0
6.0	2	+1.5

Gulf 出版社提供。

参考文献

1. Tek, M. R., "Underground Storage of Natural Gas", Gulf Publishing, 1987.
2. Gould, T. L., "Vertical Two-Phase Flow in Oil and Gas Wells", PhD Dissertation, University of Michigan, 1972.
3. Orkiszewski, J., Predicting Two-Phase Pressure Drop in Vertical Pipe.
4. Duns, H. Jr and N. C. J. Ros, "Vertical Flow of Gas and Liquid Mixtures from Boreholes", Proc. Sixth World Pet. Cong., Frankfurt II, Paper 22P. D. 6, 1963
5. Griffith, P. and G. B. Wallis, "Two-Phase Slug Flow", J of Heat Transfer; Trans. ASME, 307－320, August 1961.
6. Gould, T. L, M. R. Tek and D. L. Katz, "Two-Phase Flow in Vertical Inclined or Curved Pipe", J. of Pet. Tech., 1974.
7. Beggs, H. D. and J. P. Brill, "A Study of Two-Phase Flow in Inclined Pipes", J. Pet. Tech., 607－617, Trans. AIME, 255, 1973.
8. Wallis, G. B, "One Dimensional Two-Phase Flow", McGraw Hill, 1969.
9. Dukler, E. A., "Research Results, Gas-Liquid Flow in Pipelines", AGA and API Project NX 28, May 1973.
10. Harmaty, T. B., "Velocity of Large Drops and Bubbles in Media of Infinite or Restricted Extent", AIChE J., 1960.
11. Hoogendorn, C. J., "Gas Liquid Flow in Horizontal Pipes", Chem. Eng. Science, 9, 205 1959.

第 14 章　储气库井筒温度场分布

在 20 世纪 70 年代后期，一些储气库的运行中涉及使用井底节流装置和设计流动管柱，以便与周围环境进行更有效的热交换。在这些应用中，储气库井的气体将进入油套环空或套管[1,2]。这样做是通过优先利用地热能，在地表进行压力调节和地表脱水。

在受水驱作用的储气库中，到达地表的气体温度为流速的函数，而流速受井筒间传热作用的影响[1~5]。井筒内气体的温度是研究的热点，因为它与压降、物理性质、相态、热应力、腐蚀、机械密封等一系列现象有关。这又影响联轴器、封隔器、水泥环等组件的性能。

本章的目的是阐述井筒热力学、能量平衡、传热计算、焦耳汤姆逊冷却效应和非稳态效应等及井筒温度计算的方法。

井筒热力学

井筒内发生的热力学过程与温度、压力和产能有关。这些热力学过程在盐穴储气库、含水层或枯竭储气库中都是非常重要。

总能量平衡

图 14－1 是注采井热力学边界及参考轴线示意图。

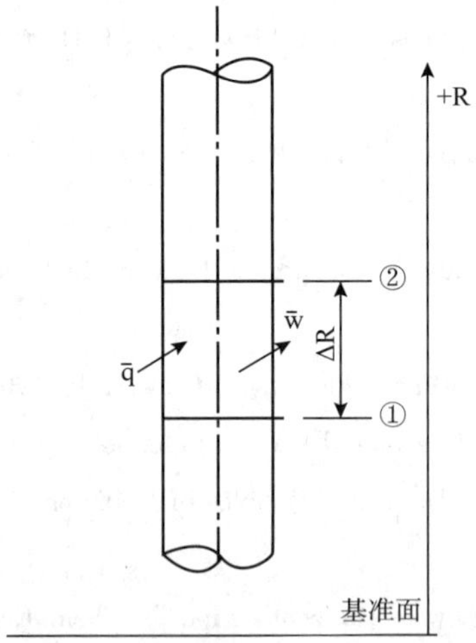

图 14－1　能量平衡的热力学模型

在储气库井中气体垂直向上流动。对上游点 1 和下游点 2 之间的稳态流动系统进行热力学分析。引用热力学第一定律：

$$U_1 + \frac{1}{J}p_1V_1 + \frac{m}{J}\frac{v_1^2}{2g_c} + \frac{1}{J}m\frac{g}{g_c}h_1 + q - \frac{w}{J} = U_2 + \frac{1}{J}p_2V_2 + \frac{m}{J}\frac{v_2^2}{2g_c} + \frac{1}{J}m\frac{g}{g_c}h_2 \quad 14.1$$

式 14.1 规定，通过截面 l 进入系统的总能量，加上在热力学边界吸收的热量，减去对外做功消耗的能量，等于通过截面 2 流出的总能量。

流体的总能量由内能、流动功、动能和势能组成，分别由式 14.1 左边的四项表示。

U_1——单位时间内通过截面 1 流入的总内能，BTU/h。

p_1——点 1 的压力，lbf/ft^2（绝对值）。

V_1——流入点 1 的液体总体积，ft^3/h。

J——热的机械当量，778ft × lbf/BTU。

m——质量流量，lbm/h。

g——重力加速度，32.17ft/s^2。

g_c——换算系数，32.17lbm × ft/lbf × s^2。

h——任意基准面上的高度，ft（$+h$ 表示向上为正）。

q——在点 1 和点 2 之间向系统传递的热量，BTU/h。

w——以轴功的形式从系统中损失的能量，ft × lbf/h。

能量项 U_2和 U_1之差隐含了不可逆的能量损失。使用 Δ 约定，当从点 1 流入点 2 时：

$$\Delta U = U_2 - U_1 \quad 14.2$$

式 14.1 用差分形式显式表示为：

$$\Delta U + \Delta(pV) + \Delta\left(\frac{mv^2}{2Jg_c}\right) + \Delta\left(\frac{mgh}{Jg_c}\right) = q - w \quad 14.3$$

根据热力学：

$U + pV = H$，根据稳态质量流量，无轴向做功情况下的方程（$w = 0$）为：

$$\Delta H + \frac{1}{J}\Delta\left(\frac{v^2}{2g_c}\right) + \frac{1}{J}\Delta\frac{g}{g_c}h = \bar{q} \quad 14.4$$

式 14.4 可用符号表示为：

$$\Delta H + \Delta(KE) + \Delta(PE) = \bar{q} \quad 14.5$$

上式表明，沿井筒向上流动的储气库气体，焓、动能和势能的变化之和与单位质量流量穿过热力学边界的热量相等。

式 14.5 的重要意义在于：在井底 $h = 0$ 处，气体的温度和压力为已知条件下，如果通过生产管柱的流动压力可以预测，那么井筒温度可以通过迭代进行预测计算。其中，压力的预测涉及到下面介绍的机械能平衡。

机械能平衡

式 14.5 被称为“焓平衡”，因为它与焓变有关。它提供了当压力已知时，计算温度的方法。在压力为主要未知变量的问题中，机械能平衡即为流动方程，可用来计算压力（或当压力已知时计算流量）。

机械能平衡可以从热力学第一定律中推导出来，根据热力学第一定律，将涉及的所有能量显式地表示出来。从 $\Delta E = q - w$ 开始，即所研究的系统中总能量的变化等于传递给系统的热量减去系统对外所做的功。这里的“系统”是指被用于分析的系统。

点 1 和点 2 之间的能量平衡关系表示为：

$$\Delta（内能）+\Delta（流动功）+\Delta（动能）+\Delta（势能）=q-w$$

此时，内能的变化 ΔU 是热效应 $\int_1^2 T\mathrm{d}s$、压缩/膨胀效应 $\int_1^2 p(-\mathrm{d}V)$、表面效应 $\int_1^2 \gamma \mathrm{d}\sigma$ 及许多化学效应的总和：

$$\int_1^2 \mu_A \mathrm{d}m_A + \int_1^2 \mu_B \mathrm{d}m_B + \cdots \tag{14.6}$$

由于 $\Delta(pV) = \int_1^2 p(\mathrm{d}V) + \int_1^2 V(\mathrm{d}p)$ 为全微分，将其代入式 14.3：

$$\begin{aligned} &\int_1^2 T\mathrm{d}s - \int_1^2 V\mathrm{d}p + \int_1^2 \gamma \mathrm{d}\sigma + \int_1^2 \mu_A \mathrm{d}m_A + \int_1^2 \mu_B \mathrm{d}m_B \\ &+ \cdots + \int_1^2 V\mathrm{d}p + \int_1^2 p\mathrm{d}V + \Delta(KE) + \Delta(PE) = q - w \end{aligned} \tag{14.7}$$

在式 14.7 中，T 为绝对温度，s 为熵，V 为体积，p 为压强，γ 为表面张力，σ 为表面积，μ_A 为 A 的化学势（类似地，有 B，C 等的化学势）。

其中，与内能变化有关的每一项都是由一个强度性质（如温度）乘以广度性质（如熵）组成。强度性质不依赖于质量的大小，而广度性质取决于质量的大小。

由于热效应、传递到系统中的热量和以不可逆的损失功消耗的能量造成的系统内能变化如下：

$$\int_1^2 T\mathrm{d}s = q + l\bar{w} \tag{14.8}$$

代入式 14.8，并假设不存在化学和表面效应，得：

$$\int_1^2 \frac{\mathrm{d}p}{\rho} + \Delta\left(\frac{v^2}{2g_c}\right) + \Delta\left(\frac{g}{g_c}h\right) = -\bar{w} - l\bar{w} \tag{14.9}$$

式 14.9 为机械能平衡方程。当流体不可压缩时，与路径相关的第一积分项化简为 $\Delta p/\rho$，即为与路径无关的点函数。

储气库中典型的温度和压力梯度

图 14－2 为储气库井中典型的静态、动态温度和压力梯度与地表温度和压力梯度的对比。图中右边的曲线为井眼内部和周围的各种压力梯度。

曲线 A 表示井筒周围地下水的线性静压分布。

曲线 B 为静止气体在管柱中的静压分布。

曲线 C 为井底压力下降 DD 时的流动压力分布。

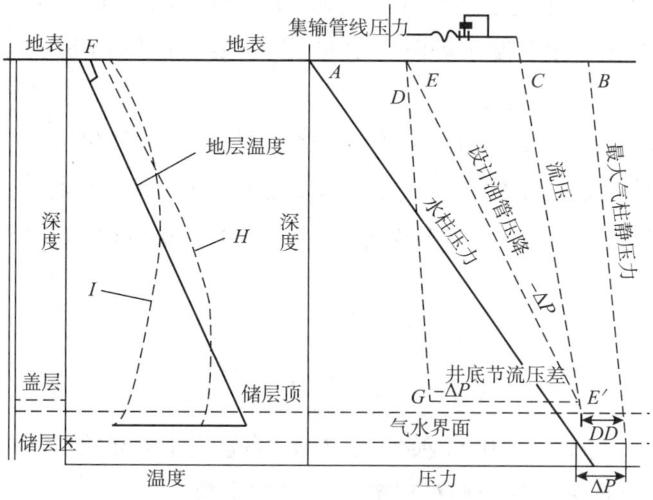

图 14－2 储气库井的温度和压力梯度（Gulf 出版社提供）

曲线 D 和曲线 E 为相同井底流动条件下的流动压力分布。曲线 D 所对应的流量与曲线 E 所对应的流量相同。在曲线 E 中，由于管柱的尺寸较小，从井底到井口的总压降较高。

而曲线 D 表示在相同的流量下，由于套管或油套环空直径大，垂直压降很小。其中发生于井底条件下的节流压降，为 $-\Delta p$。使用井底节流器会导致图 14－2 左侧所示的不同温度分布。

曲线 H 表示当 E 无井底节流时的温度分布。

曲线 I 表示当 D 存在井底节流时的温度分布。

F 线表示地层静态温度分布直线。

储气库中温度梯度计算方法

在密歇根大学 Tek[1] 等开发并发表了两种用于计算储气库井温度分布的方法。两种方法都是基于稳态假设近似方法。一种方法从已知的井底温度和井底压力开始，直接计算压力和温度分布。另一种方法是利用 Mollier 图和焦耳－汤姆逊系数，对天然气进行图解分析的混合计算。

井筒温度的逐步计算方法

参考文献 1 和 2 中详细描述了基于热力学能量平衡的井筒温度计算过程，该过程假设井筒内气体与周围地层之间为稳态传热。已知井底的温度和压力，从井底开始计算，对于预定的垂直高度增量，首先用式 14.4 计算焓变。使用传热速率方程[3] 计算单位质量流动气体的传热速率 q。计算出 Δh 和 Δp 后，焓值和压力值分别更新为 $H_2 = H_1 + \Delta H$，$p_2 = p_1 + \Delta p$。确定了点 2 处气体的压力和焓值后，根据储气库气体相对密度使用 Mollier 图估算

出气体的温度 T_2。然后，重复上述计算，直到 $\sum h$ 值为井深为止。当高度增量 Δh 较小时，由于绝对温度值的变化很小，基于等温流动的压降计算也能得到近似压力。

压力的计算

已知井底 $T=T_1$ 和 $p=p_1$ 的情况下，给定储气库气体相对密度 G 和高度增量 Δh。从井底开始计算，压力值 p_2 由已知的天然气摩擦等温流动方程计算得到：

$$p_2 = e^{-s/2}\left[p_1^2 - \frac{fQ^2T_a^2z_a^2(e^s-1)\,10^6\times 0.000667}{d_i^5}\right]^{1/2} \tag{14.10}$$

式中

$$s = 0.0375G\frac{\Delta h}{T_a z_a} \tag{14.11}$$

关于式 14.10 和式 14.11 中各项的意义和单位，请参阅第 12 章。其中，f 为穆迪（Moody）摩擦系数，是雷诺数和相对粗糙度 ε/d_i 的函数。

雷诺数计算公式如下：

$$Re = \frac{Q\times 10^6\times 0.0764\times G\times d_i}{12\times 86400\times\dfrac{\pi\times d_i^2}{4\times 144}\times\mu\times 0.000672} = 2.014\times 10^4\frac{QG}{d_i\mu} \tag{14.12}$$

式中 Q——产量，MMCF/d；

G——气体相对密度；

d_i——管柱的当量直径或内径，in；

μ——储气库气体的黏度，cP。

温度的计算

式 14.5 中为了计算 ΔH，需要计算 Δ（KE）项、Δ（PE）项和 q 项。

动能项 Δ（KE）通常可以忽略不计。在低压力、高流速条件下，其变化较为明显。计算公式如下：

$$\Delta(KE) = \frac{1}{J}\Delta\left(\frac{v^2}{2g_c}\right) = \frac{1}{J}(v_2^2 - v_1^2)\frac{1}{2g_c} \tag{14.13}$$

式中

$$v_{1,2} = Q\times 10^6\frac{p_{std}}{p_{1或2}}z\frac{T}{T_{std}}\frac{1}{\left(86400\dfrac{\pi d_i^2}{4}\times\dfrac{1}{144}\right)} \tag{14.14}$$

传热速率（q）计算

当储气库气体从井底进入井筒时，由于在射孔处存在焦耳－汤姆逊冷却效应，气体温度下降到低于相应的地温水平。当在生产管柱中向上运移时，管柱中的气体温度低于远井地带储层的温度。

井筒周围地层向气体的传热速率可以通过以下方法计算：

$$q = \frac{T_0 - T_i}{\left(\dfrac{1}{UA}\right)} \tag{14.15}$$

式中　T_0——井筒外地层的温度，°F；

T_i——井筒内气体的温度，°F；

U——从井筒内部气体到外部储层的总传热系数，BTU/h × ft^2 × °F；

A——热流的截面积，ft^2。

式 14.15 中的基本假设是稳态传热。使用稳态传热假设的意义在于，虽然井筒周围的传热过程基本上是非稳态的，但仍然可以用稳态传热方程得到合理可靠的工程解。

项（1/UA）表示沿径向的总传热阻力，包括通过地层的热传导、套管外水泥环的热传导、套管的热传导、套管内边界的热对流、油套环空的热传导，最后是油管内天然气的热传导。如式 14.16 所述：

$$\left(\frac{1}{UA}\right)_i = \frac{1}{h_iA_i} + \frac{\Delta r_t}{K_tA_{mt}} + \frac{1}{h_oA_{ot}} + \frac{\ln\dfrac{d_c}{d_t}}{2\pi\Delta hK_f} + \frac{1}{h_{ic}A_{ic}} + \frac{\Delta r_c}{K_cA_{mc}} + \frac{\ln\dfrac{d_{c2}}{d_{c1}}}{2\pi\Delta hK_{ce}} + \frac{\ln\dfrac{d_{f2}}{d_{c2}}}{2\pi\Delta hK_{fo}} \quad 14.16$$

式中　h_i——油管内对流传热膜系数，BTU/h × ft^2 × °F；

A_i——油管内部面积，ft^2；

Δr_t——油管壁厚，ft；

K_t——油管导热系数，BTU/h × ft^2 ×（°/ft）

h_o——油管外对流传热膜系数，BTU/h × ft^2 × °F；

A_{ot}——油管外部面积，ft^2；

d_c——套管内径，ft；

d_t——油管外径，ft；

Δh——垂直深度增量，ft；

K_f——油套环空流体导热系数，BTU/h × ft^2 ×（°/ft）；

h_{ic}——套管内部对流传热膜系数，BTU/h × ft^2 × °F；

A_{ic}——套管内部面积，ft；

Δr_c——套管壁厚，ft；

K_c——套管导热系数，BTU/h × ft^2 ×（°/ft）；

A_{mc}——套管外部平均面积，ft^2；

d_{c2}——水泥环外径，ft；

d_{c1}——水泥环内径，ft；

K_{ce}——水泥导热系数，BTU/h × ft^2 ×（°/ft）；

d_{f2}——水泥环外有效地层直径，ft；

K_{fo}——地层导热系数，BTU/h × ft^2 ×（°/ft）。

式 14.16 右边最后几项与其他项相比很小[2]。有时，油套环空中的流体热传导对传热速率起着关键的控制作用。油套环空中的流体可能是天然气、含有杀菌剂的盐水或凝析物。

利用强制对流方程（Dittus - Boelter 方程）可以估算出油管内壁与气体的热交换，该方程的适用条件是 $Re > 10000$：

$$\frac{h_i d_i}{K_g} = 0.023\,(Re)^{0.8}\,(Pr)^{0.4} \tag{14.17}$$

式 14.17 中：

气体冷却时用 0.3 代替 0.4；

Re——式 14.12 中的雷诺数；

Pr——普朗特（Prandtl）数，等于 $\mu c_p / K_f$；

μ——流体黏度；

c_p——流体在恒压下的比热容；

K_g——油管内流动气体的导热系数；

对流系数 h_o 和 h_c 可参考文献 3 中给出的自由对流方程估计。

参数组合 $h_i d_i / K$ 为努塞尔（Nusselt）数。

用式 14.15 确定了传热速率 q，则比传热速率 $\bar{q}$（BTU/（h · lbm））由下式计算：

$$\bar{q} = \frac{q}{3600m} \tag{14.18}$$

式中

$$m = \frac{Q \times 10^6 \times 0.0764 \times G}{86400} \tag{14.19}$$

Q——气体产量，MMCF/d；

G——气体相对密度；

m——质量流量，lbm/s。

在使用式 14.4 时，焓 - 压力 - 温度之间的关系可以直接从 Mollier 图中读取[4]，也可以使用基于热力学状态方程的计算机程序计算，如 Soave - Redlich Kwong 等。

井筒温度的图解分析法

当储气库气体向上流动通过生产管柱时，井筒温度在 Mollier 图[2] 中可以用气体向上流动距离为 Δh 英尺时，等压条件下温度下降和相应的焦耳 - 汤姆逊冷却效应校正压降来近似计算。

当假定气体在等压条件下向上流动时，温度下降值由 Tek[1,2] 推导的微分方程计算。微分方程的推导及其解析解见附录 C。压降 Δp 的温度校正由焦耳 - 汤姆逊系数与压降的乘积计算。则气体温度与井底距离 h 的函数关系式为：

$$T(h) = T'(h) + \frac{mc_p}{2\pi akg_t} - \frac{m}{J}\frac{g}{g_c}\frac{1}{2\pi ak} - \left[T'_o - T_o + \frac{mc_p}{2\pi akg_t} - \frac{m}{J}\frac{g}{g_c}\frac{1}{2\pi ak}\right]e^{-2\pi ak/mc_p} - \mu_j(p,T)\Delta p \tag{14.20}$$

式中 $T(h)$——h 处气体温度，°F；

$T'(h)$——h 处地层温度，°F；

m——气体的质量流量，lbm/h；（在方程 4.20 中，m 对应于总传热系数 k，必须用 lbm/h 表示）

c_p——气体在恒压下的比热，BTU/lbm × ℉；

a——流动管柱的内半径，ft；

k——总传热系数，BTU/h × ft^2 × ℉；

g_t——地层温度分布系数，ft/℉；

J——热的机械当量，778ft × lbf/BTU；

g——重力加速度，32.17ft/s^2；

g_c——换算系数，32.17lbm × ft/lbf × s^2；

h——基准面以上高度，ft；

μ_j——焦耳－汤姆逊系数，℉/psi；

Δp——对应 Δh 高度的压降，psi。

式 14.20 表示，当储气库气体从点 1 上升到点 2 时，它在点 2 的温度可以由气体在恒压条件下的温度值，减去焦耳－汤姆逊冷却校正值（由焦耳－汤姆逊系数与从点 1 到点 2 实际压降的乘积）来近似计算。焦耳－汤姆逊冷却过程和焦耳－汤姆逊系数的计算将在下一节介绍。Tek 及其同事[2]的研究表明，式 14.20 能够很好地预测井口温度，与现场实测值相比误差在 7% ~8% 以内。

图 14－3 为在 Mollier 图中，顺次用等压（恒压）、等焓（焦耳－汤姆逊）和等步长逐步计算气体温度与用计算机计算气体温度的比较。

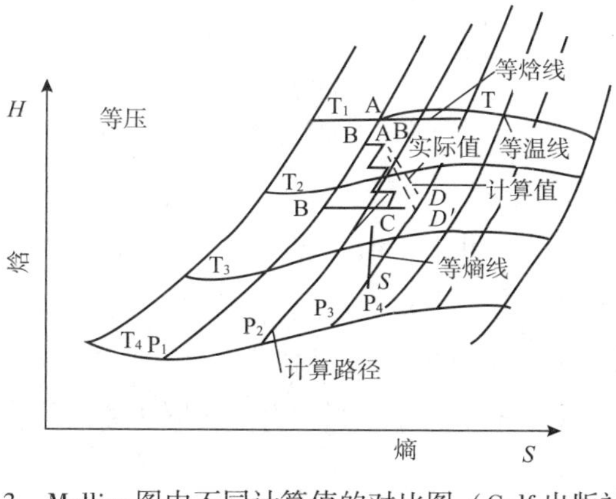

图 14－3 Mollier 图中不同计算值的对比图（Gulf 出版社提供）

焦耳－汤姆逊冷却系数的计算

焦耳－汤姆逊（$J-T$）系数 μ_j 定义为当焓不变时，节流过程中气体温度随压力的变化率。它对储气库气体流动温度的预测具有重要意义。它描述了实际气体在节流过程中的表现。当其值为正时，表示冷却；当其值为负时，表示升温。天然气焦耳－汤姆逊系数的预测方法在参考文献 1 的附录中有详细介绍。

焦耳－汤姆逊系数的热力学定义为：

$$\mu_j = \frac{T\left(\frac{\partial V}{\partial T}\right)p - V}{c_p} \quad 14.21$$

用热力学坐标表示焦耳－汤姆逊系数可由式14.21推导：

考虑1lbm的储气库气体，其重均分子量为Mlbm/lb×mol。令：p表示压力；T表示温度；V表示体积。

$$pV = z\frac{1}{M}RT$$

$$V = \frac{zRT}{pM}$$

$$\left(\frac{\partial V}{\partial T}\right)_p = \frac{zR}{pM} + \frac{RT}{pM}\left(\frac{\partial z}{\partial T}\right)_p$$

$$T_r = \frac{T}{T_c}$$

式中　T_c表示气体的拟临界温度。

$$\left(\frac{\partial z}{\partial T}\right)_p = \frac{1}{T_c}\left(\frac{\partial z}{\partial T_r}\right)_{p_r}$$

代入式14.2，有：

$$\mu_j = \frac{T\frac{zR}{pM} + \frac{RT^2}{pM}\frac{1}{T_c}\left(\frac{\partial z}{\partial T_r}\right)_{p_r} - \frac{zRT}{pM}}{c_p} = \frac{\frac{RT^2}{T_c pM}\left(\frac{\partial z}{\partial T_r}\right)_{p_r}}{c_p} = \frac{RT^2}{c_p pMT_c}\left(\frac{\partial z}{\partial T_r}\right)_{p_r}$$

其中，$\frac{p}{p_c} = p_r$

$$\mu_j = \frac{1.98T^2}{c_p pMT_c}\left(\frac{\partial z}{\partial T_r}\right)_{p_r} \quad 14.22$$

式中　T——气体的温度，°R；

M——重均分子量，lbm/lb·mol；

T_c——气体的拟临界温度，°R；

c_p——恒压比热，BTU/lbm×°R；

μ_j——焦耳－汤姆逊系数，°R/psi或°R/psf（取决于p的单位）；

z，T_r，p_r——无因次。

参考练习：验证方程14.22的量纲和单位。

流动温度梯度预测程序的评价

结合储气库现场作业数据，对本章两种计算储气库井流动温度的方法进行了对比评价。图14－4为计算温度与实测温度的对比图。表14－1列出了对比结果及计算参数。

关于稳态和非稳态方法的更详细比较，请参考文献1和6。

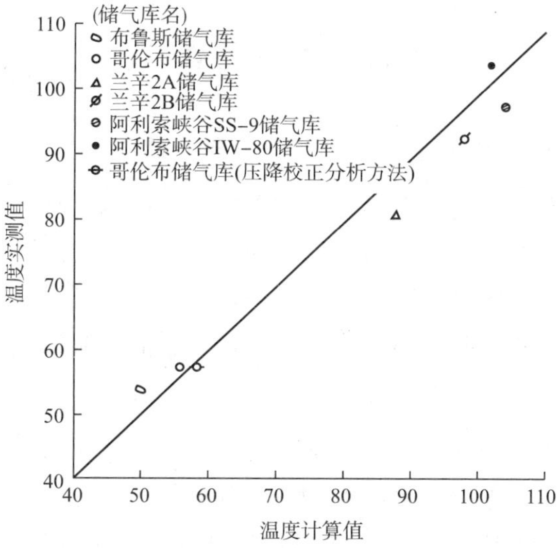

图 14－4 温度计算值与实测值的对比图（Gulf 出版社提供）

表 14－1 温度对比结果及计算参数表

变量	兰辛 A	兰辛 B	布鲁斯*	哥伦布	阿利索峡谷*	阿利索峡谷*
井名	2 A－l/w 16	1 B－w2	Jones 1－30	W. Columbus #3	IW－80	SS－9
测试日期	8－24－77	8－24－77	5－23－78	1－9－79	1－17－75	1－17－75
井深/ft	6842	6818	3606	3050	7600	8450
套管尺寸/in.	$5^{1/2}$	$3^{1/2}$	412	7（6.276 I. D.）	$8^{5/8}$	7.0
油管尺寸/in.					$2^{7/8}$	$2^{7/8}$
流动空间	套管	套管	油管	套管	油套环空	油套环空
温度						
地层温度/°F	220	218	82.50	71	190	205
流动温度/°F	219	138	62.50	69.4	106	167
储层流动						
压力/psia	1635.7	1571.7	930.70	561.4	804	1495
流量/（MMCF/d）	3.536	7.452	3.817	50.0	32.0	13.12
井口温度						
测量值/°F	81	98	54	57	104	93
计算值/°F	87	95	50	57.47**	102	98
地温值/°F	72	72	50	（48－51）	70	70

＊数据取自 SPE 7495。

＊＊近似解析法的计算值。

来源：Tek[4,6]（Gulf 出版社提供）。

非稳态流动的影响

在地下储气库作业中，注入的气体通过与多孔介质的接触来交换热量。在注采过程中，多孔介质中的气体温度为地层温度，流动过程是等温的。这是由于质量庞大的地球是一个巨大的热源，而气体和多孔岩石之间的比面积非常大。

当气体通过射孔孔眼进入井筒时，在等焓条件下，气体的温度发生下降。焦耳－汤姆逊冷却效应一般发生在井底，特别是井底使用节流装置时，气体温度下降值可能达到20℉左右。

在采气过程中，不断以对流的方式从地层吸收热量。这使得井筒周围的区域，其温度低于正常地温。随着采气的继续，受影响的范围逐渐扩大。当气体向上流动时，继续从周围中吸收热量，从而提高温度。在某一点，上升气体的温度与井筒周围的地层温度相等，而且之后高于地温。此时，气体向周围环境散发热量，使周围环境温度逐渐升高。这一过程使井筒周围的地层温度分布变扭曲，即顶部温度较高，底部温度较低。在注气过程中，发生相反的现象。

在地下储气库开采期为100～120天的地区，井底冷却效应的影响半径约为10～15ft。结合地层的热力学参数，利用非稳态热传导方程的线源近似解可以得出，在100天内，温度下降的半径范围会增加12ft。这与之前的结论一致，即在典型的储气库周期内，非稳态热传导方程的解与稳态方程的解相似。

通过计算机模拟表明，天然气到达井口时井筒周围静态地层温度分布的扭曲程度很小。这些研究表明，在地表以下足够深的地方，在半径为10in及以上的区域存在静态地层温度；地表温度随季节在年平均温度上下波动（年平均温度为地表以下几英尺处的温度）。

当气体在管柱内流动时，主要的传热阻力为油套环空内滞留气体的自然对流。当气体在油套环空内流动时，主要的传热阻力为水泥环边界到地层温度为静态地温区域的热传导。随着采气的进行，热传导区域越来越大，但这种非稳态效应的影响很小。

综合实例问题

某地下储气库井，从地表到射孔中部的深度为3000ft。地表附近的地温为58℉，且每100ft温度增加0.44℉。该井产量50MMCF/d，套管直径7in（内径为6.276in）。井底流动压力为1561.4psia，井底流动温度为69.4℉。井筒内气体和地层之间的总传热系数k约为5BTU/(h·ft^2·℉)。计算并绘制该井的稳态温度分布。储气库气体相对密度为0.612。

$$Q = 50\text{MMCF/d}$$

$$T'(h) = T'_{\mathrm{o}} - \frac{h}{g_{\mathrm{t}}}$$

$$h = 3000\text{ft}\ T'(h) = 58^\circ\text{F}$$

$$g_t = \frac{100}{0.44}\text{ft}/^\circ\text{F} = 227.27\text{ft}/^\circ\text{F}$$

$$T'_o = 58 + \frac{3000}{227.27} = 71.20^\circ\text{F}$$

$$m = \frac{50 \times 10^6 \times 0.0764 \times 0.612}{24} = 97410\text{lbm/h}$$

$$a = \frac{6.276}{12} \times 2 = 0.26ft\ ;\ k = 5\text{BTU}/(\text{h} \cdot \text{ft}^2 \cdot {^\circ}\text{F})$$

$$\frac{m}{2\pi ak}\frac{1}{J}\frac{g}{g_c} = \frac{97410 \times 32.17}{2\pi \times 0.26 \times 5 \times 778 \times 32.17} = 15.33^\circ\text{F}$$

计算管道气体的 c_p：

一个大气压时，$c_p = 0.525$（见参考文献《天然气手册》[4]，第131页，图4－49）

压力校正 $p_{bot} = 1561.4\text{psia}$

$$P_r = \frac{1561.4}{672} = 2.32$$

$$T_r = \frac{529.4}{395} = 1.34$$

c_p的压力校正值为（见附录A图A－18）：

$$c_p = 0.525 + \frac{7.5}{17.8} = 0.95$$

$$\frac{mc_p}{2\pi akg_t} = \frac{97410 \times 0.95}{2\pi \times 0.26 \times 5 \times 227.27} = 49.85$$

$$T_o = 69.4$$

此时，温度分布方程变为：

$$T(h) = 71.20 - \frac{h}{227.57} - 15.33 + 49.85 - [71.20 - 69.4 + 49.85 - 15.33]e^{-2\pi \times 0.26 \times 5h/97410 \times 0.95}$$

当 $h = 1000\text{ft}$ 时，

$$T(h) = 71.20 - \frac{1000}{227.57} - 15.33 + 49.85 - [71.20 - 4.4 + 49.85 - 15.33]e^{-0.09}$$

$$= 101.32 - 36.32 \times 0.91$$

$$= 68.13^\circ\text{F}$$

计算距井底1000ft处的压降：

$$Q = 50000\text{MCF/d}$$

$$p_{bot} = 1561.4\text{psia}$$

$$p_s^2 - e^s p_w^2 = +0.000667fQ^2 T_a^2 z_a^2 \frac{e^s - 1}{d_i^5}$$

$$s = 0.0375\frac{GL}{T_a z_a}$$

$$G = 0.612$$

$$p_r = 1561.4/672 = 2.32$$

$$T_r = 529.4/395 = 1.34$$

$$z \approx 0.7$$

$$s = \frac{0.0375 \times 0.612 \times 1000}{529.4 \times 0.7} = 0.06$$

$$e^s = 1.06$$

$$Re = \frac{50 \times 10^6 \times 0.0764 \times 6.276 \times 4 \times 144}{86400 \times 12 \times 0.000672 \times 0.0145 \times \pi \times (6.276)^2} = 6760396.95$$

$$\varepsilon/d = 0.0003$$

$$f = 0.015$$

$$p_{1000\text{ft}} = \left(\frac{(1561.4)^2}{1.06} - \frac{0.000667 \times 0.015 \times (50000)^2 \times (529.4)^2 \times 0.7^2 \times 0.06}{1.06 \times (6.275)^5}\right)^{1/2}$$

$$= (2299971.66 - 19968.79)^{0.5}$$

$$= 1509.97\text{psia}$$

使用式 14.22 根据实际压降修正计算的温度：

$$\mu_j = \frac{1.98T^2}{c_p pMT_c}\left(\frac{\partial z}{\partial T_r}\right)_{p_r} \text{°F/psi}$$

$$p_r = \frac{1561.4}{672} = 2.32$$

$$\begin{matrix} & 1.45 & & 0.776 \\ T_r = & 1.34 & z = & 0.7 \\ & 1.30 & & 0.650 \end{matrix}$$

$$\frac{\Delta z}{\Delta T} = \frac{0.126}{0.150} = 0.84$$

$$\mu_j = \frac{1.98 \times (460 + 68.13)^2 \times 0.84}{0.95 \times 17.8 \times 1561.4 \times 395} = 0.046\text{°F/psi}$$

$$\Delta T = (1561.4 - 1509.97) \times 0.046 = 2.35\text{°F}$$

$$T_{修正} = 68.13 - 2.35 = 65.78\text{°F}$$

当 h 取 2000ft 时，有：

$$T(h) = 71.20 - \frac{2000}{227.57} - 15.33 + 49.85 - 33.36e^{-2\pi akh/mc_p}$$

c_p的新值：

$$c_p = 0.525 + \frac{6.5}{17.8} = 0.89$$

$h=2000\text{ft}$ 时等压：

$$T(h)=96.92-36.32\times 0.83=66.77$$

$$p_{2000}=(2150952.27-18602)^{1/2}=1460.26$$

$$\frac{\Delta z}{\Delta T_r}=\frac{0.5}{0.5}=1.0$$

$$\mu_j=\frac{1.98\times(529.29)^2\times 1}{0.89\times 17.8\times 1460.26\times 395}=0.06\ ^\circ\text{F/psi}$$

$$(T_{2000})_{修正}=69.25-(1509.97-1460.26)0.06=66.31\ ^\circ\text{F}$$

图 14－5 为温度计算值和温度测量值的对比图。

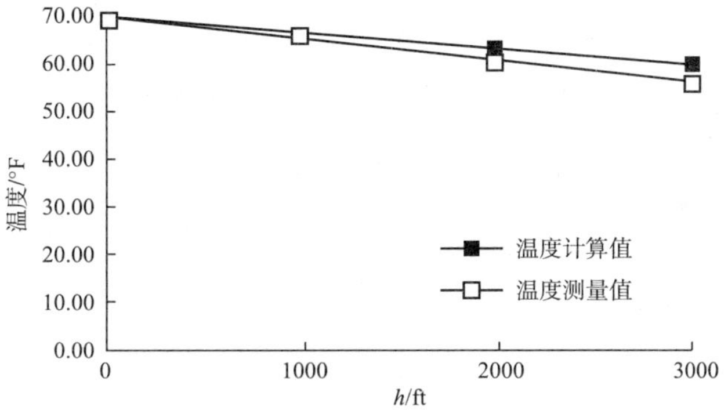

图 14－5 温度计算值与测量值的对比

表 14－2 为本例中计算温度与实测温度的对比统计。

表 14－2 温度计算值与实测值对比统计表

h/ft	T/°F	$T(h)$/°F	p/psia	Δp/psi	μ_j/°F/psi	ΔT_{j-T}/°F	$T_{修正值}$/°F	$T_{测量值}$/°F
0	71.2	69.4	1561.4	0.00	0	0	69.4	69.4
1000	66.8	68.13	1509.97	51.43	0.046	2.35	65.78	66.0
2000	62.4	66.77	1460.26	49.71	0.06	2.98	66.31	62.25
3000	58.0	65.07	1411.81	48.45	0.06	2.91	62.06	57.0

参考文献

1. Tek, M. R., Underground Storage of Natural Gas Gulf Publishing, 1987.

2. Tek, M. R., Katz, D. L., Elenbaas, J. R., Whims, M., and J. L. Roberts, "Temperature and Pressure Gradients in Gas Wells", SPE 7495, Houston, Texas, Oct. 1978.

3. Tek, M. R. and J. O. Wilkes, "Notes and Problems in Fluid Flow and Heat Transfer", University of Michigan, Ann Arbor, Mi., 1974.

4. Katz, D. L., et al., Handbook of Natural Gas Engineering, McGraw Hill, 1959.

5. Farrar, M., Prediction of Temperature Profiles in Wellbore of Storage Wells, MS. Thesis, University of Michi-

gan, Ann Arbor, Michigan, 1979.

6. Tek, M. R. , "Design of Storage Fields – Combining Old Concepts with New Ideas", Proceedings AGA, Natural Gas Transmission Conference, 1980.

7. Ramey, H. , Jr. , "Well Bore Heat Transmission," Trans. AIME, vol. 225, p. 427, 1962.

8. Lesem, L. B. , et al. , "A Method for Calculating the Distribution of Temperature in Flowing Gas Wells", Trans. AIME, vol. 210, p. 169, 1957.

第三篇　盐穴储气库

“在有人类历史记载之前，盐和盐类矿床就已经引起人们的广泛关注。”

莱斯大学校长兼地质学院教授 Carey Croneis 在 Michel T.Halbatty1967年7月的著作《盐丘》第一版序言中写道。

在储气库中含水储气库的储集能力最大。但是盐穴储气库的产能最大。当储气库的库存和产能与能源市场特定需求（比如根据基本负荷进行调峰）进行综合分析时，盐穴储气库的库存和产能都具有重要经济意义。

由于天然气的流动能力几乎不受限制，且联邦能源委员会在第 636 号法令中施行市场化利率；因此，美国和加拿大增大了盐穴储集天然气的需求。目前有 50 多个盐穴储气项目正在运营或建设中*，总储气量超过了 1000 亿立方英尺。

盐穴在储气方面的优势包括：产能高；注气和采气可快速转换；调峰能力强；供气成本低；适合分阶段和渐进式建设；输送安全；可实现紧急供应；调节供求平衡等。

由于盐穴储气技术在能源输送和天然气发电技术方面起着至关重要的作用。因此，本书第三部分详细介绍了盐穴储气库的建设、运营和性能分析等内容。

---

* “天然气盐穴储气库发展历史，特征，优势和实践问题。”1992 年 9 月德克萨斯州休斯顿 T. F. Barron，PB - KBB。

第 15 章　盐穴储气库概况

概　述

美国利用盐穴储集烃类的历史可以追溯到 19 世纪 50 年代初期，而加拿大的盐穴储气史可以追溯到 1866 年[1]。美国进行盐层钻探开发的时间比世界上由 Col. Drake 和 Uncle Billy 钻探的第一口油井早七年[2]。盐层的岩性主要包括白云岩、石灰岩、盐岩、石膏岩和页岩等。

本章将介绍盐矿的来源、地理位置、演化过程，以及作为储气库对世界能源需求的重要意义；然后介绍美国、加拿大和欧洲过去 20 年来盐穴储气库的发展历史和概述；最后讨论盐穴在储气方面的优势和典型特征。

盐矿、含盐盆地与盐丘

盐矿的形成、分布、埋深和性质一直是人类研究的焦点。Michael Halbouty 指出，蒸发岩沉积物广泛分布在全球各地，并且从前寒武纪到第四纪的每个地质年代沉积物中都能发现[1]。

含盐盆地有两种不同类型：层状和穹顶状（盐丘）。盐丘地质学可能是当今研究最多的地质学科，特别是对于海湾地区盐丘地质的研究。对盐丘的研究可以追溯到 20 世纪初，在石化燃料时代 Patillo Higgins 和 Anthony F. Lucas 在 Spindletop 油田打出了自喷井。据报道，墨西哥湾沿岸大约 80% 的油气田都受到盐丘运移的影响。然而，盐丘地质学这个很重要的领域却很少有人关注，关于盐丘起源的很多方面也是未知。

图 15－1　西半球主要盐矿分布图

盐矿的地理分布

图 15－1 为西半球的主要盐矿分布图。图15－2为美国已探明盐矿分布图。

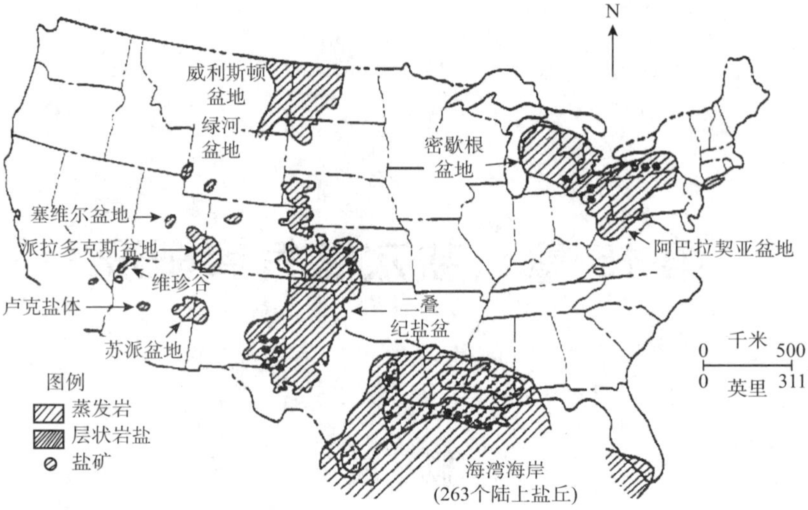

图 15－2　美国已探明盐矿分布图

由于勘测资料有限，与北美相比南美洲的盐矿很少。蒸发岩是由盐水蒸发形成的沉积岩，北美蒸发岩盆地主要位于加拿大东部的沿海诸省、加拿大北极圈的斯维德鲁普（Sverdrup）盆地、美国东北部的阿巴拉契亚（Appalachian）盆地、密歇根州和安大略省的密歇根盆地、西部的威利斯顿（Williston）盆地、加拿大西部的阿尔伯达（Alberta）盆地、西北地区的麦肯兹（Mackenzie）盆地、美国西南部的二叠纪派拉克多斯（Paradox）和苏派（Supai）盆地。其他的蒸发岩盆地主要位于西北欧地区、地中海、红海、波斯湾、西非、中亚和澳大利亚中部地区。

在美国南部墨西哥湾沿岸地区，盐丘主要分布在奥格兰德盆地、东德克萨斯盆地、德克萨斯州－路易斯安那州沿海盆地、路易斯安那州北部盆地、路易斯安那州－密西西比内陆盆地中东部。

盐矿的性质

蒸发岩沉积物由大约 40 种不同的盐类组成。然而，大部分都含量甚微。在盐丘中最常见的盐是氯化钠（$NaCl$）、石膏（$CaSO_4 \cdot 2H_2O$）和硬石膏（$CaSO_4$）。钾盐和镁盐的数量较少。

近年来，人们通过盐丘地质年代学、深部钻探、地球物理学以及地层学和卫星成像等新科学，对世界上主要的含盐盆地已经有了深入了解。

盐矿沉积与盐丘构造形成理论

历史上关于地质时期盐类沉积机理的相关理论有很多。其中，较为著名的是 1849 年 Usiglio 和 1888 年 Ochsenius 提出的理论，Usiglio 阐述了海水中盐岩和其他盐类的沉积性质[2]，而 Ochsenius 提出了经典的“砂坝理论”，在半封闭盐水环境中通过蒸发作用而形成了盐矿[3]。盐水结晶过程是许多复杂的物理化学反应共同作用的结果，这些过程受热力学和环境因素的影响，如温度、溶解度、浓度、盆地特征、水深、地质地貌等。虽然大多数观察结果都与 Usiglio 早期的实验理论相一致，但也存在一些不同之处。这些不同之处表明，不同的地区有着不同的理论。不同地质年代含盐盆地与油气的赋存状况有关，因而备受关注。

根据提出的理论和证据，推测墨西哥湾沿岸是在其沉积后向后重建形成的。许多地质学家一致认为，墨西哥湾地区发育着连续的 Louann 盐丘。该地区的盐丘主要是由于某种构造作用，导致沉积盐在上覆岩层压力作用下发生蠕变向上流动而形成的。

根据最新研究成果，初步得出以下结论[1]：

（1）Louann 盐丘可能存在于整个墨西哥湾盆地。

（2）盐层可能在下侏罗纪至上三叠纪，沉积时间的跨度是从二叠纪至中侏罗纪。

（3）盐丘盆地中的母盐床 Louann 可能要比周围地区的盐床厚得多。

（4）经过近 100 年的猜测和争论，现在普遍认为盐丘是由于局部沉积物之间密度差而产生的压力作用，使盐岩产生向上挤压的塑性变形或“蠕变”流动而形成的。

认识盐丘的历程

关于盐丘的起源、发展和形成的现代理论一直在争议和猜测中不断发展，花费了大约一百年的时间，目前的理论已经被地球科学学科所认可。该理论认为，盐丘受到上覆岩层沉积物重力产生的高压和密度差产生的浮力共同影响，导致盐丘在上覆地层中垂直向上流动而发生塑性变形和蠕变形成。

对盐丘的认识历程分为三个不同的时期：

（1）在 Spindletop 油田发现之前，存在各种不相关、未经证实的观点和推测；

（2）1901～1916 年期间，是大型盐丘相关油田发现的黄金时代，也是盐矿沉积有关理论形成的标志时期。

（3）1916 年至今，对塑性盐岩理论的认识不断加深。

值得注意的是，关于火山、自流卤水、结晶和相态特征的早期理论，最终倾向于将盐丘简单解释成由于塑性变形引起盐岩流动而形成。

盐岩可以在足够高的压力下发生挤压变形，这一想法最初是在欧洲提出的，并且提出了两种不同的机理来解释盐构造的大小和形状。这两种机理包括：

（1）由构造侧向力引起的流动；

（2）由于重力不平衡引起的浮力流。

关于浮力引起盐岩运动的最早文献可以追溯到 1912 年，是由物理化学家 S. V. Arrhenius 提出[4]。直到 20 世纪 30 年代初期，在墨西哥湾沿岸进行了重力测量，才确定了盐岩和周围沉积物之间确实存在密度差异。这一事实促使 Barton[5] 和 Nettleton[6] 的相关概念（“均衡下沉沉积说”和“流体力学”）被人们接受。

盐丘的经济价值

无论是层状盐丘还是穹顶状盐丘，其经济意义都与地表位置和地下资源量有关。在对盐矿面积进行定量评估之前，必须要全盘考虑地表地理学、人口统计学、铁路、海运和陆路运输、邻近市场、管道和生产设施等因素。表 15－1 展示了盐丘的经济价值。

表 15－1　盐丘的经济价值

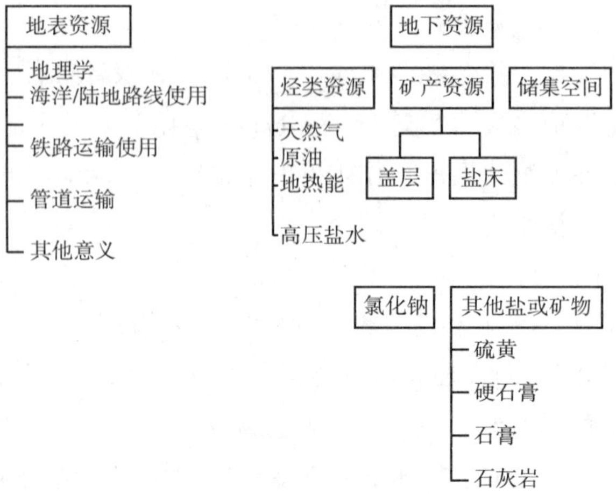

碳氢化合物

盐丘一直含有丰富的碳氢化合物。虽然盐丘是利用现代技术可以勘探到最简单的地下异常之一，但其横向的结构和地层岩石组成非常复杂。因此，与盐丘相关的圈闭非常难以捉摸，即使周围的盐丘都进入递减阶段，也可能存在一些未曾被发现的油气藏。从盐丘向外延伸约 3000ft 都为生油区。这就是为什么盐丘表面面积非常小，却具有非常高的产量，它的产量通常以桶/英亩计算。盐丘中几个侧面圈闭的产量都超过了一百万桶/英亩。

根据目前的能源前景和国际市场原油价格，即使盐丘的枯竭区目前产量比较低，但是依靠二次开采或提高采收率方法，仍具有很大价值。

矿产资源

从表 15－1 可以看出，盖层中含量最多的矿产资源是硫黄。盐丘中有大量的硫及硫化物。由于制作肥料需要硫酸，因此，硫对当今的世界经济来说非常重要。硫还可应用在食品添加剂以及其他工业化学方面。硫的开采主要通过以下三种方法：

（1）直接采矿；

（2）从石化燃料中回收，石化燃料包括原油、天然气和煤炭；

（3）通过化学还原硫化矿石。

从盐丘中开采硫的主要方法是由美籍德国人赫尔曼·弗拉施（Herman Frasch）提出的古典弗拉施法，通过利用过热蒸汽将硫熔化从而将其从盖层运移到地面。

盐类

氯化钠是一种基本原料，对人类和动物来说至关重要，同时也是许多工业的基本原料。盐主要通过以下方法从盐丘中提取：

（1）常规地下挖掘采矿法

（2）溶液采矿法

挖掘式采矿方法提取的盐比例可达 50%～75%。在溶液采矿过程中，通过控制淡水循环将盐溶解。溶液采矿法不仅能提供大量近乎纯净的商业用盐，而且还能产生用于制造氯碱的饱和盐水。盐丘供应盐的潜力几乎是无限的。Hawkins 指出，目前人类盐需求量每年增加 1%，陆上盐丘生产出的盐也能满足人类数十万年的需求[8]。

储集和埋存空间

在 20 世纪 70 年代就使用溶液采矿法产生的盐丘空腔来储集产品、原料、材料和废弃物。在第二次世界大战期间，加拿大首次使用溶洞进行储集。地下储存技术将在后文详细阐述。

出于安全、经济和便利的原因，将液化石油气、燃料油、原油、汽油、天然气、乙烯等以及许多其他液体、气体或原料储存在地下。此外，最近压缩空气储能发电作为盐穴的另一种潜在用途也受到了广泛关注。虽然对于放射性废料的埋存存在着争议，但目前这仍将是一个与盐丘密切相关的问题。

盐丘相关技术

盐丘作为一种资源不仅其盐矿有价值，而且作为一种安全环保经济的储存介质，还能够储存大量的液态和气态商品。一旦卤水从地下开采出来，所形成的空腔就成为储存原料和化学产品最有价值的资产。此外，还可以储存有害物质，包括固体、液体和气体。这种处理方式也可能用来储存危险有毒物质甚至放射性废物。除了储存，一些盐腔还可以通过压缩空气储存技术生产廉价的电能。

由于上述原因，对于与氯碱化学品直接或间接相关的行业以及依赖储存的行业来说，盐丘的吸引力非常巨大。盐丘还可应用于发电以及原油、天然气的战略储备。众所周知，盐丘表层也能生产乙烯等相关石油化工产品。无论是新发现还是已经长期开发的盐丘，其圈闭面积的大小都与原油的产量相关。在开发新区，盐井的产能较高；在枯竭老区，产能较低。

过去 30 年，原油价格上涨了 10 到 20 倍。通过提高采收率技术，盐丘圈闭区域的许多枯竭井，成为了二次采油。原油的生产也必然带来副产品的产生——溶解气。在盐丘特殊的表面环境中，天然气和原油生产以及蒸馏过程中产生的乙烷成为生产乙烯的主要原料。此外，当开发盐丘时，生产氯碱的多余卤水的处理将成为一个问题，一般在二次采油时将这些多余的卤水注入盐丘中。

盐丘开发前景

任何盐丘的地下开发通常涉及三个主要作业，分别是：

(1) 采矿：①从盖层采矿，②从盐块中采矿；

(2) 圈闭区域的油气勘探与开发；

(3) 利用溶液采矿产生的空间进行储集。

下面将对每个领域的技术现状进行综合描述：

(1) 采矿

盐丘盖层中主要的矿产资源是硫。硫是通过弗拉施工艺方法从盖层开采出来的。具体工艺流程包括将蒸汽注入含硫区域，使硫就地熔化，然后将压缩空气注入同心套管多分支井中，将水和熔态硫的混合物气举到地面。在地表，废水流入沉淀池，产生几乎纯结晶的硫黄，然后将这些硫黄铸成块状。

利用盐块制造出的主要商品是氯化钠，而盐块是从盐丘中得到的。传统的矿山采用棋盘格矩阵，挖掘作业，顶部高度可达 90ft。主要作业流程包括钻孔、爆破、装载和运输。硬矿开采的两个主要技术是顶板开采和底板开采。具体的各个作业细节不在本文研究范围内。挖掘采矿法采出的盐，其采收率可以达到 57% 到 75%。

溶解采矿法采盐过程包括：淡水循环，随后将盐水蒸发或利用泵输送到地表进行分级浓缩。这种溶解采矿法不仅能形成一个地下洞穴，可以根据特定的储存需求而形成特定的形状；而且同时还产生一种饱和盐水原料，可应用于盐的商业化生产，或者应用于氯、钠及其衍生物的制造。在后续章节中将详细讨论目前溶解采矿技术的相关内容。

(2) 油气勘探开发

正如盐丘的经济价值一节中所指出，盐丘历来与丰富的石油和天然气有关。如今二次开采和提高采收率技术的出现表明，即使在已经进行了长时间勘探开发的盐丘中，仍可能存在大量的剩余油。由于目前原油的高昂价格及油气的开采能够处理溶解采矿法开采盐块时产生的卤水，再加上免税和奖励措施已能够覆盖枯竭低产井或二次开采作业的成本。因此，在将来从盐丘圈闭区域进行采油的经济效益具有十足的吸引力。

(3) 储集和埋存

对地下储集和埋存空间的需求，一方面与技术经济因素有关，另一方面与环境和安全因素有关。

不论是原料还是最终产品，任何商品的库存容量，都会受到供求关系的影响。设计原则和工程经济学原理表明，任何工艺流程在以恒定流速运行时，都更接近其最佳状态。如果存在一系列条件使一个过程最经济，那么这个过程保持稳定状态的时间越长，就越能接近其最优条件，总体经济效益和收益率就越好。在工程领域，这样的例子比比皆是。例如，如果管道在接近其最大设计速率和高负荷下运营，将更加经济并且能迅速收回成本。如果化工生产企业能在投入产出最优化条件下保持稳定的生产状态，企业就能一直最经济有效地运营。由于市场对商品的需求通常是随时间变化的，因此在需求量低于生产速度时，将产品储存起来是非常有价值的。在需求高峰期，库存就可以补充过多的需求。

只有存在一个可以暂时储存产品的地方时，这种储存物资的方法才可行。同样的道理也适用于那些产品或原料的需求不变，但供给变化的情形。有效而经济地储存商品，需要将供给不变而需求变化或者需求不变而供给变化的情况有机结合起来。在向客户提供天然气的过程中，在市场附近储存以适应天气变化的方式称作市场储存。另一方面，在大部分天然气开采的西南地区，为了防止风暴引起供应中断，进行二次储存便非常必要，这被称作矿场储存。

图 15－3 为适用于地下储存的各种原料，以及进行这种储存的各种环境条件。虽然可以将一些颗粒状固体储存在地下盐穴中，但通常来说固体货物最好储存在地面环境中，如仓库、粮仓、集装箱等。相比之下，出于经济、环境影响、安全以及相对容易回收等原因，液体、气体或超临界流体都应该储存在地下。地下储存空间一般可分为孔隙空间和空隙空间。在地下或水下储存比较常见的液体有：液化石油气、原油、汽油、重油、液化天然气、超临界流体等。它们通常储存在洞穴、盐丘环境、水下容器以及特殊的地下低温容器中。其中，盐丘由于其经济性、便利性和位置优越性等原因，为主要的储存空间。在盐丘中对液体进行地下储存时，需要在盐丘开采或溶蚀形成的空腔中进行储存。

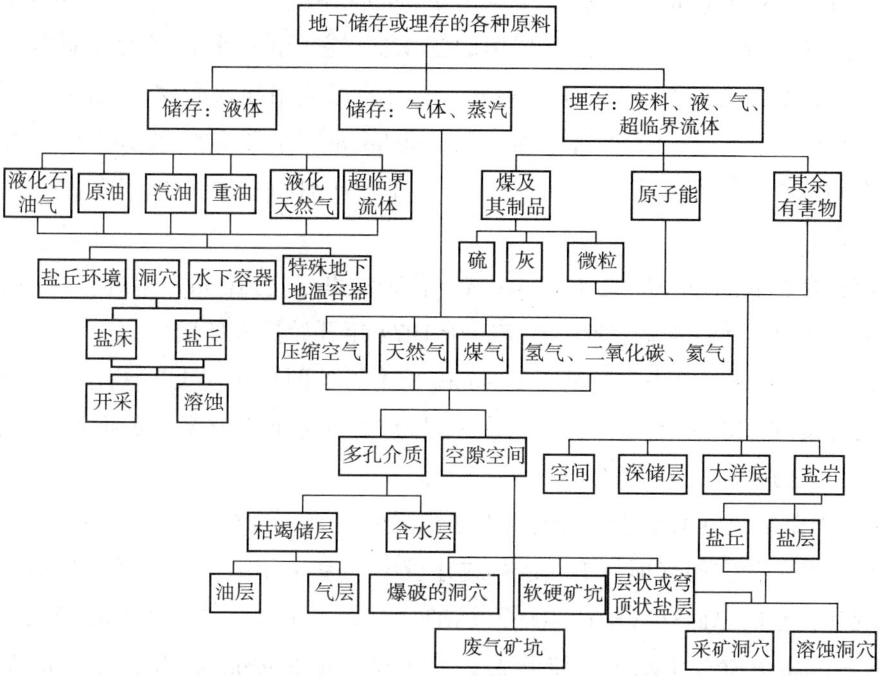

图 15－3　储存和埋存的不同原料和环境条件

一般而言，用于储存的非挥发性材料、气体或蒸汽包括压缩空气、天然气或合成气(煤气)、氢气、二氧化碳、氦气和氯气等。

这些气体适合在多孔介质或空隙空间中储存。其中，天然气大量的储存在多孔介质储层、枯竭油气藏或含水油气藏中。在美国和其他地方，一些天然气储存在枯竭的盐矿和煤矿形成的洞穴中。压缩空气在低峰期发电能力非常突出，目前也已实现了压缩空气在盐穴中的储存，现在正研究将压缩空气储存到水层中。氢气在利用煤产生液体燃料方面很重要，而二氧化碳在二次采油或提高采收率方面也很重要，它们也同样适合储存在多孔介质或空隙空间中。此外，与废弃矿坑、爆炸诱发的溶洞、硬溶洞和软溶洞相比，层状或穹顶状的盐丘在地下储存方面有着明显的经济优势和操作便利的优势。

从图 15－3 可以看出，盐穴在储气方面主要用于天然气和空气的储存，储液方面主要用于液化石油气、原油和馏分油的储存。后续将简要介绍世界各地天然气和原油在盐穴储存的具体情况。

天然气盐穴储气库

第一个储存天然气的地下盐穴可以追溯到 1961 年密歇根天然气公司从莫顿盐业公司（Morton）租来一个位于马里斯维尔（Marysville）东南的废弃盐矿。自 1968 年以来，该盐穴一直都在进行日间调峰作业。自那以后，该公司又增加了 5 个盐穴储气库，总库存量达到了 110 万标准立方米。

1970 年 Transco 在 Eminence 盐丘中水溶造腔得到两个盐穴。每个盐穴的原始体积为 16 万标准立方米。然而，由于深部盐层的蠕变收缩，它们的体积已经大大缩小。

在加拿大，萨斯喀彻温（Saskatchewan）电力公司使用盐穴来储存天然气。第一个盐穴于 1963 年投入使用，位于萨斯喀彻温（Saskatchewan）省梅尔维尔湖附近 1200m 深的地方，储存空间达 5 万标准立方米。到 1975 年，在里贾纳和普吕多姆（Prud'homme）又建造了 4 个盐穴。

据报道，在苏联的阿美尼亚（Ammenia）首府埃里温（Erivan）附近，有一个深350～400m、储存空间 10 万标准立方米的盐穴，于 1974 年开始投入使用[9]。

在法国，自 1970 年以来，特桑（Tersanne）附近的两个盐穴投入使用，用于储存天然气。它们的深度在 1400～1500m 之间，总容积为 23 万标准立方米。据报道，它们的工作气高达 3 千万立方米。

自 1974 年以来，英国霍恩锡附近东雷丁海滩的盐穴一直在进行水溶造腔[9]。

在德国，几个盐穴储气项目正在运行或建设中。1971 年第一个项目在基尔（Kiel）附近启动。现在，它的总储存容量达 400 万标准立方米，工作气 250 万标准立方米。此外，在 1972 年 Huntsdorf 盐丘中水溶造腔形成 2 个盐穴。在 Jemgum 和 Krummhorn 盐丘中，大约有 12 个盐穴在规划建造中。

截至 1992 年美国和加拿大共有 48 个储气库，总容量达 1000 亿立方英尺[12]。到 1992 年 8 月中旬，报道称处于设计或建设阶段的盐穴储气库总工作气达 451 亿立方英尺，总容量为 690 亿立方英尺。

通常在调峰作业时，盐穴储集的天然气可以供应 5～10 天，相比以前有两倍多的时间来恢复库存供应。在发电和一些 LDC 服务中，盐穴储气库能够满足每小时的最高需求。在其他领域，盐穴储气通常当作应急备用，防止供应损失和需求异常波动的发生。

在盐穴储气中，采气速率和注气速率是其进行多季节调峰作业的基础。在 1961 年第一个密歇根东南部盐穴的设计采气速度是 2900 万立方英尺/d，注气速度是 1200 万立方英尺/d，总容量为 34100 万立方英尺。1963 年，第一个 Saskatchewan Power 盐穴的容量为

26200万立方英尺，设计采气速度为2000万立方英尺/d，注气速度为800万立方英尺/d。计划到2000年该项目上线投产，容量为50～100亿立方英尺，最大采气速度大约在5亿立方英尺/d，注气速率大约在2至3亿立方英尺/d。

盐穴储集的里程碑

1915年，在加拿大安大略省韦兰县，首次有记录的对天然气进行地下储存；

1916年，在纽约康科德附近，美国史上首次有记录的对天然气进行地下储存；

1916年，Deutche Erdo AG（DEA）获得利用溶液采矿法形成的盐穴储存原油和蒸馏油的相关专利；

1950年，在西德克萨斯州，第一次将丙烷和丁烷储存在Keystone油田溶液采矿法形成的盐穴中；

1961年，在密歇根州马里斯维尔市，第一次使用盐穴储存天然气；

1963年，加拿大建成第一座盐穴储气库；

1964年，苏联采用盐穴洗盐造腔实现储气；

1970年，在密西西比州埃明斯市，Transco建成第一个盐穴储气库；

1970年，在法国特桑（Tersanne）建成第一个盐穴储气库；

1971年，在德国斯塔德维尔基尔（Stadtwerkekiel）建成第一个盐穴储气库；

1974年，在英国霍恩锡附近的东雷丁海滩建成第一个盐穴储气库。

在盐穴中储集烃类的优点

在盐穴或其他矿洞中储集烃类具有以下优点[13]：

安全优势

（1）泄漏的可能性低；

（2）如果盐穴不是空的，其盐岩在压力作用下渗透性和孔隙度非常低；

（3）盐岩通过塑性变形能够吸收机械振动和冲击；

（4）从地面进入盐穴相对比较困难，从而对人更安全。

环保生态优势

（1）对地表情况的要求低；

（2）相对隔离，不受外界环境影响；

（3）对压缩性和制冷的要求很低；

（4）重复利用自然资源，实现环境保护；

（5）与地震、火灾、风暴等自然灾害相隔离。

经济优势

(1) 建设成本低（比地上储存便宜50至60倍）[1]；

(2) 运行成本低（比地上储存便宜15到200倍）[1]；

(3) 能量要求低（对压缩性、隔离、制冷的要求低）；

(4) 渗漏概率低，渗漏损耗小，无运移损失。

由于上述安全、环境和经济方面的原因，盐矿开采中形成的地下盐穴受到了工程界的广泛关注，在过去的40年中取得了重大的发展。

目前，一半以上的电能都是煤炭发电产生，而核能、水力和天然气发电占比不到一半[14][15]。由于公众对核废料的处置及安全问题普遍不能接受，预计在一段时间内核能在发电中占据的份额将不会增加。由于石油供应不足，政治上不明确，加上最近气候干旱，采煤存在环境问题，其清洁成本昂贵，水力发电量大幅减少，未来的发电很可能是依靠天然气。这种额外所需天然气将需要地下储存的天然气来提供，其位置既需要靠近枢纽的管道上游，也需要靠近发电市场的下游。最近在美国，高需求时期的输气能力成为影响市场价格的一个关键因素，这促使海湾地区穹顶状盐穴储存设施大量投建，在东北部和中西部的一些层状盐穴储存设施也在投建。由于天然气的市场价格预计将要上涨，因此在20世纪90年代初，使用替代垫气进行盐穴储存的技术带来了巨大经济效益而受到广泛关注[16-18]。

典型盐穴储气库的特征

天然气盐穴储气库的一般特征如下：

深度：900到几千英尺；

盐层厚度：几百到几千英尺；

盖层：石膏岩或页岩；

地温梯度：0.4至1.2℉/100ft；

空腔体积：3万至5万标准立方米；

压力梯度：套管鞋处最大在0.7~0.9psi/ft之间，盐腔中深处最小为0.4psi/ft；

压力范围：2.5~22.5MPa；

储存产品：除天然气外，还有液化石油气、乙烷、乙烯、丙烷、丙烯、丁烷、丁烯、戊烷以及原油。

图15-4为Transco储气库示意图；图15-5为密歇根州东南部储气库示意图。

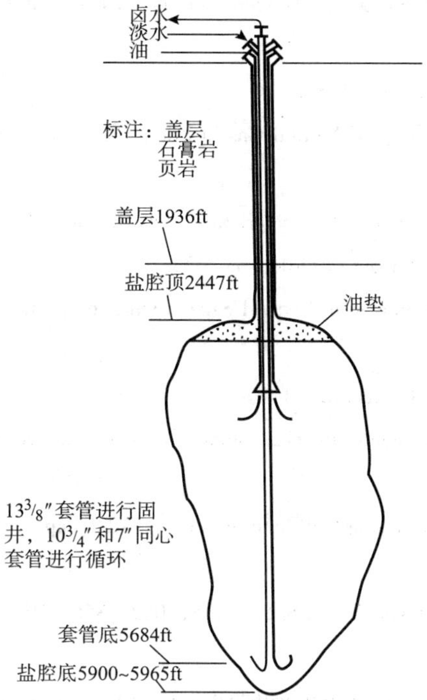

图 15－4 大陆天然气管道公司的天然气盐穴储气库示意图

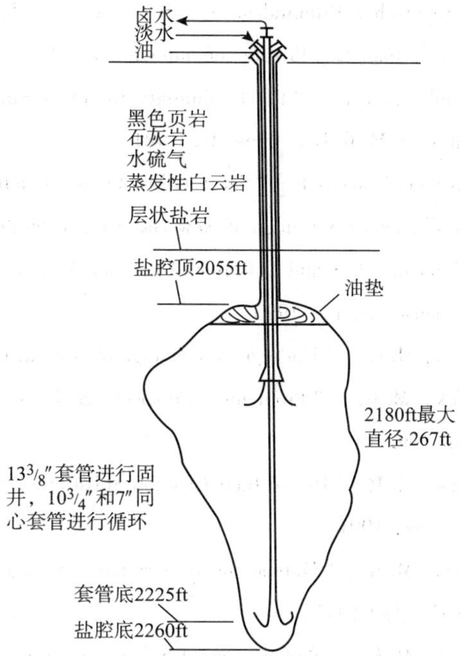

图 15－5 密歇根州东南天然气公司的天然气盐穴储气库示意图

参考文献

1. Halbouty, M. T. , Salt Domes Gulf Region, United States and Mexico, Gulf Publishing Co. , Houston, Texas, 1967, 2nd edition, 1979.
2. Usiglio, J. , "Analyses de l'eau de la Mediterranee sur la Cote de France", Ann. Chim. et Phys. , Ser. 3, V 27, pp (92－172), 1849.
3. Ochsenius, C, "On the Formation of Rock Salt Beds and Mother Liquor Salts", Proc. Acad. of Nat. Sci. of Philadelphia, V. 40, pp. 1－187, 1888.
4. Arrhenius, S. V. , "Zur Physic der Salzlagerslatten", Meddelanden fran K. Vetterskabsakodemiens Nobelinstitut, V. 11, #20, 1912.
5. Barton, D. C. , "Mechanics of Formation of Salt Domes with Special Reference to Gulf Coast Salt Domes of Texas and Louisiana", Bul. AAPG, V. 17, No. 9, pp 1025－1083, 1933; "Gulf Coast Oil Fields", AAPG, pp. 20－78. 1936.
6. Nettleton, L. L. , "Fluid Mechanics of Salt Domes", Bul. AAPG, v. 18, no. 9, pp. 1175－1204; "Gulf Coast Oil Fields", AAPG, pp79－108, 1936.
7. Marx, Archer H, "Hoskins Mound Salt Dome, Brazoria County, Texas", Bul. AAPG, V. 20, no. 2, pp. 155－178, 1936
8. Hawkins, Murphy E. and Jirik, C. J. , "Salt Domes in Texas, Louisiana, Mississippi, Alabama, and Offshore Tidelands: A Survey", Information circular, US Dept. of the Interior, Bur. Of Mines, 1966.

9. Horudan, Bernd O. , "Underground Storage A World Wide Summary, Sonderdruck aus ANEP, Jahrbuch der Europaischen Erdolindustrie", S. 43 – 62, 1975.

10. Funk, Joan L. , Private communication to M. Rasin Tek. June 30, 1981.

11. Funk, Joan L. , "The Preliminary Survey of Salt Cavern Storage of Natural Gas in Europe", private communication to M. R Tek, June 30, 1981.

12. Barron, Thomas F. , "Salt Cavern Storage of Natural Gas—History, Characteristics, Benefits, and Practical Issues", paper presented at New Gas Storage Strategies – The Impact of Order, no. 636.

13. Manocha, J. S. and T. Carter, "Solution Mining and Cavern Storage in Bedded Salts of Ontario", SMRI Paper, Syracuse, N. Y. , 1993.

14. Tek, M. R. , "Underground Storage of Natural Gas", Gulf Publishing, 1987.

15. Tek, M. R. , "Problems, Prospects and Recent Developments in Gas Storage", Gas Storage Report, Nov 1992.

16. Tek, M. R, "Use of Inert Cushion Substitutes in Salt Cavity Storage of Natural Gas", SMRI Paper, Atlanta, Georgia, 1991.

17. Tek, M. R. , "Method for Underground Storage of Natural Gas", U. S. Patent 5, 052, 856, Washington, D. C. , Oct 1991.

18. Tek, M. R. , "Performance of Salt Storage Cavities Designed to Operate with Nitrogen as Cushion Gas", Proceedings Seventh Symposium on Salt, Vol 1, 403 – 410, Kyoto, Japan, 1992.

19. Haddenhorst, H. G. , "Storage of Natural Gas in Salt Caverns", Underground Storage of Natural Gas-Theory and Practice, NATO ASI Applied Science Series Vol. 171, Kluwer Academic Publishers, Dordrecht, Netherlands, 1989.

第 16 章　盐穴的设计与建设

在穹顶状或层状盐层中，建造盐穴的具体过程为首先钻穿到盐体，然后注入淡水溶解盐，同时通过处理系统处理产生的卤水。

盐穴储气库的开发包括以下内容：选址、钻井、水溶造腔、卤水处理、洞穴完井、脱盐并首次充气、测试、试运行、储集作业。

选　址

天然气地下盐穴储气库的库址选择是从勘探寻找盐资源开始。这个步骤包括地球物理方面的工作和地震方面的研究，旨在确定盐矿的深度、地面的情况、地层的成分分布、厚度、盐矿的分布面积和盖层的情况。

同时考虑其他因素，包括可操作性、地形情况、水资源和废水处理和盐矿的组成、盐矿样品的物理特性以及不溶物的特性和分布都必须预先确定。有时，高构造褶皱和高溶性杂质（如盐丘中的光卤石）会带来孔洞形状不可控和稳定性的问题[1]。在几乎没有任何杂质和内部构造问题的层状岩盐中，盐层厚度和覆盖层性质则成为影响储气库选址设计的主要因素。

在库址选择之前必须收集大量的数据。包括从相关文献中获得的有价值资料、地质和水文的情况、相关地区的地图、当地的地方志、航测图、以前该地区的钻井和盐矿开采结果、地震波测量和重力测试。然后，是小井眼取芯钻探，必要时进行勘探找水和注入试验。

钻井和完井

为达到设计的注气和采气速率，必须选择适当井眼尺寸。采用优化的套管和油管规格进行钻井和固井。此时往往也需要钻一口注水井。钻井工作包括钻机定位、钻井、取样、注入试验和室内实验。勘探井和注采井的数量需要针对每个洞穴具体设计而定，而洞穴的数量需要与项目所需的总容积相匹配。

图 16－1 为一口完整造腔井的典型套管/油管柱和采油树。图 16－2 为德国完钻的一口造腔井井身结构。当钻穿盐层时，使用饱和盐水泥浆可以防止井眼因溶解而变大，导致井眼尺寸超过钻头直径。

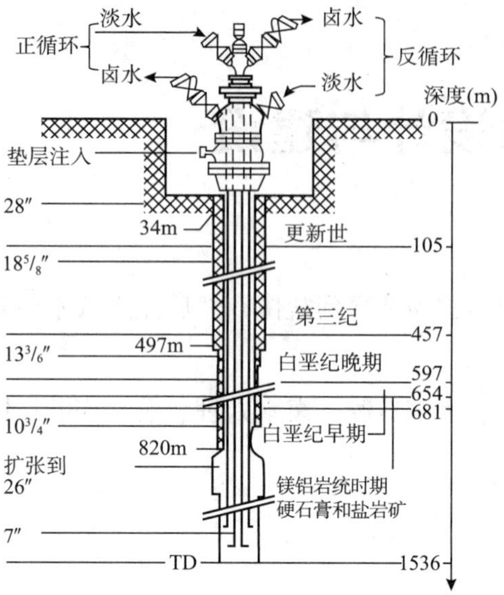

图 16－1　造腔井的采油树
（摘自 Kluwer 学术出版社 1989 年出版的
《天然气地下储存理论和实践》）

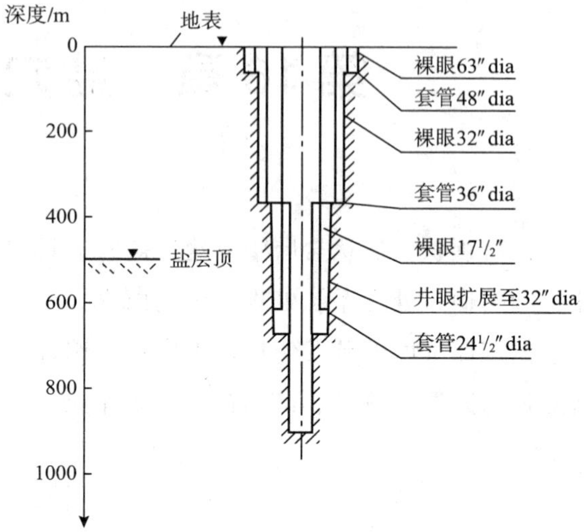

图 16－2　德国一口造腔井的井身结构
（摘自 Kluwer 学术出版社 1989 年出版的
《天然气地下储存理论和实践》）

水溶造腔

在盐矿床中注入淡水生产卤水已有几百年的历史，在中国要追溯到 1000 多年以前[1]。首先，向井筒中注入淡水；然后，通过与注入管柱同心的油管将饱和卤水采出来。当中心管到达空腔底部时，如果淡水从中心管底部注入，卤水从油套环空排出时，在底部形成的梨形空腔直径会更大，这个过程叫作直接水溶造腔。如果淡水从油套环空注入，卤水从底部油管排出，这样就会形成相反的形状－倒梨状，这个过程叫做间接水溶造腔。图 16－3 和图 16－4 分别为两种不同的造腔方法。

垫层

从技术套管和中间管环空注入油，使其在溶腔顶部形成很薄的油垫，防止淡水与顶板接触，延缓溶腔顶部的溶解速度。

造腔

如图 16－3 和图 16－4 所示，底部为碎石、不溶物和常见碎片堆积的底坑。

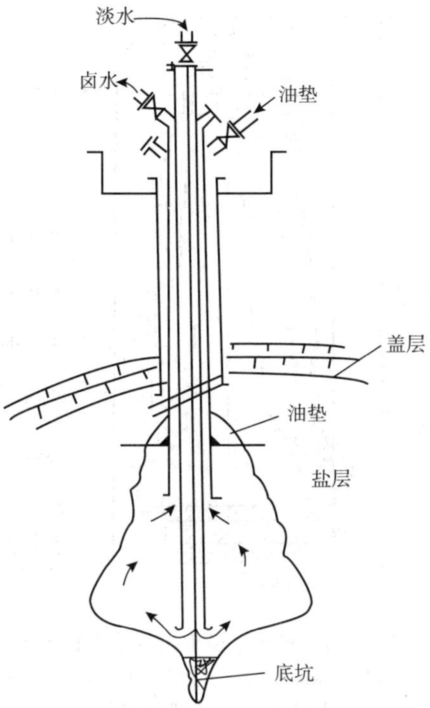

图 16－3 直接洗盐造腔过程

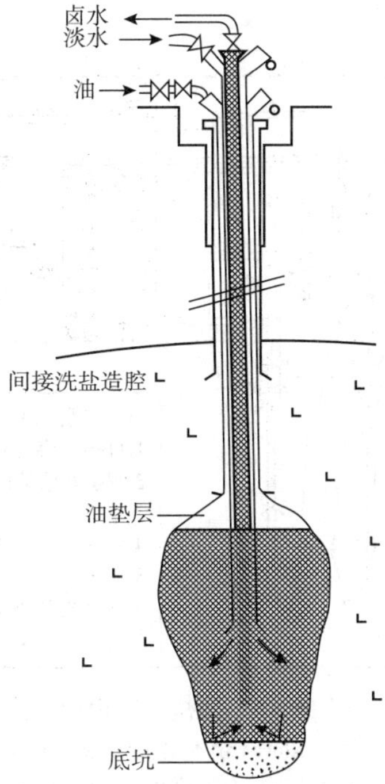

图 16－4 间接洗盐造腔过程
（摘自 Kluwer 学术出版社 1989 年出版的
《天然气地下储存理论和实践》）

一个洗盐造腔的典型流程如图 16－5 所示，它描述了同时直接洗盐造腔和间接洗盐造腔形成两个相邻的溶腔。

底坑和顶板之间的深度范围是根据淡水注入管柱对应的套管鞋深度以及油垫和盐水界面的深度而确定。

在均质盐矿床中，溶腔的几何形状一般是与井筒同轴心。有时候，盐层的多相性和各向异性会导致溶腔形状不规则。采用三维计算机模拟，利用钻井时声呐探测过程中采集到的岩心样品，在实验室中对盐的物化性质进行模拟，以确定形成溶腔的实际形状。图 16－6为通过实验室测量盐的物化性质而模拟的溶腔横截面。当测得的溶腔形状与设计方案有明显偏差时，就需要对油垫与盐水界面的深度、油管和套管的几何形状、淡水的注入速度等设计参数进行修订。对比直接水溶造腔和间接水溶造腔，发现采出的盐水浓度越高，水溶造腔过程就越经济。

Haddenhorst 指出进行大型的间接水溶造腔，形成大约 $50 \times 10^4 m^3$ 的溶腔体积，需要 7.5 倍体积的淡水。他还指出 $40 \times 10^4 m^3$ 的溶腔需要大约 20 个月的时间，最佳水溶造腔速度为 $300m^3/h$。如果在水溶造腔作业中使用悬挂式管柱，则需要控制流速，以防止发生过度振动。美国最近很多实践表明，所需淡水的体积是设计溶腔体积的 7～10 倍。在溶解度不高的情况下，所需淡水的体积高达溶腔体积的 15～17 倍。

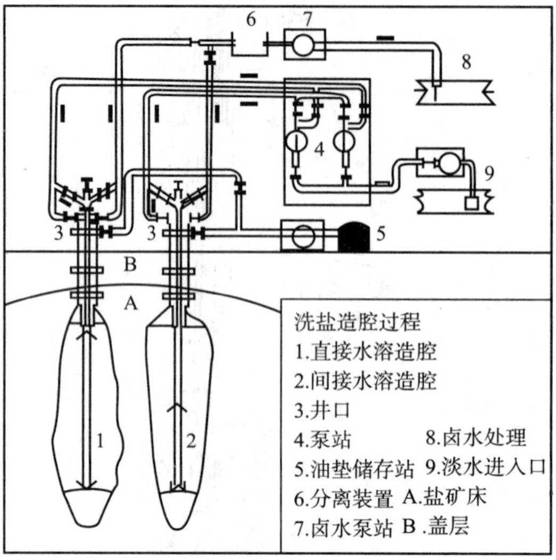

图 16－5　洗盐造腔模拟示意图
（摘自 Kluwer 学术出版社 1989 年出版的《天然气地下储存理论和实践》，Haddenhorst）

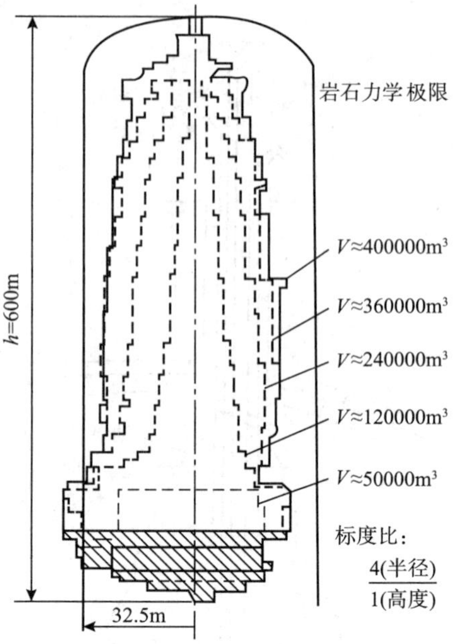

图 16－6　实验室模拟出的溶腔横截面图
（摘自 Kluwer 学术出版社 1989 年出版的《天然气地下储存理论和实践》）

在水溶造腔过程中，需要每天利用物质平衡原理计算已获得溶腔体积的大小，并在体积达到 $5\times10^4m^3$、$10\times10^4m^3$ 等体积标高时，定期利用声呐对溶腔形状进行测量。在水溶造腔过程中，通过伽马射线、中子或其他类似测井技术，不断监测油垫与盐水之间的界面深度。

排卤

将卤水从盐腔中排出来的方法有两种，一种是在注入储存气体时将卤水驱替出来，另一种是使用潜水泵将卤水抽出来。采用哪种方法根据经济状况而定。通常潜水泵是被放置在溶腔顶正下方不远处，因为盐矿层有时会从洞顶或洞壁上掉下来，而在那里潜水泵不会受到盐矿层的破坏。从溶腔中排出的卤水直接排入盐坑或回注到地层中。有时候附近的氯碱制造工厂也能利用产出的卤水。在注气排卤过程中，气体进入排卤管柱并泄漏到表面时，会导致溶腔发生泄漏，这将导致安全问题。

完井

Haddenhorst 所描述的用于储存压缩空气的一口典型井的井身结构如图 16－2 所示[2]。从地表至盐层以下 150m 处，可以看到 4 个直径的井眼，直径分别为 63in、44in 和 32in，套管直径分别为 48in、36in 和 24. 5in，套管下至 650m 处。井口采油树包括安全阀、防喷器和其他典型气井设备。

多腔储气库的设计

在设计一个地下的多腔储存系统时，必须根据参数对岩石长期的力学稳定性和变形速度进行评估，这些参数包括：溶腔体积、溶腔位置、溶腔深度、最小和最大工作压力、溶腔顶板形状、间距、到穹顶状盐层边部的距离、盖层的性质和完整性、高径比、采气和注气速率、蠕变及沉降因素。

有限元岩石力学常被用来评价与盐穴运行参数和工作制度有关的蠕变效应。

目前盐穴储气库技术有了新的进展，可以使用替代垫气，也无需排卤[3-6]。该内容将在第 21 章详细介绍。

参考文献

1. Haddenhorst, H. G., "Storage of Natural Gas in Salt Caverns", Underground Storage of Natural Gas-Theory and Practice (Editor M. R. Tek), NATO ASI Applied Science Series, Vol 171, Kluwer Academic Publishers, Dordrecht, The Netherlands, 1989.
2. Haddenhorst, H. G., "Compressed Air Energy Storage (Peak Shaving Plant Neuenhuntorf)", Underground Storage of Natural Gas-Theory and Practice (Editor M. R. Tek), NATO ASI Applied Science Series, Vol 171, Kluwer Academic Publishers, Dordrecht, The Netherlands, 1989.
3. Tek, M. R., "Performance of Salt Storage Cavities Designed to Operate with Nitrogen Cushion Gas" Proceedings Seventh Symposium on Salt, Kyoto, Japan, Vol. 1, 404 – 410, Elsevier Science Publishers, 1993.
4. Tek, M. R., "Use of Inert Cushion Substitutes in Salt Cavity Storage of Natural Gas", SMRI Meeting, Atlanta, Georgia, 1991.
5. Tek, M. R., "Method for Underground Storage of Gas", U. S. Patent 5, 052, 856, Washington, D. C., 1991.
6. Tek, M. R., "Problems, Prospects, and Recent Developments in Gas Storage", Storage Report, Nov. 1992.

第 17 章　盐穴储气库的运行

盐穴储气库的运行首先是排卤，然后是试运行、测试、注气和采气作业。在作业过程中，需要对温度、压力和气量持续监测，以及定期进行库存复核，不定期对蠕变引发的容积变化进行测量，这些都是日常工作的一部分。储气库采气的一个重要步骤就是在输送天然气之前对其进行脱水。

与其他常见的储气库相似，盐穴储气库性能主要是通过库存复核和产能评价来衡量。描述储气库性能的参数还包括工作气与总容积之比、垫气的性质和数量以及蠕变收缩特性。

排　卤

在初始注气过程中，通过环形空间注入天然气，驱替着卤水沿着中心油管向上运移。当不使用泵排出卤水时，排出率主要取决于注气速度以及注入和采出油管柱之间的摩擦力以及它们各自的流动几何特性。卤水驱替过程一直持续到气体到达排卤管柱的套管鞋为止。此时要防止气体进入排卤管柱，因为它会把压力带到地面。在排卤过程中必须使用淡水注入装置，防止盐类在卤水处理系统中结晶析出。排卤管线也必须有安全阀和安全隔板的保护，以防止异常气体突然涌出地面。

一旦排卤完成，就会带压将排卤管柱起出。该盐穴储气库接下来就是进行注采作业。

脱　水

在盐穴储气库中，脱水量是时间与盐腔中可蒸发进入天然气自由水量的函数。在相对干燥的盐腔中，一个设计合理的底坑只有少量的卤水，这种情况下几乎不需要脱水。在进行多季节调峰的储气库中，其脱水系统可以基于低注气速率而不是高采气速率来设计[1]。目前有以下方法使脱水更加经济高效：

- 在需求高峰的间隔期使用小型脱水装置；
- 在盐穴底部使用特殊油脂，防止水分蒸发；

• 使用设计合理的膜，将垫气与工作气分隔开，限制水蒸发到垫气中。

盐穴储气库的性能

与常规储气库一样，盐穴储气库的性能是通过库存和产能这两个指标来衡量。盐穴储气库的总库存与盐腔体积、温度和最大压力直接相关。最大压力是盐腔顶深的函数。一般情况下，盐腔顶部套管鞋处的压力梯度在0.85～0.9psi/ft之间。最小工作压力的选取主要是基于以下几个因素，比如岩石力学－蠕变收缩性、压缩泵进行注气和采气能力以及盐腔所需的调峰能力。一个经验做法是使用盐腔中部深度处的压力梯度0.4psi/ft来确定最小工作压力和垫气量。盐穴储气库中最大压力与最小压力的比值一般在2/1～6/1之间。与盐腔的压力比值相比，可以估算出垫气与最大总库存的比值，其范围在50%到17%之间，平均在40%左右。

由于储气库的寿命一般为30年及以上，因此采用比较便宜的替代垫气技术带来了巨大的经济优势。1991年美国、欧洲和澳大利亚相继申请一项专利，将盐穴中的垫气与工作气分隔开。最新研究表明，使用氮气或富氮废气来代替大部分的垫气是经济可行的。具体方法为使用含有工作气的特殊气囊，将其与垫气分隔开[2-5]。

蠕变收缩－稳定－沉降效应

在特定的温度和压力条件下盐的流变性会引起塑性变形，这种塑性变形称作蠕变收缩现象，这会引起盐腔体积的减少。据报道，亚拉巴马州Selma附近的Eminence盐丘中盐腔体积在五年内减少了40%到60%[1]。文献中建立了几个模型来描述盐的应力－应变关系，这些模型是利用野外岩心样本在实验室中对盐的物理特性进行测量得到。应力－应变现象和由此产生的蠕变，一直都是人们研究的重点，主要是因为这直接与地表的沉降相关。此外有许多关于盐腔中岩石变形力学稳定性、蠕变收缩性、沉降以及其他相关影响的文献。有关最新的研究，读者可以查阅芝加哥溶解采矿研究中心的数据。

Chabannes等人提供了一个实用的近似方法来计算圆柱形和球形盐腔的体积收缩率[6]。

圆柱形盐腔

$$\left(\frac{\Delta V}{V}\right) = -200A\ Exp\left(-\frac{Q}{RT}\right)\left(\frac{\sqrt{3}}{2}\right)^{n+1}\left[\frac{2(p_o - p_i)}{n\,\sigma_c}\right]^n t \qquad 17.1$$

式中 A、Q、n——蠕变模型中与本构温度相关的流变参数；

T——盐的绝对温度，°K；

p_o——原始三轴围压，约为1psig/ft；

p_i——盐腔内部压力，psia；

t——计算闭合时间，s；

R——盐的材料性质，cal/（mol×°K）；

σ_c——利用 Norton 幂律公式将应力标准化的常数，psi。

球形盐腔

$$\left(\frac{\Delta V}{V}\right)=-150A\ Exp\left(-\frac{Q}{RT}\right)\left[\frac{3(p_o-p_i)}{2n\sigma_c}\right]^n t \qquad 17.2$$

式中变量和参数值与上面公式相同。

表 17－1 给出了方程 17.1 和方程 17.2 中参数的取值范围。

$$R=1.987\text{cal/（mol×°K）},\ \sigma_c=1\text{psi}$$

表 17－1　相关的流变参数表

A in/（in·s）	Q cal/mol	n	盐层类型[6]	参考文献
3.27×10^{-17}	12000	4.9	新墨西哥州盐岩 （深度 2000ft）	Hermann et. al.
2.98×10^{-17}	12000	4.9	新墨西哥州盐岩 （深度 2600ft）	Hermann et. al.
3.27×10^{-17}	12900	5.0	德国西部盐岩	Hermann et. al.
8.372×10^{-15}	11550	4.29	密西西比塔图姆盐丘	After Hardy[6]

实例问题

墨西哥湾沿岸穹顶状盐丘平均深度 5750ft，采气作业一年后盐腔平均压力保持在 3200psig 左右，计算该圆柱形盐腔的体积收缩率。

$p_o=5750\times1=5750\text{psig}\quad T=180°\text{F}$

$p_i=3200\quad T=273+5/9\ (180-32)\ =355.22°\text{K}$

$n=4.29$

$Q=11550\text{cal/mol};\ A=8.372\times10^{-15}\text{in/(in·s)}$

$R=1987\text{cal/(mol·°K)};\ t=1\times365\times86400\text{s}$

$$\left(\frac{\Delta V}{V}\right)=-200\times8.372\times10^{-15}Exp\left(\frac{-11550}{1.987\times355.22}\right)\left(\frac{\sqrt{3}}{2}\right)^{4.29+1}\times\left[\frac{2(5750-3200)}{4.29\times1}\right]^{4.29}\times t$$

采气 1 年后，

$$\frac{\Delta V}{V}=-200\times8.372\times10^{-15}\times7.8\times10^{-8}\times(1.56\times10^{13})\ (0.47)\times(1\times365\times86400)=-30.28\%$$

参考文献

1. Allen, K. , "Eminence Dome Natural Gas Storage in Salt Comes of Age", SPE Preprint 3433, 1971.
2. Tek, M. R. , "Performance of Salt Storage Cavities Designed to Operate with Nitrogen Cushion Gas", Proceedings Seventh Symposium on Salt, Kyoto, Japan, Vol. 1, 404 – 410, Elsevier Science Publishers, 1993.
3. Tek, M. R. , "Use of Inert Cushion Substitutes in Salt Cavity Storage of Natural Gas", SMRI Meeting, Atlanta, Georgia, 1991.
4. Tek, M. R. , "Method for Underground Storage of Gas", U. S. Patent 5, 052, 856, Washington, D. C. , 1991.
5. Tek, M. R. , "Problems, Prospects, and Recent Developments in Gas Storage", Storage Report, Nov. 1992.
6. Hardy, H. R. , et. al. , "Theoretical Laboratory Studies Relative to the Design of Salt Caverns for the Storage of Natural Gas", AGA Project Report PR – 12 – 17, American Gas Association, 1982.

第 18 章　盐穴储气库热力学

为了对盐穴储气库性能进行评价，需要对水、盐水和天然气的注入和采出量以及固态盐的溶解量进行计算，涉及热力学、流体流动学、溶解动力学、物理和化学等多个学科。本章将介绍与热力学相关的基本概念。

储气库运行和变化中的物理过程为时间与下列参数的函数：

- 盐腔体积；
- 盐腔中流体的热力学参数，如温度、压力和组成成分；
- 井筒流体的热力学参数。

描述盐穴储气库的基本方程

本章介绍了在水溶造腔过程中和造腔之后，描述盐腔内流体力学和热力学性能的基本方程。1982 年，M. Bruno Hugout 在 A. T. G. 会议上发表了一篇关于盐穴性能和最新技术分析的论文，该论文将理论与法国 Etrez 和 Tersanne 盐穴储气库的实际开发经验结合起来。本章将主要介绍他的理论要点和观察结果。

井筒热力学模型

井筒的几何形状包括如下参数：

x，井口垂直或曲线距离；

D，实际内径，

D_e，有效水力直径；

ε，绝对粗糙度。

$$D_e = 4\frac{A}{P}$$

式中　A——横截面积；

P——水力半径的湿周长（即液固接触面周长）。

在下面的分析中，假设压力和温度等热力学变量只是空间变量 x 和时间变量 t 的函数。

（1）气体的密度方程：

$$\rho = \frac{pM}{zR\theta} \tag{18.1}$$

（2）连续方程（质量守恒方程）：

$$\frac{\partial\rho}{\partial t} + \frac{\partial}{\partial x}(\rho u) = 0 \tag{18.2}$$

（3）运动方程（N－S方程）：

$$\frac{\rho}{g_c}\left(\frac{\partial u}{\partial t} + u\frac{\partial u}{\partial x}\right) = -\frac{\partial p}{\partial x} \pm \frac{fpu^2}{2g_c D} + \frac{\rho g}{g_c}\cos\alpha \tag{18.3}$$

式18.3与沿管柱流动的热力学方程很类似。第一项表示重力加速度引起的惯性力，第二项表示对流加速度引起的惯性力，第三项为压力梯度，第四项为摩擦力梯度（由于摩擦产生的压降梯度），第五项为重力在流动方向上产生的压力梯度。

在式18.3中，如果流动方向是＋x方向，则使用符号－；反之，则使用符号＋。

摩擦损失功：

$$lw = \frac{fdxu^2}{2g_c D} \tag{18.4}$$

式中　lw——损失功，ft·lbf/lbm；

f——穆迪（Moody）摩阻系数，雷诺数和相对粗糙度的函数。

在粗糙管道的过渡带*，穆迪摩阻系数可以通过Colebrook White公式计算得出：

$$f^{-0.5} = -2\log_{10}\left(2.51Re^{-1}f^{-0.5} + \frac{\varepsilon}{3.715D}\right) \tag{18.5}$$

式中　ε——绝对粗糙度；

Re——雷诺数，$Re = \frac{\rho uD}{\mu}$

（4）能量守恒方程

$$\rho c_v\left(\frac{\partial\theta}{\partial t} + u\frac{\partial\theta}{\partial x}\right) = \theta\left(\frac{\partial p}{\partial\theta}\right)\frac{u}{\rho}\frac{\partial p}{\partial x} + \frac{2\pi r_w}{A}q_w + \frac{1f}{J}\frac{\rho}{g_c}\frac{u^3}{D} \tag{18.6}$$

式中　J——热功当量；

$$\theta = \theta(x,t) = \frac{\partial\theta}{\partial t} + \left(u\frac{\partial\theta}{\partial x}\right)$$

θ代表了气体温度和时间的导数，比如可以代表对流温度与时间的导数关系。第14章详细讨论了能量方程的一些实际应用。左边项代表了单位横截面和单位井筒长度的气体能量变化率。右边第一项表示焦耳－汤姆逊定律。第二项表示单位长度和单位横截面积边界层的交换热量。第三项表示流固界面摩擦损耗的能量。如果右边第二项为0，则该流动过程称为绝热流动。如果右边第三项也等于0，则该流动就叫作等熵流动，即一个可逆绝热过程。基于上述假设条件，使用莫里尔（Mollier）图（焓与熵的关系图），根据初始压力

---

* 如果过渡带的流动是湍流时，$f = +\left[\frac{1}{2}\ln(a/\varepsilon) + 7.74\right]^2$，其中$a$是半径。

和温度可以确定出最终的压力或温度值。

井筒边界处的热流方程如下：

$$q_w = h(T_w - \theta) \tag{18.7}$$

式中 T_w——气体温度；

θ——固相温度；

h——传热系数，无因次[1][2]。

努塞尔数（Nusselt）的计算公式如下：

$$Nu = \frac{hD}{k_g} \tag{18.8}$$

式中 k_g——气体的导热系数；

Nu——努塞尔数。

在强制对流时，努塞尔数 Nu 与雷诺数和普朗特数的相关关系，如迪图斯－波尔特方程所示：

$$Nu = aRe^b Pr^c \tag{18.9}$$

文献中 a、b、c 的值如下[4]：

$a=0.023$，$b=0.8$，气体被加热时 $c=0.4$，而气体冷却时 $c=0.3$。

当井筒是静态的，没有净流入和流出时，使用自然对流的相关关系来预测 h 值：

$$Nu = aG_r^b Pr^c \tag{18.10}$$

式中 $a=0.1$，$b=1/3$，$c=1/3$。

普朗特（Prandtl）数计算公式如下：

$$Pr = \frac{c_p \mu}{k_g} \tag{18.11}$$

式中 c_p——在恒定压力下气体的比热容；

μ——黏度。

格拉晓夫数（Grashof）的计算公式如下：

$$Gr = \frac{g\beta \mid (T_w - \theta) \mid D^3}{\upsilon^2} \tag{18.12}$$

式中 g——重力加速度；

β——热膨胀系数；

υ——动力黏度，$\upsilon = \mu/\rho$。

根据杜哈美叠加原理，通过 Hugout 提出的卷积公式计算出盐腔边界处固相温度 T_w，如下所示[1]：

$$T_w = T_\infty - \int_0^t q_w(t-u)\frac{\partial w}{\partial u}(u)\,\mathrm{d}u \tag{18.13}$$

该方法与利用影响函数法计算含水层的水侵量和排出量的方法十分相似[5]。

在方程 18.13 中，T_w为远井地带的温度，q_w为边界处的热流密度，$w=w$（t）为远井地带的影响函数，它表示边界层固相对单位热流密度的热流温度响应。T_w为盐腔几何形状和物理性质的函数，利用拉普拉斯变换求解偏微分方程的边值问题可得。

利用有限指数级数来表示影响函数，将 T_w表示成如下形式[1]：

$$T_w = Aq_w + B \tag{18.14}$$

式中系数 A 和 B 是能量流动穿越边界的时间 t 和时间步长 Δt 的函数。

井筒热力学模型是由 6 个方程组成的非线性方程组，涉及 6 个未知量。包括：(1) 压力 p；(2) 温度 θ；(3) 密度 ρ；(4) 速度 u；(5) 热流量 q_w；(6) 腔壁温度 T_w。

上面列出的未知数，为时间和空间变量的函数，一般是通过 6 个对应的方程 18.1、18.2、18.3、18.6、18.7 和 18.14 进行数值求解得到，这种计算方法适用于稳态流动，时间和空间变量连续且有限地增加。该数值方法最初是由 Chierici、Slocchi 和 Terzi 提出[3]。

盐腔热力学模型

在分析盐腔热力学性能时，一般将盐腔内储存的天然气作为一个热力学系统进行研究分析。该系统通过注气和采气以及盐腔边界的热传递与外界周围环境进行热交换。

从热力学角度提出的工程问题涉及 5 个未知量：压力、温度、热流量、密度和腔壁温度。通过求解以下 5 个方程来计算未知量：

(1) 气体状态方程

$$\rho = \frac{pM}{zRT} \tag{18.1}$$

(2) 盐腔能量守恒速率方程

$$\frac{d\theta}{dt} = \frac{1}{\rho c_v}\left[\frac{\theta}{\rho}\left(\frac{\partial p}{\partial \theta}\right)\frac{d\rho}{dt} + \frac{A_c}{V}q_w + \frac{Q}{V}c_p(\theta_f - \theta)\right] \tag{18.15}$$

在实际应用中，建议读者去仔细核实方程 18.15 中隐含的绝对单位，因为它涉及力学、质量单位以及热能和功，而热功没有通过 g_c因子进行 J 或 lbm/lbf 转换。

方程 18.15 表明，盐腔温度的变化率是由焦耳 – 汤姆逊效应、腔壁上的热流量以及通过注气或采气时能量流入或流出共同决定的。

方程 18.15 中的 A_c是盐腔的有效表面积，V 是盐腔的体积，θ_f是的注入盐腔中气体的温度（采出时 $\theta_f = \theta$）。

(3) 质量守恒方程

$$\rho = \frac{\int_0^t Q dt}{V} \tag{18.16}$$

式中 Q——标准流量下的质量当量。

(4) 沿腔壁的自然对流

$$q_w = h\,(T_w - \theta) \tag{18.17}$$

$$T_w = Aq_w + B \qquad 18.18$$

盐腔体积 V 可以利用声呐定位仪测得，或是根据水溶造腔分析计算得出的，并根据蠕变收敛方程加以修正，利用公式 18.1、公式 18.15、公式 18.16、公式 18.17 和公式 18.18 便可计算出 5 个未知量。

造腔过程热交换方程

当时间 $t=t$ 时，溶腔体积完全溶解成设定的体积值 V。假设淡水为温度 T_e，以 q_e 的速率注入溶腔中，溶腔以 dV/dt 的速率不断扩大。混合平均温度 θ 的溶腔充满了密度为 ρ_s 和比热容为 c_s 的卤水。温度的变化速率为 $d\theta/dt$。

则瞬时能量平衡方程描述为：

盐在体积溶解速率为 dV/dt 时产生的热量，加上周围盐块涌入溶腔带来的热量，等于注入水从温度 T_e 加热到温度 θ 时吸收的热量，加上产生卤水的热量增加速率。

$$\rho \frac{dV}{dt} L_h + A_c q_w = \rho_s c_s V \frac{d\theta}{dt} + \rho_e q_e c_e (\theta - T_e) \qquad 18.19$$

式中 A_c——盐腔的有效面积；

ρ——盐的密度；

L_h——盐的溶解热；

q_w——沿着腔壁的热流量；

下标 e 为淡水。

利用逆流热交换器方程，根据密度、比热容、淡水和卤水注排速率，推导出 T_e 和 θ 之间的关系方程[1]。其中 T_e 为沿中心管向下流动的淡水温度，θ 为经由环空向上流动的卤水温度。

盐腔壁的非稳态热传导计算

在球面坐标系下，将盐腔模拟成一个球体，利用热扩散系数方程描述整个盐层中的非稳态传热过程，该方程是关于移动盐腔边界温度与地层温度的差值[1]。通过有限差分法对移动边界问题进行初始化和数值求解。

在球面坐标下，描述移动边界与地层温度差的偏微分方程如下所示[1]：

$$K_T \frac{\partial^2 T_f}{\partial_r^2} + \frac{da}{dt}\frac{\partial T_f}{\partial r} = \frac{\partial T_f}{\partial t} \qquad 18.20$$

式中 K_T——盐的热扩散系数。

$$T_f = T_f(r,t) = (r + a(t))[T(r,t) + a(t) - T_\infty] \qquad 18.21$$

式中，$a=a(t)$ 为移动边界，初始条件为 $T_f(r, 0)=0$，极限边界条件为 $T_f(\infty, t)=0$。

求得腔体半径后使用卷积积分便可求解热扩散方程，如式 18.13 所示。

蒸发冷却效应

当底坑中的卤水在盐腔内蒸发达到热能平衡时，经常会遇到蒸汽的汽化热问题。

假设天然气中的水蒸气是纯净的，p_e代表水的分压，则

$$p_e V = NR\theta \qquad 18.22$$

式中 N为气相中水分子的数量，汽化焓为 h_{fg}（单位为每摩尔）。

使用 Clausius – Clapeyron 方程，可得：

$$\frac{dp_e}{d\theta} = \frac{h_{fg}}{\theta V}$$

使用式 18.22，令 $N=1$：

$$V = \frac{R\theta}{p_e}$$

$$\frac{dp_e}{d\theta} = \frac{h_{fg}p_e}{R\theta^2}$$

$$\frac{d\ln(p_e)}{d\theta} = \frac{h_{fg}}{R\theta^2} \qquad 18.23$$

式 18.23 表明，已知汽化焓可以计算出盐腔内水的分压 p_e，它为盐腔温度的函数。已知分压就可以计算体积 V 中的摩尔数，即天然气中的含水量。根据法国盐穴开发的实践经验表明，与其他传热速率相比，水蒸发进入天然气的热效应可以忽略不计。

参考文献

1. Hugout, B. , “Thermodynamic Behavior of Gas in Storage Cavities and Production Wells”, Congress of the Technical Association of Industry of Gaz de France, 1982.
2. Tek, M. R. , Underground Storage of Nature Gas, Gulf Publishing, 1987.
3. Chierici, G. L. , Slocchi, G. and L. Terzi, “Simultaneous Calculation of pressure and Temperatures in Gas Wells”, IGU/A5 – 79 14th World Gas Congress, Toronto, 1979.
4. Tek, M. R. , and J. O. Wilkes, Fluid Flow and Heat Transfer, Chemical Engineering, University of Michigan, 1974.
5. Molinard, J. E. , Lebitoux, P. , Pelce, V. , and M. R. Tek, “Practical Model for Predicting Pressures in Gas Reservoirs”, SPE 16957, Fall Meeting, 1987.

第 19 章　盐穴在调峰采气过程的热力学效应

目前全球都在大力发展地下储气库，主要是在调峰采气时输送能力高，可以达到更好的调峰效果[1]。由于市场需求高、实行以市场为基础的税率，再加上多季节调峰的需求，现在集气中心和发电场附近正在大力开发盐穴储气库。

盐穴在高采气速率时的运行质量主要是通过它的温度和压力状况来衡量。温度和压力状况直接涉及完井、地面设备的配置、脱水要求、安全阀的设计、地面分离程度、计量和压缩设备的配置。

本章主要介绍了绝热边界的理想情况和腔壁发生传热的实际情况下，温度和压力的计算过程。

在分析计算中考虑到了盐腔内储存天然气的 pVT 性能和不可逆的反应，并且参考了实际盐腔作业中的经验数据。结果表明，预测盐腔在非稳态采气时候的压力和温度具有合理的工程实用性。

概　述

最近全世界都对盐穴储气库表现出很大的兴趣，主要是因为调峰采气时能有较高的输送能力，且经济优势巨大。目前，集气中心和发电场附近正在开发越来越多的盐穴储气库，为管输上下游两端的供需不平衡提供了解决方法。

与含水层或枯竭油气田储存相比，盐穴储气库有着独特的不同之处，包括如下几方面：

- 储集容积和循环周转量称为工作库存，要比典型含水层或枯竭油藏小。
- 库存越大，成本越高。
- 输送能力更强，达 10 倍以上。
- 在短期调峰时更经济有利。

随着市场基础利率和废热发电的出现，盐穴储气库的战略位置给经营者们带来了大量的利润，原因就在于盐穴储气库优越的多季节调峰能力。

盐穴储气库在短时间内高采气率的性能主要体现在采气速率、压力和温度方面。在长时间注入气体进行多季节调峰时，盐腔内的热传递、温度和压力的作用就非常重要，因为它们与结露、脱水、压缩和其他地面设备的需求有关，比如仪表、分离器、加热器和安全阀等。

接下来将详细介绍与盐腔注气和采气作业相关的热力学概念，以及采气过程中盐腔压力和温度的计算过程。这其中包含了腔壁绝热充满理想气体的理想盐腔和非稳态传热充满实际气体的实际盐腔的计算。

热力学因素

在天然气需求高峰时期进行采气作业时，盐腔内发生的 pVT 效应遵循热力学定律，这部分内容将在附录 A. 19 和 B. 19 中详细介绍。盐腔体积保持恒定不变，受采气作业、生产管柱以及其他摩擦相关因素的影响，压力发生降低时，盐腔的温度也会随着压力而发生变化。温度和压力的变化是盐腔容积、几何因子、天然气性质、初始条件、边界条件以及注采速度、盐层物理性质等参数的一个综合函数。

为了解实际盐腔的性能，首先考虑理想盐腔的情况：腔壁绝热，腔内理想气体做可逆运动。

绝热盐腔热力学

由于腔壁绝热，所以在外界盐层与可逆膨胀气体之间没有热传递，在盐腔容积保持恒定的情况下，压力不断降低。在温度－压力关系图上可以看到整个过程遵循等熵变化，即可逆绝热过程[1]：

$$pV^k = 常数 \qquad 19.1$$

式中 V——容积；

k——定压热容与定容热容比，$k = c_p / c_v$。

由方程 19.1 和密度的定义，可以推导出理想气体的压力和温度方程：

$$\frac{T}{T_0} = \left(\frac{p}{p_0}\right)^{\frac{(k-1)}{k}} \qquad 19.2$$

如果将热力学第一定律应用于盐腔内的气体，将其看成是在初始状态和最终状态之间的恒定系统，可以推导出描述工作气可逆绝热运动过程中压力和温度的关系方程，如式 19.2 所示。本章附录给出了完整的推导过程。计算压力和温度还需盐腔内天然气的状态方程。

在采气过程中任何时刻，根据在盐腔内的气体摩尔数 n 来表示压力和温度之间的关系：

$$pV = nRT \qquad 19.3$$

用以时间为独立变量的压力和温度解析式来求解上述方程 19.2 和 19.3 中的两个未知量（压力 p 和库存 I）：

$$\frac{p}{p_0} = \left(\frac{I}{I_0}\right)^k \quad 19.4$$

式中　盐腔内气体满足 $k = c_p/c_v$。

$$\frac{T}{T_0} = \left(\frac{p}{p_0}\right)^{\frac{(k-1)}{k}} \quad 19.2$$

公式 19.4 的推导过程见附录 A.19。I/I_0为采出的天然气量和总天然气量的比值。

盐腔的温度和压力也可以通过图解法来确定，绘制不同时间库存气体的 $p-T$ 曲线，然后与式 19.2 得到的 $p-T$ 曲线相交即可得到温度和压力值。该方法的关键在于需要合理可靠地估算出储存气体的 k 值或 c_p/c_v 的比值。

实际盐腔热力学

要计算盐腔在采气过程中的实际温度和压力，可以先计算理想气体在绝热盐腔内的温度和压力，然后用在盐腔内气体和远井地带之间合理的总传热系数来修正计算温度（其中远井地带必须要有足够的深度，在这个深度地热占主导）。利用文献中实测的盐腔数据和远井地带的温度数据[2]，可以计算出总传热系数的范围。已知总传热系数的范围后，可以用仿真气体热量传导模型，计算出实际盐腔气体温度。或者是在设计时，利用后文的模型计算出总传热系数。该模型建立在能量守恒的基础上，并且假设从远井地带传递给盐腔内气体的热量，使腔内气体的热焓值从等焓状态上升到实际温度状态。

得到盐腔的实际温度后，就可以通过物质平衡方程计算出盐腔内的实际压力。计算过程详见实例问题。

盐腔壁的热传导

盐腔壁的传热速率可由以下公式计算：

$$q = \frac{T_\infty - T}{\left(\frac{1}{UA}\right)_i} \quad 19.5$$

式中　q——通过盐腔壁的传热速率，BTU/h；

A_i——传热的总面积；

U——地热静态条件下远井地带与盐腔内混合平均温度为 T 的天然气之间总传热系数。

盐腔的温度分布示意图如图 19－1 所示。

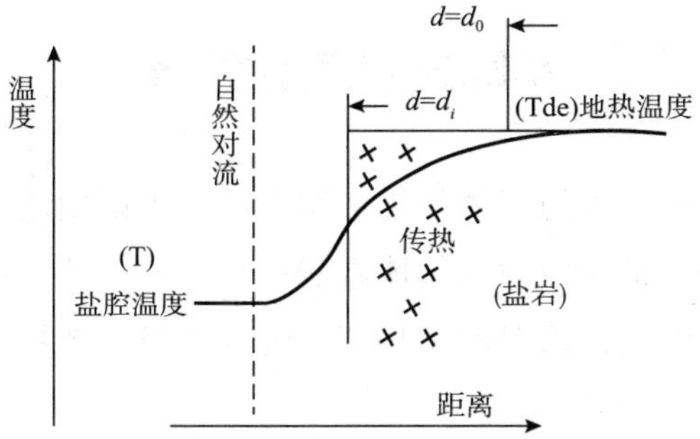

图 19－1　采气过程中盐腔与远井地带间的温度分布示意图

设盐腔的高度为 h，盐腔的直径为 d。则 $(1/UA)_i$ 等于从 $d=d_0$ 到 $d-d_i$ 的总传导热阻，加上腔壁内自然对流阻抗 $1/h_iA_i$。因此，在假设稳态的情况下：

$$\left(\frac{1}{UA}\right)_i=\frac{1}{h_iA_i}+\frac{\ln\left(\frac{d_0}{d_i}\right)}{2\pi hK_s} \qquad 19.6$$

总传热系数 U 可以通过现场观察到的温度数据（Dr. Haddenhorst 数据）计算，对于该盐腔，其 U 值的范围在 5～25BTU/h × ft^2 × ℉。为设计方便，我们可以使用公式 19.6 来预估 U 值。

通过下面方程来求解自然对流膜系数 h_i：

$$Nu=c(Gr\times Pr)^m \qquad 19.7$$

其中：Nu——努塞尔（Nusselt）数，$Nu=h_id_i/K_g$；

Gr——格拉晓夫（Grashof）系数，$Gr=g\beta\Delta T\rho^2h^3/\mu^2$；

Pr——普朗特（Prandtl）系数，$Pr=\mu c_p/K_g$；

上述公式中：

β——热膨胀系数，对于理想气体 $\beta\approx1/T$；

T——盐腔内气体的绝对温度；

g——重力加速度；

ΔT——盐腔内天然气与腔壁之间的温度差；

ρ——天然气的密度，$\rho=29G/zRTp$，lbm/ft^3；

h——盐腔高度，ft；

μ——天然气黏度，lbm/ft × s。

c_p——天然气在恒定压力下的比热容，BTU/lbm × ℉；

K_g——天然气的导热系数，BTU/h × ft^2 ×（℉/ft）；

K_s——盐层的导热系数，BTU/h × ft^2 ×（℉/ft）；

d_0——温度等于静态地温处的直径。

c 和 m 的取值方法参考文献 3。

参考图 19－1，采气 2h 后：$d_0\approx d_i+0.4$；采气 7h 后：$d_0\approx d_i+1.2$。

实际盐腔气体温度

在计算出可逆绝热环境下理想气体的绝热温度后，可以使用总传热系数估算出不同时间里流入盐腔的热量。如果把盐腔内的气体看成一个系统，那么通过每个时间段的能量平衡可以计算出实际气体的温度，该温度是盐腔内的气体量、盐层性质、传热面积和天然气比热 c_p 的函数。

根据能量守恒，可得到第 i 时间步长盐腔气体温度的计算方程：

$$T_i = \frac{T_0 - 0.5T_{i-1} + B_i T_i^1}{B_i + 0.5} \quad 19.8$$

$$B_i = (0.5n_{i-1} + 0.5n_i / \overline{U}A)c_{pi} \quad 19.9$$

式中 T_0——远井地带的温度，℉；

T_i——（第 i 时间步）盐腔内天然气的实际温度；

$\overline{U}$——单位温差下每小时单位面积上的传热量，$\overline{U} = U \times 1\text{h}$；

U——总传热系数，BTU/h × ft² × ℉；

T_i^1——（第 i 时间步）绝热盐腔温度；

n_i——第 i 时间步计算的盐腔库存，lb · mol；

c_{pi}——第 i 时间步计算的天然气的比热。

利用盐腔以往温度数据，通过式 19.8 可以迭代计算出采气阶段每一步的温度 T_i。在式 19.8 中利用个人计算机上的电子表格可以非常精确地预测出盐腔内气体的温度。

实际盐腔气体压力

在计算出理想气体在盐腔作可逆运动情况下的温度和压力之后，就可根据观察到的数据或利用式 19.8 和 19.9 计算出总传热系数，从而确定采气过程中盐腔的实际压力。由于实际温度是时间的函数，相应的实际压力就可以通过物质平衡关系计算出来，在后文的实例中将通过绘制不同盐腔温度下的 $p/z - p$ 图表计算盐腔的实际压力。结果表明，采气过程中维持恒定采气率，把绝热情况下理想气体的压力修正到真实气体压力时会出现压力呈线性下降的结果。

实例问题

在 1988 年出版的《北约高级研究所论文》中[2]，Haddenhorst 博士发表了一口盐穴的温度和压力数据，该储气库的采气速率保持恒定。因此，可以利用论文中的基础数据对本文提出的方法进行实例分析。

运行数据

储气库容积 $V = 16 \times 10^4 m^3$；初始压力 $p_o = 150bar$，（2180. 56psia）；采气速率 $Q = 25 \times 10^4 m^3/h$；采气 7h 后的压力 $p_7 = 130bar$，（1890. 0psia）。

实际观测到的温度见文献中的图和表 15[2]，即：

$t_0 = 0h$，$T_0 = 122.0°F$；

$t_1 = 1h$，$T_1 = 117.8°F$；

$t_2 = 2h$，$T_2 = 113.6°F$；

$t_3 = 3h$，$T_3 = 109.5°F$；

$t_4 = 4h$，$T_4 = 105.3°F$；

$t_5 = 5h$，$T_5 = 101.0°F$；

$t_6 = 6h$，$T_6 = 96.8°F$；

$t_7 = 7h$，$T_7 = 92.6°F$；

计算绝热盐腔气体可逆采出和实际盐腔的温度和压力值。

求解

在采气过程中，无论其速率是恒定还是变化的，p/zT 与累计采气量的关系曲线都是呈线性。

$$pV = znRT$$

$$\frac{p}{zT} = \frac{Rn}{V}$$

$$= \frac{R(n_o - n_c)}{V} \qquad 19.10$$

式中　n_o——初始盐腔内的气体摩尔数，lb · mol；

n_c——累积采气量。

在采气速率不断变化的情况下，只要数据代表着热力学平衡，并且盐腔的体积没有明显变化，则 p/zT 与 n_c 的关系曲线始终呈线性。在采气速率恒定的情况下，由于 n_c 与时间呈线性关系，因此 p/zT 与时间的关系曲线也呈线性，如图 19－2 所示。

因此利用式 19. 10 得：

$$V = 160000m^3 = 160000 \times 35.31 = 5650346ft^3$$

$$Q = 250000m^3/h = 8827500ft^3/h$$

初始气量

$$I_o = 5650347 \times E$$

储存天然气的膨胀因子 $E = 35.37p/zT$，SCF/ft³。

$$p_o = 150bar = 2180.56psia$$

$$T_o = 50℃ = 122°F = 582°R$$

假设气体的相对密度 $G = 0.6$，则：$p_c = 672psia$，$T_c = 360°R$，$Z = 0.83$。

$$E_o = \frac{(35.37 \times 2180.56)}{(0.83 \times 582)} = 159.66\text{SCF/ft}^3$$

$$I_o = 5650347 \times 159.66 \approx 902\text{MMCF}$$

$$n_o = \frac{(902 \times 10^6)}{378.6} = 2.38 \times 10^6\text{lb} \cdot \text{mol}$$

采气摩尔速率为：

$$\frac{\mathrm{d}n}{\mathrm{d}t} = 8827500/378.6 = 23316.16\text{mol/h}$$

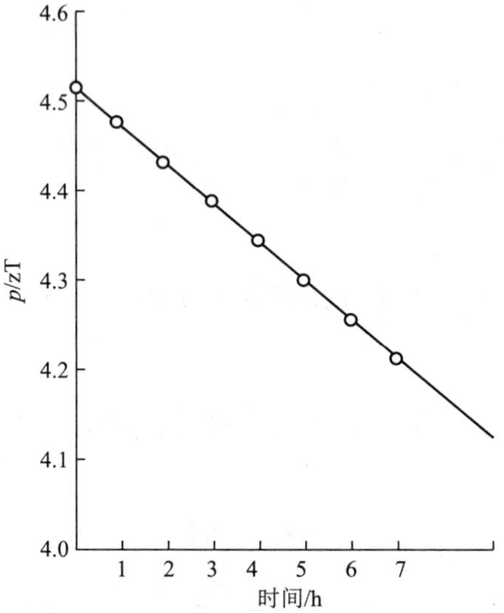

图 19－2　拟压力和温度比值与时间的关系曲线

$$\frac{p}{zT} = \frac{10.73}{5.65 \times 10^6}(2.38 \times 10^6 - 23316.16t)$$

式中　t 为时间，h。

采气过程中前 7 个小时 p/zT 与时间关系如图 19－2 所示。

绝热盐腔的温度和压力计算

根据式 19.2 计算绝热盐腔的温度，首先需要计算出理想天然气可逆绝热膨胀时候的压力。而绝热盐腔的压力可通过式 19.4 得出。这两个方程都需要估算盐腔内气体的热容比 k 值。

首先利用 Touloukian 图表估算出大气压下 c_p 的值，然后利用拟对比温度和压力进行修正[4]。

$$c_p = 0.52 + 0.17 = 0.69\text{BTU/(lbm)°R}$$

$$c_p - c_v = 5\text{cal/(g} \cdot \text{mol)°K} = 5\text{BTU/(lb} \cdot \text{mol)°R} = 5/17.4 = 0.29\text{BTU/(lbm)°R}$$

（详见附录 A.19 的 Edmister 关系方程）

$$c_v = 0.69 - 0.29 = 0.4\text{BTU/(lbm)°R}$$

$$k = c_p/c_v = 0.69/0.4 = 1.73$$

表 19－1 为式 19.2 和 19.4 计算的绝热盐腔温度和压力。

图 19－3 为利用公式 $k = c_p/c_v = 1.73$ 计算出的绝热盐腔温度。

表 19－1 绝热盐腔温度和压力计算结果表

t h	I/I_0	p/p_0 $= (I/I_0)^{1.73}$	p psia	(T/T_0) $= (I/I_0)^{(k-1)}$	T °R	T °F
0	1.00	1.000	2180.56	1.00	582.00	122.00
1	0.99	0.983	2143.49	0.99	577.93	117.93
2	0.98	0.966	2106.42	0.99	573.27	113.27
3	0.97	0.950	2071.53	0.98	569.78	109.78
4	0.96	0.933	2032.28	0.97	565.12	105.12
5	0.95	0.917	1995.74	0.96	561.05	101.05
6	0.94	0.900	1962.50	0.96	556.97	96.97
7	0.93	0.883	1927.62	0.95	552.18	92.18

绝热盐腔和实际气体的温度压力计算过程总结如下：

图 19－3 为绝热盐腔温度随时间的变化关系曲线。

在计算可逆绝热膨胀天然气的温度和压力时必须先确定 I/I_0 的值，即采出的天然气与总天然气量的比值，如表 19－1 所示。然后计算每小时的压力和温度。这种方法不仅适用于恒定采气率，也可以用于计算非稳态采气的情况。

图 19－4 为使用上述方法计算出的绝热盐腔压力曲线图。

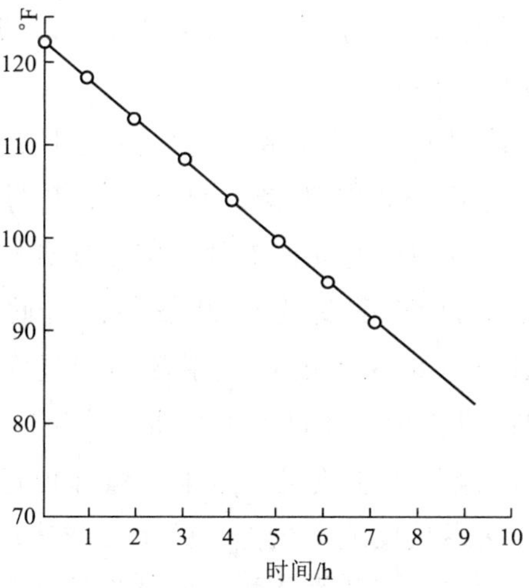

图 19－3 在调峰采气中绝热盐腔的温度变化（实例问题）

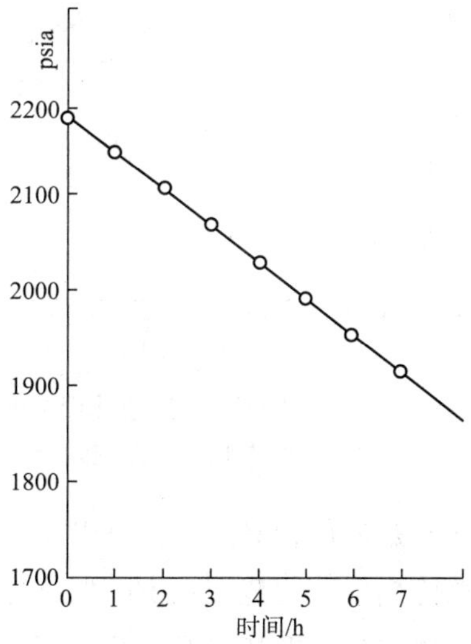

图 19－4 采气过程中绝热盐腔的压力变化（实例问题）

图 19－5 为使用上述方法计算出的绝热盐腔温度与参考文献 2 中的温度对比图。其中系统误差很可能由 c_p/c_v 造成。

图 19－6 为实际观测的盐腔温度与绝热盐腔的计算温度对比图。

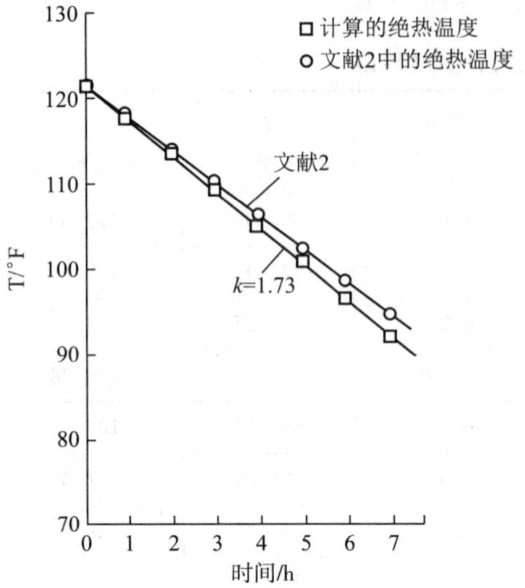

图 19－5　绝热盐腔的计算温度与文献 2 中的温度对比图（实例问题）

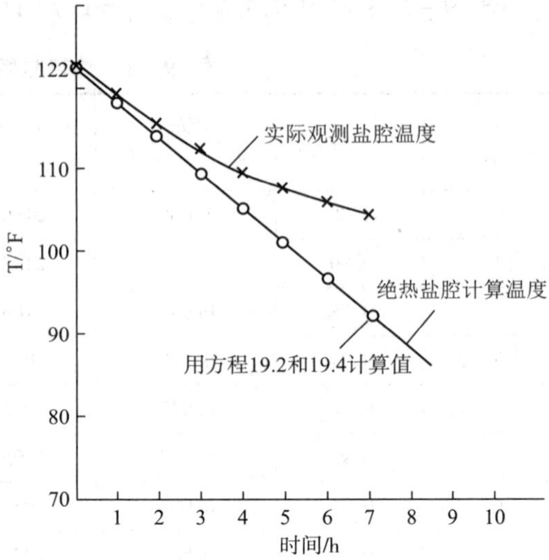

图 19－6　绝热盐腔计算温度与实际观测盐腔温度对比图（实例问题）

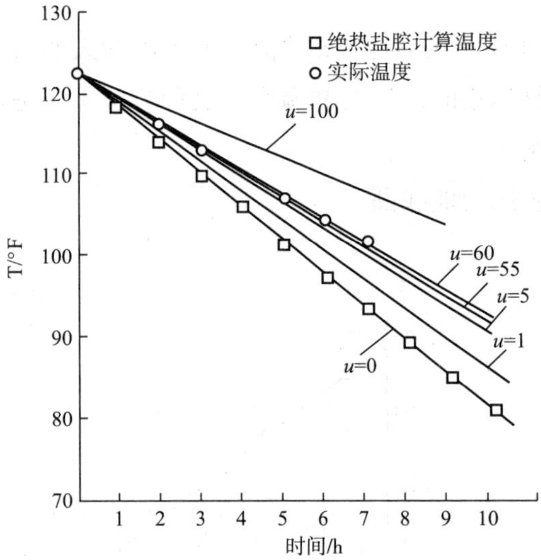

图 19－7　不同绝热盐腔计算温度和实际温度对比图（实例问题）

图 19－7 为不同绝热盐腔计算温度和实际温度之间的对比图。

从图中可以看出，总传热系数 U 为 55BTU/h × ℉ × ft^2 的预测曲线跟文献中所记录的观察温度曲线十分接近。

利用 Macintosh LCII 计算机的电子表格可以计算出不同总传热系数的温度曲线，如表 19－2 所示。

附录 C. 19 为盐腔壁的热传递计算过程。这些计算都是基于稳态自然对流和导热方程，以及假设的几何参数。鉴于在分析过程中作了许多假设的理想条件，因此认为 7BTU/h × ft^2 × ℉ 的传热系数与现场实际的 55BTU/h × ft^2 × ℉ 的数量级是一样的，可以认为他们是近似相等。天然气以恒定速率采出时向盐腔传递热量。这个能量守恒过程表明，总传热系数的范围在 10 到 50 之间。由于总传热系数反映了天然气的不可逆运动、盐腔的不规则几何形状以及实际情况偏离理想条件的情况，因此本文提出的计算传热系数的方法是符合工程可靠性的。

表 19－2　盐腔温度计算表

时间/h	初始温度/℉	初始摩尔数	c_p	mol/h	总传热系数 U	传热面积	当前摩尔数，cl	绝热腔壁温度 T′	B_1	气体温度
0	122	2380000	12.74	23316.16	100	257068	2.38E＋06	122	1.18	122
1		2380000	12.69	23316.16	100	257068	2.36E＋06	117.8	1.17	119.058
2		2380000	12.64	23316.16	100	257068	2.33E＋06	113.6	1.15	117.031
3		2380000	12.59	23316.16	100	257068	2.31E＋06	109.46	1.14	114.808
4		2380000	12.54	23316.16	100	257068	2.29E＋06	105.26	1.12	112.641
5		2380000	12.49	23316.16	100	257068	2.26E＋06	101.04	1.11	110.483
6		2380000	12.44	23316.16	100	257068	2.24E＋06	96.8	1.09	108.349
7		2380000	12.39	23316.16	100	257068	2.22E＋06	92.58	1.07	106.262
8		2380000	12.34	23316.16	100	257068	2.19E＋06	89	1.06	104.636
9		2380000	12.29	23316.16	100	257068	2.17E＋06	85	1.04	102.615
10		2380000	12.24	23316.16	100	257068	2.15E＋06	81.2	1.03	100.897

结　论

1. 利用热力学原理和热传导理论建立的模型方程，可以比较准确地预测盐穴储气库在非稳态调峰过程中的温度和压力变化。

2. 计算储气库压力和温度的热力学基础是在绝热盐腔中理想气体做可逆运动。

3. 计算出盐腔在绝热状态下腔内气体做可逆运动时候的温度和压力，就可以利用修正系数得到真实气体进行热传导的结果。既可以利用实际观察到的温度数据推导传热系数范围，也可以利用质量和能量守恒推导出传热系数。

4. 本章提出的公式和方法可用于预测实际盐穴储气库温度和压力，误差在几个百分点以内。

符号说明

A　盐腔的总传热面积，ft^2

B　无因次盐腔热传递数

c　预测自然对流系数，无因次

c_p　定压比热，BTU/lb－mol°R

c_v　定容比热，BTU/lb－mol°R

d　盐腔平均直径，ft

E　气体膨胀系数，SCF/ft^3

h　盐腔高度，ft

h_i　内对流换热系数，BTU/h × ft^2 × ℉

I　库存，SCF，MMCF，BCF

k　热容比 $k = c_p / c_v$

K　导热系数，BTU/h × ft^2 × （℉/ft）

m　预测自然对流指数，无因次

n　质量摩尔数，lb/mol

dn　dt　采气速率，lb · mol/h。

p　压力，psia

q　盐腔壁的传热速率，BTU/h

R　气体常数，ft × lbf/lb mol°R

T　温度,°R,℉

t　时间，h

V　盐腔体积，ft^3

下标

i　初始，相反，内部

f　最终

s　盐层

p　压力

v　体积

希腊符号

ρ　密度

μ　黏度

Δ　差分算子

∞　无穷大

附录 A. 19

理想气体的可逆绝热采气

$$pV = nRT \tag{A-1}$$

n 为摩尔数

$$pV = (378.6)^{-1} IRT \tag{A-2}$$

式中　I——盐穴储气库的库存，SCF。

$$p_o V = (378.6)^{-1} I_o R T_o \tag{A-3}$$

因此：

$$\frac{p}{p_o} = \frac{I}{I_o}\frac{T}{T_o} \tag{A-4}$$

对于理想气体而言，$\frac{T}{T_o} = (\frac{p}{p_o})^{\frac{(k-1)}{k}}$；$k = \frac{c_p}{c_v}$

将其代入方程 A－4，替换 T/T_o，得到 p/p_o的公式如下：

$$\frac{p}{p_o} = \frac{I}{I_o}(\frac{p}{p_o})^{\frac{(k-1)}{k}}$$

从而得：

$$\frac{p}{p_o} = (\frac{I}{I_o})^{k}$$

附录 B. 19

绝热腔壁的热力学

在采注作业中，储气库的热力学本质上是没有任何压力温度梯度或不可逆的绝热盐腔，腔内理想气体做可逆运动。

假设盐腔初始温度为 T_o，初始压力为 p_o，盐腔体积保持恒定不变，在其中部分气体进行可逆绝热运动被采出后，计算盐腔内最终的温度和压力。

求解

参考图 19－8，假设存在一个绝热边界将采出的气体与保留在盐腔内的气体隔开，并将它们看作一个整体系统。

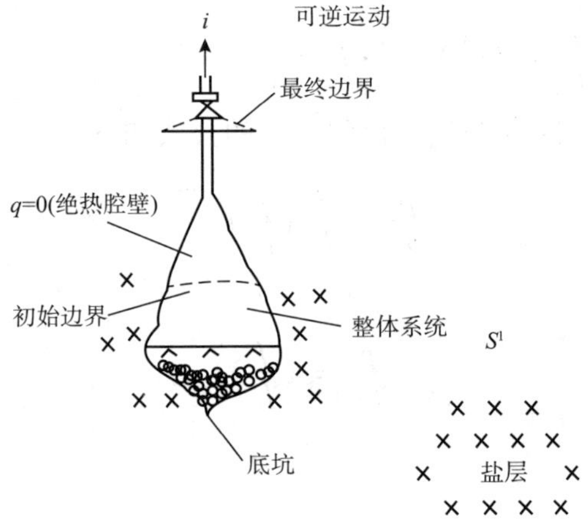

图 19－8　天然气在绝热可逆采气中的热力学模型

第一定律简化为：

$$\Delta E = q - w \qquad \text{B－1}$$

ΔE 为初始状态和最终状态之间系统交换的总能量，q 为进入系统的热量，w 为采气过程所做的功。

第一定律写成如下形式：

$$\int d[(\text{内能} + \text{势能} + \text{动能})_{\text{能量}}] = q - w \qquad \text{B－2}$$

绝热腔壁条件下 $q = 0$，并且忽略势能和动能的变化。

虽然系统中的气体最终会充满整个盐腔体积，但是它一直在克服边界外剩余气体的压力做功：

$$-w = -\int p\mathrm{d}V \qquad \text{B－3}$$

$\mathrm{d}U$ 为内能的变化：

$$dU = -p dV \qquad \text{B-4}$$

假设为理想气体，T 为绝对温度：

$$c_p dT = -p dV \qquad \text{B-5}$$

假设系统 S 中每磅摩尔体积的气体为：

$$pV = 1RT$$

$$dV = -\frac{RT}{p^2} dp$$

$$c_p dT = R \frac{T}{P} dp$$

当 $R = c_p - c_v$，令 $k = c_p / c_v$

$$\frac{dT}{T} = \frac{(k-1)}{k} \frac{dp}{p}$$

$$\ln \frac{T}{T_o} = \frac{(k-1)}{k} \ln \frac{p}{p_o}$$

$$\frac{T}{T_o} = \left(\frac{p}{p_o}\right)^{\frac{(k-1)}{k}}$$

附录 C.19

计算盐腔壁的热传导

盐腔体积 $V \approx 5.65 \times 10^6 \mathrm{ft}^3$；假定盐腔的几何因子 $h/d=9$；$\pi \dfrac{\mathrm{d}^2}{4} h = V$；$\mathrm{d}=92.81\mathrm{ft}$；$h=9 \times 92.81 = 835.26\mathrm{ft}$；总传热面积 $A=\pi \mathrm{d}h + 2\pi\mathrm{d}^2/4 = 257068\mathrm{ft}^2$。计算 h_i。

内自然对流膜系数

对于一个垂直圆柱体，$Nu = c\ (Gr \times Pr)^m$，c 和 m 的值可以利用格拉晓夫数 × 普朗特数计算得出。

$$Gr = \frac{g\beta\Delta T\rho^2 h^3}{\mu^2}$$

重力加速度 $g=32.17\mathrm{ft/s}^2$，

$$h = 835.26\mathrm{ft},$$

假设理想气体的 $\beta = \dfrac{1}{T} \approx 1/582(°\mathrm{R})^{-1}$

假设 $\Delta T \approx 20°\mathrm{R}$

$$\rho \approx \frac{29G}{zRT}p = \frac{29 \times 0.6 \times 2180.56 \times 144}{0.83 \times 1544 \times 582} = 7.33\ \mathrm{lbm/ft^3}$$

$\mu = 0.02\mathrm{cP} = 0.02 \times 0.000674\mathrm{lbm/ft} \times \mathrm{s}$（数据来自《地下储气库》，Tek[5]）

$$Gr = \frac{32.17 \times 20 \times (7.33)^2 (835.26)^3}{582 \times (0.02 \times 0.000674)^2} = 1.9 \times 10^{20}$$

$$Pr = \frac{\mu c_p}{k}$$

$$\mu = 0.02 \times 0.000674 \frac{\mathrm{lbm}3600}{ft \times h} = 0.02 \times 2.43 \frac{\mathrm{lbm}}{ft \times h}$$

下一步，计算储存气体的 c_p。

温度为 120℉，压力为 1 标准大气压时，参考式 19.4：

$$c_p \approx 0.525 = 3.2\mathrm{Cal/g-mol°K} = 3.2\mathrm{BTU/lb-mol°R}$$

$$\rho_r \approx 3,\ T_r \approx 1.6$$

$$c_p = 0.525 + \frac{3.2}{17.4} = 0.525 + 0.18 = 0.71$$

天然气的传热系数：

大气压力下甲烷为 $K_{atm} = 0.016$

内自然对流膜系数：

$$\frac{K}{K_{atm}} \approx 1.5$$（参考 Katz&Lee 的文献[6]）

$$K = 1.5 \times 0.016 = 0.02\text{BTU/h} \times \text{ft}^2 \times (^\circ\text{F/ft})$$

$$Pr = \frac{0.02 \times 243 \times 0.71}{0.02} = 1.73$$

$$Gr \times Pr = 1.9 \times 10^{20} \times 1.73 = 3.28 \times 10^{20}$$

$$h_i \frac{d}{k} = 0.13\,(3.28 \times 10^{20})^{0.333} = 882259.73$$

（参考 Perry《化学工程师手册第 4 版》[7] 中方程 28）

$$h_i = \frac{882529.73 \times 0.02}{835.26} = 21.13$$

温度与压力修正系数：

$$\left(\frac{1}{UA}\right)_i = \frac{1}{21.13 \times 257068} + \frac{\ln\dfrac{92.81 + 0.5}{92.81}}{2 \times \pi \times 835.26 \times 2.8} = 1.84 \times 10^{-7} + 3.66 \times 10^{-7}$$

$$= 5.50 \times 10^{-7}$$

$$(UA)_i = 1818181.82$$

$$U \approx \frac{1819387.29}{257068} \approx 7.07$$

参考文献

1. Tek, M. R. , “Temperature and Pressure Effects in Salt Cavities During Peak Shaving Withdrawals”, SMRI, Syracuse, N. Y. , 1993.
2. Haddenhorst, H. G. , “Storage of Natural Gas in Salt Caverns”, Underground Storage of Natural Gas-Theory and Practice, NATO/ASI Series, No. 171, Kluwer Academic Publishers, Dordrecht/Boston/London, 1989.
3. Holman, J. P. , Heat Transfer, McGraw Hill, 1976.
4. Kumar, S. , Gas Production Engineering, Gulf Publishing, 1987.
5. Tek, M. R. , Underground storage, Gulf Publishing, 1987.
6. Katz, D. L. and R. L. Lee, Natural Gas Engineering Production and Storage, McGraw Hill, 1990.
7. Perry, Chilton, Kirkpatrick, Perry's Chemical Engineers Handbook, McGraw Hill, 1963.

第 20 章　盐穴储气库库存复核

库存复核是盐穴储气库运行中非常重要的程序，这个程序也是盐穴储气库经济可行性的基础之一。库存复核对保证调峰过程中储气库的输气量以及监控天然气是否发生泄露都有重要作用。任何库存复核的方法都会受到很多不确定性因素和系统相对误差的影响，本章将重点介绍这部分内容。

利用热力学平衡方程，既可以通过库存计算出储气库中天然气的体积，又可以通过储气库的容积计算出实际库存量。结果表明，无论是哪种计算方法，均存在误差和不确定性，并且误差会不断叠加扩大。因此计算储气库库存时，需要监测注气/采气时候的压力或采用其他手段对库存进行定期复核和数据更新。

当储气库采气或注气时，根据拟压力计算库存，其不确定性很大程度上取决于测量压力的准确性和拟压力下降或增加的大小。

为方便油藏工程师分析，绘制了一个实用图版。给出了计算库存的误差，该误差与测量或计算压力时拟压力下降的百分数呈函数关系。

根据分析表明，必须从盐穴储气库中采出足够数量的气体（至少是库存的 15% 到 20%），才能比较精确地估算出库存，使其误差小于 20%。

文末给出了实例分析详细的计算了库存、压力、z 因子以及与测量气体量的相对误差。

概　述

在盐穴储气库中，库存与天然气占据的体积直接相关。任何库存复核的方法都会受到测量方法中许多不确定因素或是计算方法中参数误差的影响。这些参数中包括几何参数、物理参数、热力学参数和经验参数。在盐穴储气库中，盐腔体积的不确定性使其更加复杂，这是因为盐穴的收缩特性不断影响盐腔体积。在多孔渗透性储气库中，孔隙体积中的含气量不能直接被测量，而必须依靠一些参数变量计算，这些参数变量也会给结果带来误差和不确定性。

确保储气库的供气能力关键在于库存复核[1]。储气库的压力直接反映了工作气和垫气，因为压力的大小直接与储气库的供气能力相关。通过不断复核储气库的库存，才能实现按照合同以指定速度供应天然气。从最初规划、设计到最终的日常运行，都必须知道盐穴储气库的实际库存量，然后才能根据供需关系进行气量分配。

从经济性方面来看，当供求关系不断变化时，就需要对储气库的库存作连续和精确的监测，因为这样有助于优化天然气供应。因气体漏失进行抵税时也需要库存复核。当使用一个储气库同时为几个大用户服务时，为了合理的分配垫气和输气速度也需要准确了解库存数据。

容积法

当测得盐腔容积以后，可以通过热力学方程计算储气库中的天然气库存量，这种方法存在一定程度上的不确定性。

$$I = V(1 - s_w)35.37\frac{p}{zT} \tag{20.1}$$

式中 I——库存，SCF；

V——测量得到的盐腔容积，ft^3；

s_w——盐腔中残留在底坑的卤水和碎石所占的体积分数；

p——储气库的压力，psia；

T——储气库的绝对温度，°R；

z——气体的压缩因子。

s_w值非常小的，可以利用造腔阶段的早期数据估算出 s_w 的值。在储气库运行过程中这个值变化不大。

式 20.1 中，$(p/zT)\times 35.37$ 为每立方英尺盐腔容积内天然气的标准体积。它被称作气体膨胀系数。

实际生产中，压力和温度的读数都会发生滞后，并且在注采作业中温度的变化也非常缓慢。在储气库中任何时间任一点上的温度和压力都不能直接代入上面的平衡方程。用式 20.1 的库存误差可以用下面公式计算：

$$\frac{\Delta I}{I} = \frac{\Delta V}{V} + \frac{\Delta(1 - s_w)}{(1 - s_w)} + \frac{\Delta p}{p} + \frac{\Delta z}{z} + \frac{\Delta T}{T} \tag{20.2}$$

由于 $s_w \ll 1$，可以忽略式 20.2 右边的第二项，得到：

$$\frac{\Delta I}{I} = \frac{\Delta V}{V} + \frac{\Delta p}{p} + \frac{\Delta z}{z} + \frac{\Delta T}{T} \tag{20.3}$$

式 20.3 右边的每一项都可以估计一个值，从而计算它们叠加起来后引起库存 I 的总误差。

假如储气库容积的误差为 5%，压力测量误差为 1%，压缩因子 z 的误差为 1%，并且储气库中温度的相对误差为 3%，那么最后计算出的库存 I 的相对误差为 10%。

压降法

根据储气库中采取一定气体量 ΔQ 后压力降低和随之相应的 Δ（p/z）下降程度，可以计算出储气库中天然气的库存 I：

$$I = \frac{\pm \Delta Q}{(\frac{p}{zT})_1 - (\frac{p}{zT})_2}(\frac{p}{zT})_1 \qquad 20.4$$

式中 ΔQ——采出的天然气量，BCF；

p/z——储气库的拟压力，psia；

T——储气库的绝对温度，°R；

下标 1 和 2 分别表示的是初始状态和最终状态的压力和温度。

在正式注气前可以利用计划注气量和相应的 p/zT 增大值计算出库存。当式 20.4 表示注气阶段时，则用 $-\Delta Q$ 表示，为注入的气体量。

库存累计误差

$$I = \sum_1^n Q_i \qquad 20.5$$

将 Q 项展开，

$$\Delta I = \Delta Q_1 + \Delta Q_2 + \Delta Q_3 + \Delta Q_4 + \cdots\cdots$$

其中

$$\Delta Q_1 = \frac{\Delta Q_1}{Q_1} Q_1$$

$$\Delta Q_2 = \frac{\Delta Q_2}{Q_2} Q_2$$

在代数相加过程中的最大误差可以表示成每一项误差的绝对值相加，因此：

$$\Delta I = \left|\frac{\Delta Q_1}{Q_1} Q_1\right| + \left|\frac{\Delta Q_2}{Q_2} Q_2\right| + \left|\frac{\Delta Q_3}{Q_3} Q_3\right| + \cdots \qquad 20.6$$

假设 $\Delta Q_1/Q_1$ 是常量，并且可以分解成一个有限正上限的级数，如式 20.6 所示。因此：

$$\Delta I = \frac{\Delta Q_i}{Q_i}(|Q_1| + |Q_2| + |Q_3| + \cdots)$$

$$\frac{\Delta I}{I} = \frac{\Delta Q_i}{Q_i} \frac{\sum |Q_i|}{\sum Q_i} \qquad 20.7$$

式 20.7 表明，即使采气量的测量误差 $\Delta Q_i/Q_i$ 非常小，但是实际库存 I 的相对误差随着时间的推移会不断变大[2]。这就是要定期地进行库存复核的原因，并且复核的时候使用不同的方法以提高准确性。

压降法库存复核不确定性

通过向储气库中注入或采出定量气体可以测得温度和压力，然后通过这些数据利用前述的压降法计算某个时间点的库存，如式 20.4 所示。由于该方程是在热力学的基础上建立的，压降模型反应的是热力学平衡关系，所以 p/zT 的值须为相应的压力和温度值。与含水层或枯竭储气库相比，盐穴储气库在注气和采气阶段的温度是不一样的。热力学分析表明，在采气阶段盐腔的温度将会比初始值下降而在注气阶段会比初始值有所增加。如果假设盐腔腔壁完全绝热，可以计算出盐腔温度随时间的变化。

实际上，对于受热流影响的盐腔壁，可以根据注气和采气过程中，远井地带和充满气体的盐腔之间估算的传热系数来确定盐腔内的温度。此外，温度影响比较缓慢，在压力和温度读数反映当前库存值之前，它们之间存在着滞后效应。从注采作业中得来的现场数据表明即使盐腔壁是绝热的，采气过程中盐腔中的绝对温度值将会比初始温度值要下降 3% 到 5%，当缓慢地从储气库采气时，盐腔中的绝对温度值在采气后的 5 到 10 个小时内会比初始温度下降 6% 到 10%[3]。由于温度下降的程度非常小，因此可以近似地把温度当作常量，在式 20.4 中将温度 T 项省略。另一方面，如果能同时取得温度和压力的合理数据，那么就可以用压降法更加精确地进行库存复核。

用该模型进行库存复核时所产生的相对误差可以通过以下方程计算：

$$\frac{\Delta I}{I} = \frac{\Delta(DQ)}{DQ} + \frac{\Delta p}{p} + \frac{\Delta z}{z} + \frac{\Delta T}{T} + \frac{\left(\frac{p}{zT}\right)_1}{\Delta\left(\frac{p}{zT}\right)}\left[\frac{\Delta p}{p} + \frac{\Delta z}{z} + \frac{\Delta T}{T}\right] + \frac{\left(\frac{p}{zT}\right)_2}{\Delta\left(\frac{p}{zT}\right)}\left[\frac{\Delta p}{p} + \frac{\Delta z}{z} + \frac{\Delta T}{T}\right] \tag{20.8}$$

式 20.8 中：

$$\Delta\left(\frac{p}{zT}\right) = \Delta\left(\frac{p}{zT}\right)_1 - \Delta\left(\frac{p}{zT}\right)_2$$

DQ 为注入或采出天然气量。

经过计量的天然气量相对误差可能会达到 2%。而测量的压力相对误差会非常小，为 0.2% 到 0.5%。但是，测量出来的压力并不能代表与之相应的储气库压力，因为还必须考虑温度测量值的滞后效应。一般压力和温度的相对误差在 1%。由于储气库往往会注入不同的气源，从而导致储存的天然气成分发生变化（或相对密度发生变化），最终引起 z 因子的不确定性。该不确定性大约为 1%。

在上式的最后两项都包括了 Δ (p/zT) 项，这是与误差放大效应有关。这个误差放大效应发生在当两个数之间的差值存在非常大的相对误差时。附录中给出了两个数之间相对误差的推导过程。

误差近似计算

当 $(p/zT)_1 \approx (p/zT)_2$，式 20.8 如下：

$$\frac{\Delta I}{I} = \frac{\Delta(DQ)}{DQ} + \left(\frac{\Delta p}{p} + \frac{\Delta z}{z} + \frac{\Delta T}{T}\right)\left[1 + 2\frac{\left(\frac{p}{zT}\right)_1}{\Delta\left(\frac{p}{zT}\right)}\right] \quad 20.9$$

假如计量的天然气量有 2% 的不确定性，压力、z 因子和绝对温度分别有 1% 的不确定性，并且当天然气采出时 p/zT 下降的程度只有初始状态 $(p/zT)_1$ 的 20%，那么库存复核的误差为：

$$\frac{\Delta I}{I} = 2 + (1 + 1 + 1)\left[1 + \frac{2}{0.2}\right] = 35\%$$

即使在计量天然气时，压力、z 因子和温度只有不到 2% 或 1% 的不确定性，并且 p/zT 下降的程度只有 20% 时，库存复核的不确定性还是有 35%。如果 p/zT 的下降程度只有 5% 的时，那么库存复核的误差为：

$$\frac{\Delta I}{I} = 2 + (1 + 1 + 1)\left[1 + \frac{2}{0.05}\right] = 125\%$$

图 20－1 为当 p、z、T 的总相对误差在不同的情况下库存复核的误差与 p/zT 下降程度之间的关系。

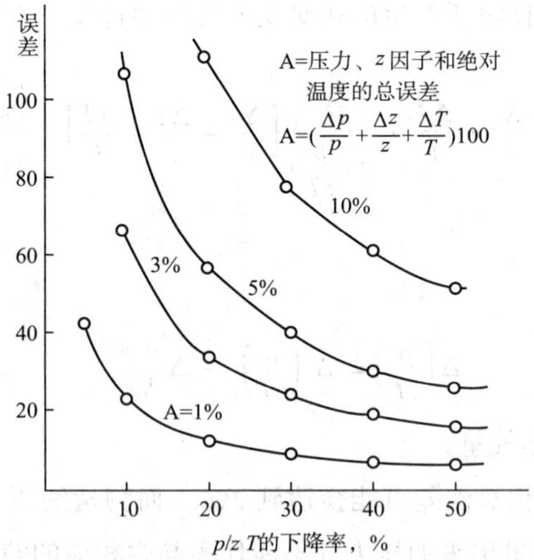

图 20－1　库存复核误差与 p/zT 下降程度之间的关系

实例问题

已知一个最大库存为10亿立方英尺的盐穴储气库，以216MMCF/d的速率进行采气。在连续采气7小时后采出了61.8MMCF的气体，这时测量盐腔的温度和压力，发现温度从122℉下降到104℉，而压力从2187psia下降到1950psia。现在需要计算出采气以前储气库中的天然气库存量。气体相对密度取0.6。

初始状态：

$$p_1 = 2180\text{psia},\quad T_1 = 122℉$$

$$p_c = 671\text{psia}$$

$$T_c = 360°\text{R}$$

$$p_{r1} = \frac{2187}{671} = 3.26$$

$$T_{r1} = \frac{460 + 122}{360} = 1.62$$

$$z_1 = 0.83$$

$$\left(\frac{p}{zT}\right)_1 = \frac{2180}{0.83 \times 582} = 4.53$$

采气7小时后的最终状态：

$$p_2 = 1950\text{psia}$$

$$T_2 = 564°\text{R}$$

$$p_{r2} = \frac{1950}{671} = 2.91$$

$$T_{r2} = \frac{564}{360} = 1.57$$

$$z_2 = 0.815$$

$$\left(\frac{p}{zT}\right)_2 = \frac{1950}{0.815 \times 564} = 4.24$$

$$I = \frac{61.8}{4.53 - 4.24}4.53$$

$$= 965.36\text{MMCF}$$

利用式20.9计算库存的误差：

$$\frac{\Delta I}{I} = 2 + (1 + 1 + 1)\left[1 + \frac{2}{\frac{4.53 - 4.24}{4.53}}\right]$$

$$= 2 + 3\left[1 + \frac{2 \times 4.53}{0.29}\right]$$

$$= 37.24\%$$

结　论

1. 在盐穴储气库中，可以通过热力学模型，利用测量盐腔体积或计量的天然气采出量以及储气库的运行参数计算出总库存。

2. 任何一种方法都会受到累积误差的影响，而且这个误差会不断增大。

3. 在盐穴储气库中，注入和采出定量气体后简单地对原库存进行加减会导致误差不断扩大，所以必须定期采用不同的方法对盐穴储气库库存进行复核。

4. 已知注入或采出的天然气量、压力和温度就能够直接计算出储气库中现存的天然气量。

5. 计算盐穴储气库的库存时所产生的误差是压力、温度、z 因子以及 p/zT 相对变化程度的函数。

6. 假如压力、温度和 z 因子都有 1% 的误差，为了保证盐穴储气库进行复核时误差限制在 20% 以内，就必须从储气库中采出足够数量的天然气使 p/zT 值的变化超过 40%。

符号说明

A　p/zT 的误差

a　一个正数

b　一个正数

DQ　注气量和采气量，BCF（10 亿 ft^3）

I　库存，BCF（10 亿 ft^3）

$E(x)$　误差放大倍数，无因次

p　压力，psia

Q_i　注气量和采气量，BCF（10 亿 ft^3）

s_w　底坑中卤水和碎石占盐腔体积的百分数

T　绝对温度°R

z　压缩因子，无因次

ε　一个很小的数

希腊符号

Δ　差分算子

Φ　孔隙度

Σ　求和运算

$|\ |$　绝对值运算

i　下标

参考文献

1. Tek, M. R. , Underground Storage of Natural Gas, Gulf Publishing Co. , Book Division, Houston, Texas, 1987.

2. Association Technique de l'Industrie du Gaz defrance, "Manuel pour le Transport et la Distribution du Gaz", Stockages Souterrains de Gas XIII, Paris, France.

3. Tek, M. R. , "Temperature and Pressure Effects in Salt Cavities During Peak Shaving Withdrawals", SMRI Spring Meeting, Syracuse, New York, April 1993.

第 21 章　盐穴储气库最新进展

在地下环境气体要么储存在多孔介质中，要么储存在盐岩水溶造出的空腔中。以恒定的速率向能源市场提供大量的天然气，首选方法就是利用多孔介质对天然气进行储存。当市场需要高速率和频繁短期供气时，盐穴储气库的经济优势就显得无与伦比。它输送天然气的速度大约是传统多孔介质的 30 倍，且成本更低。现在，北美和欧洲的能源市场价格可以反映出供求关系，即目前对盐穴储气库的需求正在飙升。天然气发电进一步刺激了盐穴储气库的需求，但是出于安全、环境和其他因素的影响，天然气发电的进展将会放缓。然而，天然气发电是最易接受的发电方式。

技术现状

盐穴储气库中天然气通常只能采出总库存的 50% ~60%，气体被采出后需要重新向储气库注气，以确保储气库内留有 40% ~50% 的天然气储量，为采出 50% ~60% 的天然气提供压力。这部分保留在储气库内提供压力的天然气叫作垫气。而另一部分被采出使用或重新注入储气库的天然气被称作工作气。

技术进展

目前有一种新技术已被接受和认可。该技术能在不使用天然气作垫气的情况下将天然气储存在储气库中。替代垫气技术就是在盐穴储气库中使用氮气或燃烧废气替代天然气充当垫气，将工作气储存在一个气囊中而与垫气分隔开，且该气囊一直留在盐穴内，可以根据需要随时注气。当需要采气的时候，气囊外的垫气就会提供足够的压力将工作气排出。垫气费用是盐穴储气库的主要成本。替代垫气费用远低于天然气作垫气的费用，且替代垫气比天然气垫气更能高效率地膨胀，无需使用压缩机和脱水设备等地面装置。该项技术已经在美国、保加利亚、澳大利亚和加拿大取得了专利。最新研究提供了一种在盐腔中将气囊插入、展开和储存工作气的实用方法。

经济优势

一个容积为 100 亿 ft^3 的盐穴储气库需要 40 亿到 50 亿 ft^3 的天然气作为垫层气。目前天然气的成本约为 2.5 美元/千立方英尺，而替代垫气的成本大约为 1 美元/千立方英尺，这相当于节省了 600 到 750 万美元。西方国家有 1000 多个盐穴储气库正在使用或计划投入使用。有了气囊内的工作气和外部的垫气，大大节省了脱水成本。目前仅在美国和加拿大就有 80 多个项目正在实施中。在本书出版前（1996）的六年里，作者发表了几篇关于替代垫气技术的研究与开发论文。本书作者最近的两篇论文被收录在这一章，着重介绍当前的技术进展。

替代垫气技术的应用

优势及设计特点

自 20 世纪 90 年代以来，替代垫气在盐穴储气库中的应用一直是人们关注的焦点。在常规储气库中，很大一部分天然气必须作为垫气持续保留在储气库中，以提供工作气采出所需的压力。因此，有人提出可以使用比较便宜的气体来代替垫气。该想法是通过使用一种塑料薄膜实现，工作气储存在盐腔内位于中心位置的气囊中[3]。这意味着在盐穴的开发和运营上都有可观的经济优势，因此针对具体的设计和实施提出了以下几个问题，什么样的气体可以替代垫气？气囊可以用什么样的材料？在当前情况下盐穴储气库的性能如何？如何插入和展开这样一个气囊？合理的启动顺序是什么样的？故障安全注意事项有哪些？本章主要解决上述大部分问题。介绍并讨论了替代垫气的盐穴储气库预期性能表现，并且给出了一个实例。

概况

当天然气储存在含水层或枯竭储气库中时，充当垫气的天然气量占储气库库存的 40% 至 75%。而使用盐穴储气库储存天然气时，需要的垫气依据储气库的深度和目前的压力范围而定。在一般情况下需要用库存的 25% ~50% 的天然气充当垫气。垫气的成本在盐穴储气库开发的总成本中占很大比例。有关资料表明，垫气成本占总成本的 5% ~10%。气囊的使用可以在传导压力的同时隔离工作气，节省脱水设备的成本。由于储存的高质量天然气不与底坑中的卤水接触，因此当天然气注入气囊中时，气体中的含水量很少。

替代垫气的盐穴储气库设计以及一个恒定容积内两个独立盐腔的热力学性能是评价替代垫气技术是否可行的关键问题。该技术具有无可争议的可行性和显著的经济优势，其应用能否成功主要取决于实际的可操作性。

- 用什么样的材料制作气囊？

- 在盐腔中插入、展开气囊需要什么样的设计？
- 从脱卤、插入和展开气囊，到最后注入工作气充满整个盐腔，启动顺序是什么样？
- 盐穴储气库的故障安全要求是什么？
- 需要进行怎样的现场测试才能得到经验曲线？
- 利用替代垫气的盐穴储气库，其压力滞后效应如何？

虽然并不是所有提出的问题都得到了现场验证，但大多数问题都得到了处理。本章主要介绍并讨论了替代垫气技术的具体设计要点，以及其经济优势和工程优势。

替代垫气技术的优点

在盐穴储气库中使用便宜的气体替代垫气，不仅可以降低用天然气充当垫气的差价，而且还可以节省脱水成本。据文献记录，使用天然气充当垫气的成本是用储气库储气总成本的 5% ~10%[3]，而对天然气进行压缩、调节、计量和脱水的费用保守估计占总成本的 15% 左右。最近，天然气的价格上涨放缓。在撰写本文时，天然气每千立方英尺的价格在 1.6 到 1.9 美元之间。预计天然气的价格还将上涨。据报道，Gaz de France 和 Sofregaz Technology 公司在现场产生的替代垫气成本为 1 美元/千立方英尺，预计其成本还将会下降。利用天然气充当垫气的脱水环节至少占总成本的 5%。在将来可以利用工业废气作为替代垫气。这种技术与在凝析油藏中使用氮气提高采收率类似。在现有经济规模下，替代垫气的成本可能会低至 50 美分/MCF。因此，替代垫气节省的差价成本加上节省的脱水环节费用能占盐穴储气库总成本的 10% ~12%。例如，整个储气库的开发成本为 8 美元/MCF，一个总容量 50 亿 ft^3 的储气库至少可以节省 400 万 ~500 万美元*。除此之外，富含氮气的替代垫气比原来的天然气垫气在采气过程中能采出更多工作气。

使用替代垫气技术的其他优势包括：储气性能更好，可直接控制工作气所占比例以满足市场的需求；监测气体相对密度更简单；降低了泄漏损失的可能性以及计算气体量更简单。表 21 -1 列出了使用替代垫气在经济和运行方面的优势。

表 21 -1　替代垫气技术的优势

1. 与储存的天然气相比，垫气的成本更低；
2. 节省了脱水环节的成本；
3. 替代垫气的循环可操作性更好；
4. 更适合季节交替时进行调峰调压操作；
5. 工作气与长期存在的垫气不会发生混合；
6. 可以利用工作气的浮力支撑盐穴顶；
7. 可以更便捷地监控工作气的库存量；
8. 便于天然气的流通，满足市场的需求；
9. 可以根据盐穴的实际形状定制气囊；
10. 在周期性的检查和维护中，可以更方便地清洗盐穴的储气设施。

* 在本书出版时（1996），盐穴储气库的建造成本在 8 美元/MCF 到 12 美元/MCF 之间。

替代垫气技术在多季节调峰中的作用

由于煤炭开采的环境严格受限，核燃料的使用涉及相关的安全问题，以及石油相关的地缘政治不确定性，现在天然气几乎受到全世界电力公司的青睐，他们的发电能力严重不足。利用管道将天然气从油气田或集输中心输送到发电站时，需要将天然气进行本地储存，根据发电厂需求调节天然气的采出量。这种储存方式有两个特征参数，即循环工作气和峰值产能。

储气时的高峰日是指冬季最冷的一天，此时对能源的需求量最高。在发电时，用电高峰通常出现在夏季，这与夏天空调的大量使用有关。无论是在夏季还是冬季，对能源的需求量都是频繁波动。如此高的需求需要高的供气能力，但这又仅需要一段时间内提高供气能力。由于峰值需求出现的频率和持续时间决定了当地市场的状况，因此，在发电厂附近建设盐穴储存成为一种非常可取的经济方式。利用现有的压缩和输送技术，盐穴储气库可以在较短的时间内将工作气输送给市场。一般而言，以设计峰值产能一半左右的注入速率将天然气注入到盐穴储气库中，就可以补充天然气的库存。与常规天然气作垫气相比，采用替代垫气时从储气库中产生的循环工作气要更多。这是因为采用替代垫气（如氮气或工业废气），平均盐腔温度下 z 因子与压力的关系发生变化。

替代垫气储气库的设计

替代垫气的盐穴储气库设计内容包括：替代垫气的制备、材料的选择、气囊制造、气囊插入和展开系统、合理的启动顺序、故障防护措施以及最坏情况的分析和评价。

材料要求

材料要求包括替代垫气的制备以及选择制造气囊的合适材料。

替代垫气的现场制备

替代垫气可以是氮气或者富氮工业废气。

氮气发生器

现场非低温制氮有两种方法。包括：①变压吸附法 PSA[6]；②Dow/BOC 膜分离技术[7]。

变压吸附工艺

自 19 世纪 80 年代末，法国天然气公司就一直在使用变压吸附工艺，将惰性垫气注入到含水层中。它使用空气作为吸入气，中间操作流程包括压缩、吸附、降压、脱水和注入等。它可以在多级离心压缩机下工作，从 14.7 - 1400psia 共有 4 级。该工艺每天能产生多达 600 万 ft^3 氧气含量低于 5% 的氮气。据报道，一个典型的橇装式装置的总压缩压力大约在 3500kW[6]。通过碳分子筛吸附氧气，随后利用活性氧化铝去除其中的水分，最后通过一个四级电动往复式压缩机对惰性气体进行压缩。该工艺过程中所用的特殊分子筛是 Bergbau - Forshung 公司生产。预处理过程包括过滤、压缩、二次冷却和干燥等工艺；然后处理过的气体进入双吸附塔装置（PSA），在双吸附塔中每隔 30 秒进行加压吸附和减压解吸；最后富氮气体被收集起来，经干燥后进入氮气压缩机，将氮气储集起来。据报道，PSA 制氮技术的成本大约为 1 美元/MCF。

Dow/BOC 膜分离技术

Generon 工艺的膜分离技术也是目前最先进的变压吸附分离技术[7]，类似于 PSA 技术。它使用一组半透膜将氮气从空气中分离出来。当空气通过半透膜时，氧气、二氧化碳和水蒸气等气体通过侧壁渗透过去，而氮气沿着轴向流动。该装置是可移动的，安装在特种汽车或橇装装置上。该装置每天能产生 230 万 ft^3 压力为 6500psig 温度为 100℉的氮气，其纯度高达 97% ~99.9%。1993 年该技术的成本大约为 1 美元/MCF。

富氮惰性气体制造技术

多年来，法国天然气公司 Gaz de france 和 Sofregaz 相继开发了制造富氮工业废气为惰性气体的技术，并成功地应用于油田注气中[8]。利用两台发电机，直接向含水层注入替代垫气。每台发电机以 1000 万立方英尺/d 的速度注入替代垫气，注入压力高达 2200psig。这个过程包括天然气燃烧以及利用燃气涡轮压缩机增压。后面的装置可以利用自身产生的废气进行驱动。在氮氧催化反应前后，燃烧产生的气体需要被冷却下来。由于替代垫气将永久地储存在盐穴储气库中，因此在盐穴储气库的实际应用时，法式工艺中的某些步骤可能是不需要的。该技术产生的惰性气体中含氧量低于 0.5%，氢等不完全燃烧产物的含量低于 2.5%。在此过程中，替代垫气的成本与天然气的成本呈线性关系，垫气成本大约为 1.25 美元/MCF，而天然气成本为 2 美元/MCF。在美国利用该技术生产盐穴储气库所需的替代垫气时，成本可能要低至 0.75 美元/MCF。

气囊的材料要求

作为膨胀气囊的材料必须是一种可折叠、有弹性的材料，并且在高温和压力变化比较大的环境中具有结构完整性和抗张力性能（在储气库中温度高达 200℉，压力变化范围在几百到几千 psia）。作为气囊材料的薄膜，必须是不可渗透的，有足够阻止工作气和垫气互相扩散的能力。聚乙烯薄膜或其他类似的人造橡胶能够满足强度和抗张性能。另外，气囊材料必须具有足够的厚度和柔软性，以避免在与粗糙的盐穴壁接触时造成损坏。该材料在成百上千次的不断注气和采气工作环节中，必须有足够的抗疲劳强度。

气囊设计

气囊的设计和制造应按盐穴的实际形状定制，折叠后的气囊成品被安装在一个特制的润滑器内*。图 21-1 为安装于润滑器内并缠绕在导杆上的气囊。假如在盐穴内有锯齿状的不溶突起，气囊应该安装在远离这些突起的安全位置，以便能够完全膨胀。

* 润滑器是专门为实验设计的；在实际应用中，气囊是缠绕在下入套管的外壁上。

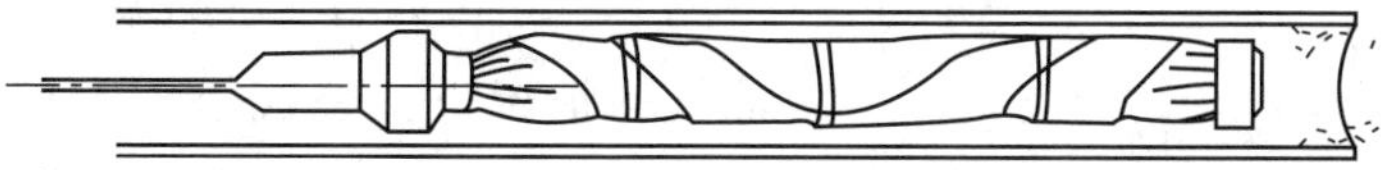

图 21－1　气囊安装示意图

插入展开系统设计

气囊在盐腔内插入展开系统的设计细节如图 21－2、图 21－3 和图 21－4 所示。图 21－2为盐腔中气囊在最大储气量时的截面图。气囊在盐腔内展开，随后膨胀到最大储气量状态。可以看到，气囊固定在联轴器上，并且该联轴器与生产管柱底端进行机械连接。联轴器和气囊都与套管内的电缆相连。此外，图 21－2 还展示导向罩连接在导向杆上，在特殊润滑器里面的导向杆是专门设计用来折叠、打包和下放气囊的，气囊和联轴器通过润滑器放入井眼中。由于盐腔的几何特征存在局限性，因此只有在小规模的现场试验中，盐腔内润滑器和气囊才在垫气压力下使用。当导向杆到达套管底部时，导向杆和导向罩慢慢通过坐封组件的开口进入盐腔中，然后联轴器和坐封组件锁紧。由于这个开口必须稍大于联轴器的插入端，需使用 O 形环或其他类似的封隔器安装在联轴器和生产管柱内壁之间密封环形间隙。导向杆可以通过焊接或机械连接在联轴器内的卡盘上，可以是实心或可收缩的。

图 21－3 为在中度压力下的气囊，替代垫气占据了气囊外盐腔的大部分空间。由于替代垫气的密度较大，因此气囊和工作气仍处在盐腔的顶部位置。

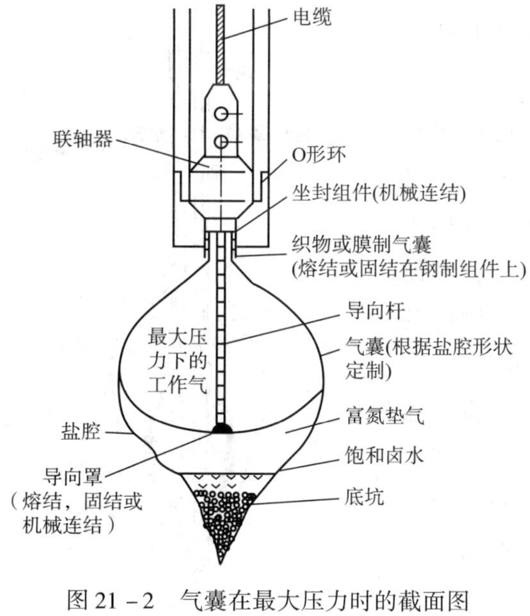

图 21－2　气囊在最大压力时的截面图

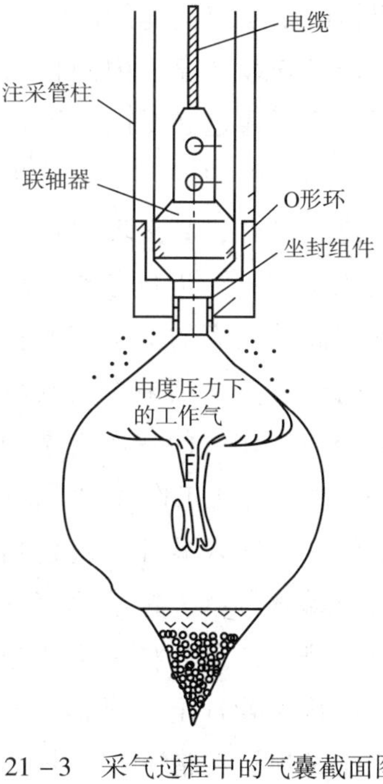

图 21－3　采气过程中的气囊截面图

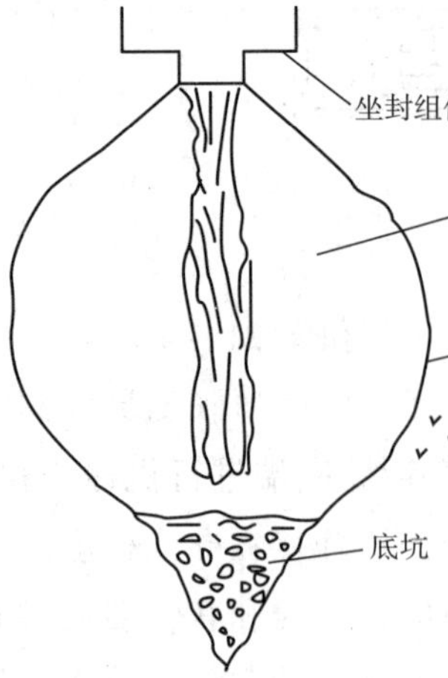

图 21－4　气囊在最小压力时的截面图

图 21－4 可以看出，气囊刚插进盐腔在完全没有注气的情况下，替代垫气占据了盐腔的大部分空间，气囊压力最小。上述的设计和装置细节类似于以前在海上盐穴中将油与盐分隔开的系统[9]。

工艺顺序

对于插入、展开、充气膨胀和注气等工艺环节采取如下的顺序和步骤：

1. 水溶造腔并对腔体形态进行声呐探测；
2. 制造一个与腔体实际形态匹配的气囊；
3. 通过熔合或固结将气囊固定在联轴器总成上[10]；
4. 将气囊折叠并装在特制的润滑器壳内（见图 21－1）；
5. 在最小压力下进行排卤；
6. 在润滑器顶端装配并插入一个填料盒；
7. 通过坐封组件 O 形环，将联轴器和气囊装置放进盐穴内；
8. 向气囊内注入工作气。

故障防护要求

如果盐腔塌陷或其他的故障导致气囊破裂不能使用，可以通过安装在套管内的自动安全阀关闭整个系统。关闭之后可通过必要的装置将气囊和联轴器从盐腔中取出。而盐腔内的混合气体也要进行处理，可以注入盐水进行净化，直接埋存或暂时封存，也可以在地面通过化学的方法进行分离。在油田化学中使用氮气驱油来提高采收率的例子表明在富氮气体中分离出甲烷是可行的。实验结果表明其故障概率较小，即使发生故障分离工作气的一次性费用也比较低，最坏的情况只是失去小部分工作气和廉价的替代垫气。

最新的气囊插入展开系统包括如下几个步骤：在常压下进行湿式插入，标准化完井，同时注入垫气和工作气进行排卤，最后将一个盐腔容积大小的气囊安装到中心的排卤管柱上。图 21－5 为新型气囊插入系统，适宜于常规盐穴储气库完井。

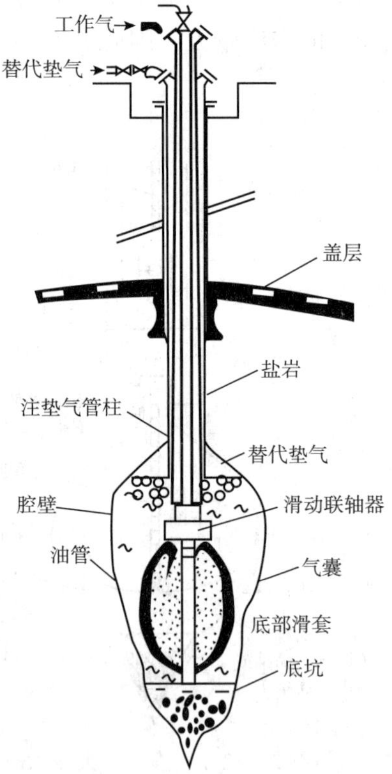

图 21－5　带气囊的常规盐穴储气库

结 论

在盐穴储气库中采用低成本的替代垫气，其优势是多方面的。其中最重要的是节省了工作气和替代垫气之间的差额成本，以及节省了整个脱水过程的成本。据估计，这些节省的成本占目前盐穴储气开发总成本的10%至15%。当盐穴储气库使用替代垫气时，每次循环周期都可以采出或者注入更多的天然气。其他的优点包括适应市场价格下多季节的调峰，操作、维护、库存复核更简单，损失风险更小。从实用的角度看，新技术是切实可行的。

致 谢

本章所述的研究工作是过去四年中，个人和公司相互鼓励支持的结果。作者希望能特别感谢一些人，他们不仅激发了大家的研究兴趣，而且提出了本文中许多的重要问题。他们是来自奎斯塔管道公司的 Rudy Araktingi，Andy Marushack 和 Gary Sackett；来自塔亚斯电力公司的 Larry Bickle 和 Jake Gatewood；来自法国天然气公司 Gaz de france/Sofregaz 的 Jean Colonna 和 Pierre Cavalieros；来自美国弗里加兹公司的 Michel Dussaud；来自德国前 PB-KBB 公司的 Hans Haddenhorst；来自天然气管道公司的 Floyd Hofstetter；来自贝克石油工具公司的 James King；来自诺曼公司的 Rich Mantia；来自安然公司的 Pat Puente；来自孤星能源公司的 Mehmet Salviz 以及来自威廉技术公司的 Dave Williams。

泰盛公司提供了财政支持和出版许可。

压力－库存性能

自19世纪70年代末，Colonna 和 Dussaud 首次提出在含水层中注入惰性气体替代部分垫气以来，人们一直对替代垫气技术感兴趣[11]。90年代初，本书的作者首次提出了在盐穴储气库中利用惰性气体完全替代天然气作为垫气的设想[12~14]。

注入惰性气体作垫气节约了部分成本，并且无需脱水流程，完全节约了脱水成本，这些经济优势为后续研究提供了动力。研究表明，在盐腔中隔离垫气的另外一个优势为提高了周期采出工作气的比例。在常规盐穴储气库中该比例从25%提高到50%，而使用替代垫气的盐穴储气库中这一比例提高到95%以上。在下面的章节将讨论代替垫气的盐穴储气库中压力、库存和温度之间的变化规律，其中，盐腔体积被气囊内的工作气和气囊外盐穴内的替代垫气所充满。

压力与库存

当盐穴中存在两种明显不同的气体时，这两种气体被特定的膜分隔开，利用气囊内工作气的压力－库存性能来确定包络线的界限，利用包络线可以计算出盐穴内的循环工作气及其产能的大小。传统地下储气库中 p/z 和库存的关系图，称为滞后曲线。该曲线图可用于对盐穴储气库的设计和性能分析，还可应用于储气库日常运行的监控中。在设计盐穴储气新项目时，能为压缩机、地面管道及其他配件的选型提供必要的参数。

盐穴与多孔介质储存的对比

定容或含水层多孔介质中，理解了工作气和垫气的关系后，便能更好地理解气囊中工作气的性能。图 21－6 描述了多孔介质储气库与盐穴储气库之间的不同和相同之处。

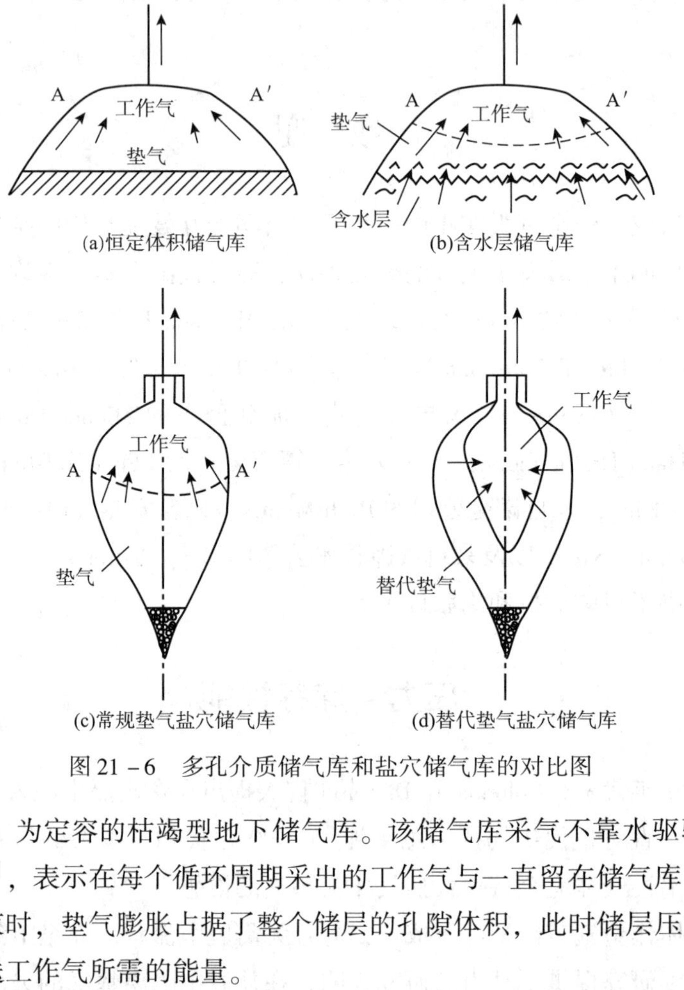

图 21－6　多孔介质储气库和盐穴储气库的对比图

图 21－6（a）为定容的枯竭型地下储气库。该储气库采气不靠水驱驱动。假设边界 AA′为透热边界[15]，表示在每个循环周期采出的工作气与一直留在储气库中的垫气之间的边界。在采气结束时，垫气膨胀占据了整个储层的孔隙体积，此时储层压力最小。垫气的存在，提供了输送工作气所需的能量。

图 21－6（b）为受水驱影响的含水层储气库。工作气和垫气之间的边界仍旧为 AA′。如图 21－6（a）所示，输送工作气所需的能量部分来自垫气的膨胀，还有部分来自周围含水层的膨胀，这些含水层侵入含气砂岩，减小了气层体积，从而增加了气体的压力。地下含水层的水驱作用在采气过程中始终保持高压，维持储层的供气能量，防止其衰竭过快。同理，在注气结束时，气层发生膨胀，使储层压力保持在足够低的水平，以继续注气。

与图 21－6（a）和图 21－6（b）相似，图 21－6（c）和图 21－6（d）为两个盐穴

储气库。在图 21－6（c）中，AA′线以下的常规垫气提供了采出工作气所需的压力。图 21－6（d）与图 21－6（b）中所示相类似，气囊中的工作气与提供输送动力的替代垫气是分隔开的。为优化垫气 z 因子的膨胀和压缩特性而对垫气的组成成分进行特殊设置，并使用合适的垫气比例，即可以达到与普通垫气相同的效果，并且可以带来额外的驱动力。

描述工作气注入和采出的方程

假设储气库在运行时，气囊内的压力与气囊外盐腔内的压力相当，对盐腔和气囊中气体的热力学进行描述，进而推导出描述气囊内拟压力 p/z 与工作气库存量之间关系的基本方程。

气囊内的拟压力 p/z 值与其库存量和初始值有关。在工作气采出过程中压力降低，垫气发生膨胀，p/z 值随之减小。

设气囊中工作气的压力为 p，气囊外垫气的压力为 p_c。工作气的压缩因子为 z，替代垫气的压缩因子为 z_c。Tek 在之前的两篇论文中总结 z_c 与 z 的相关关系如下[2][4]：

$$z_c = \beta z$$

其中，在盐腔平均温度下 $\beta = \beta(p)$。

分析中假设 $p_c \approx p$。当气囊完全展开，处于充满气状态时，气囊内的压力仅仅比气囊外压力高 1lbf 左右。

采气过程中的压力与库存

从气囊中采出工作气的过程，其初始条件 $p = p_1$，库存 $I = I_1$，当库存降至 I 时，拟压力 p/z 可利用下式计算得到：

$$\frac{p}{z} = \left(\frac{p}{z}\right)_1 \frac{I}{I_1} / \left(1 - \frac{\Delta V}{V_1}\right) \qquad 21.1$$

式中，ΔV——工作气体积的收缩量；

V_1——工作气的初始体积。

将气囊内工作气的体积收缩量与外部垫气的膨胀量视为相等，可以很容易地推导出压力与工作气库存量之间的关系式。系数 β 的大小取决于垫气的组成成分和压力的变化。图 21－7 为给定盐腔温度下，两种类型的垫气的 z 因子、系数 β 与盐腔压力的关系曲线。

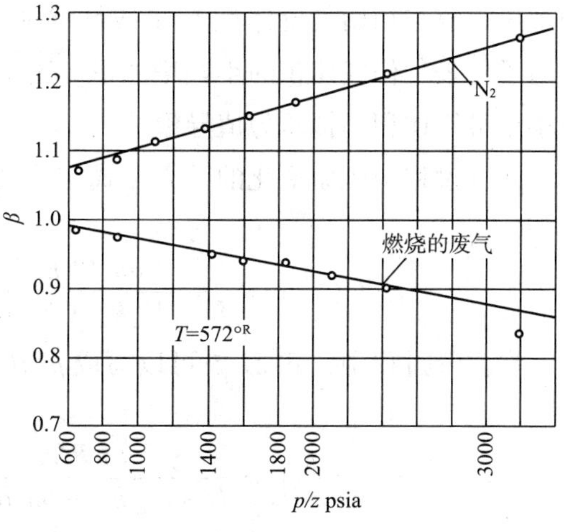

图 21－7　z 因子和系数 β 与压力的关系图

气囊内工作气库存与压力关系方程推导式如下：

$$\frac{p}{z} = \frac{\beta n_c RTE_1}{I_1 + V_c E_1} + \frac{\left(\frac{p}{z}\right)_1}{I_1 + V_c E_1} I \qquad 21.2$$

式 21.2 中 I_1 为初始状态时工作气的库存

量。$V_cE_1 = \beta_1 I_c$ 为垫气的库存量。

上述式 21.2 也可以写成如下形式：

$$\frac{p}{z} = \frac{\left(\frac{p}{z}\right)_1}{(\beta_1 I_c + I_1)}(\beta I_c + I) \qquad 21.3$$

式 21.3 为 p/z 与气囊内的库存量呈线性关系，其斜率要低于天然气作垫气的传统盐穴储气库。

对于特定的替代垫气，β 与 p/z 的关系式为：

$$\beta = a + b(p/z)$$

特定的压力关系表达式如下：

$$\frac{p}{z} = \frac{an_cRTE_1}{I_1 + E_1V_{c1} - bn_cRTE_1} + \frac{\left(\frac{p}{z}\right)_1}{I_1 + E_1V_{c1} - bn_cRTE_1}I \qquad 21.4$$

式 21.4 中，a 和 b 分别为平均盐腔温度下 β 与 p/z 关系曲线中的斜率和截距。式 21.4 还表明，尽管库存的容积不恒定，但是拟压力与气囊内的库存仍呈线性关系，具体推导过程见附录 21. A。附录 21. B 为气囊和盐腔内都充满气体的情况。

在盐穴储气库相关文献中，通常用（p/zT）来表示压力。因此，式 21.4 也可写成如下形式：

$$\left(\frac{p}{zT}\right) = \frac{an_cRE_1}{I_1 + E_1V_{c1} - bn_cRTE_1} + \frac{\left(\frac{p}{zT}\right)_1}{I_1 + E_1V_{c1} - bn_cRTE_1}I \qquad 21.4a$$

注气过程中的压力与库存

通过对式 21.1 的另一面进行分析，推导出了注气方程的拟压力 p/z：

$$\left(\frac{p}{z}\right) = \left(\frac{p}{z}\right)_2 \frac{I}{I_2} \Big/ \left(1 + \frac{\Delta V}{V_2}\right) \qquad 21.1a$$

式 21.1a 中，初始最小库存量为 I_2，当将工作气注入气囊时，计算出与库存量 I 对应的拟压力值与初始气囊体积 V_2 呈线性增加，并利用（$1 + \Delta V/V_2$）因子进行了修正，该修正因子代表工作气体积的小幅增加量。这是由于注气过程中垫气从初始体积和拟压力收缩减小至最终体积和拟压力值导致。

注气过程中压力变化的计算公式与采气过程的计算公式相同。

$$\left(\frac{p}{z}\right) = \frac{an_cRTE_2}{I_2 + V_{c2}E_2 - bn_cRTE_2} + \frac{\left(\frac{p}{z}\right)_2}{I_2 + V_{c2}E_2 - bn_cRTE_2}I \qquad 21.5$$

在注气过程中，式 21.5 可以写成 p/zT 的形式：

$$\left(\frac{p}{zT}\right) = \frac{an_cRE_2}{I_2 + V_{c2}E_2 - bn_cRTE_2} + \frac{\left(\frac{p}{zT}\right)_2}{I_2 + V_{c2}E_2 - bn_cRTE_2}I \qquad 21.5a$$

式 21.5 和式 21.5a 与式 21.4 和式 21.4a 是对称的。这表明，在注气过程中拟压力与工作气库存量之间也存在着线性关系。

热传导的温度压力效应

由于沿腔壁和气囊之间的摩擦、焦耳－汤姆逊冷却和热传递等相关热力学效应的影响，导致在采气过程中，气囊中工作气的温度会下降，而在关井和注气期间，温度会上升。然而，绝对温度的变化也是非常小，估计变化率在3%～6%之间。德国和法国传统盐穴储气库的相关数据表明，采气过程中，盐腔内气体绝对温度的变化很小，平均在1.5%～4%之间[16][17]。当气囊内的工作气被采出时，气囊外替代垫气的局部隔热效应，将会影响气囊的传热效果。因此在采气和注气过程中，预计沿着腔壁的热量传递将会部分削弱。

有无替代垫气的盐穴储气库性能对比

图21－8为传统定容储气库与替代垫气的盐穴储气库之间不同的储存性能。传统定容储气库的 p/zT 与 I 关系曲线是一条经过原点的直线；尽管气囊充满工作气的储气库每个周期工作气的体积变化率高达100%，但是 p/zT 与 I 的关系曲线也是一条直线。在图21－8中，线2′是常规储气库的运行线，而线2表示替代垫气储气库的运行线。采气时，线2由式21.4和21.4a表示（箭头向下），注气时由式21.5和式21.5a表示（箭头向上）。由图21－8还可以得出，替代垫气的储气库中工作气的含量要比天然气作为垫气的储气库含量大。线2的斜率取决于所使用垫气的组成成分以及与垫气混合的工作气的成分（见实例问题）。对于 $\beta<1.0$ 的垫气，在压力变化范围内使用气囊明显增加了每个周期可用的工作气。其中氮气的性能最好，含量从100%到72%其带来的效果变化不大。p/z 与 I 关系曲线的斜率取决于点1处开始采气时的垫气与工作气的比值。

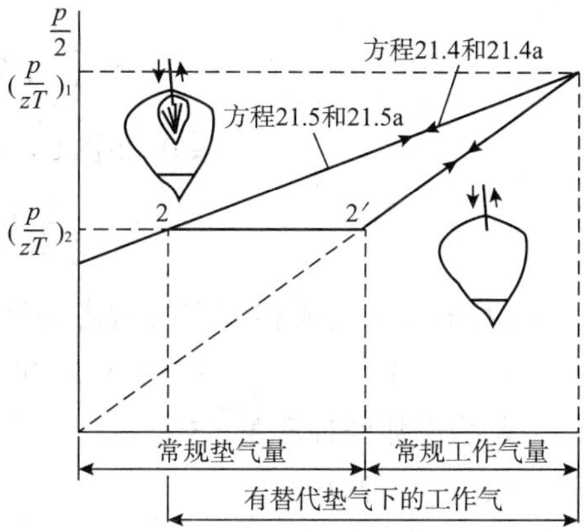

图21－8 替代垫气和传统垫气的储气库性能对比

实例问题

利用氮气作替代垫气的储气库，经过水溶造腔和声呐检测后进行排卤。在盐腔温度112℉、p/z 为1320psig时，盐腔可以容纳20亿 ft^3 的替代垫气。

储气库在最小拟压力下运行，即在3200英尺深的套管鞋处压力梯度为0.85psi/ft。

1. 计算盐腔的体积。

2. 在充分核实盐腔的垫气库存之后，将气囊插入盐腔并展开进行注入工作气。那么，在最大的储存压力下，气囊能容纳多少工作气？

3. 计算并绘制以氮气或富氮废气作垫气的气囊中工作气的压力变化曲线，并与最大储存压力下含有相同数量工作气的常规储气库压力性能进行对比。

求解

1. 盐腔体积

$V = I_c/E_c$；$I_c = 2\times10^9$ SCF；$E_c = 35.37p_c/z_cT$ SCF/CCF（每立方英尺盐腔体积的标准体积）；$p_c \approx p$；$z_c = \beta_z$；$\beta = 1.13$（来源于图 21.6）。

$$E_c = (0.06184/1.13)\ p/z = 73.0\ \text{SCF/CCF}$$

$$V = 2\times10^9/73.0 = 27.4\times10^6\text{ft}^3$$

2. 工作气最大库存

首先计算盐腔最大压力值：

$$p = 3200\times0.85 + 14.7 = 2734.7\text{psia}$$

最大值 $p/z = 27347/0.82 = 3335$psia

最大盐腔压力下垫气所占的体积：

$$V_c = \frac{I_c}{V_c};\ @\ \frac{p}{z} = 3335 \quad \beta = 1.27$$

$$E_c = 0.06184\times3335/1.27 = 162.35\ \text{SCF/CCF}$$

$$V_c = \frac{2\times10^9}{162.35} = 12.32\times10^6\ \text{ft}^3$$

最大压力下气囊和工作气所占的体积：

$$V_T = 27.40\times10^6 - 12.32\times10^6 = 15.08\times10^6\text{ft}^3$$

(大约占盐腔体积的55%)

由于 $V_T = I_T/E_T$

$$E_T = 0.06184\times3335 = 206.24\text{SCF/CCF}$$

$$I_T = 15.08\times10^6\times206.24 = 3.11\times10^9\text{SCF}\ (31.1\text{BCF})$$

3. 压力库存性能计算

$$\left(\frac{p}{z}\right) = \frac{an_cRTE_1}{I_1 + E_1V_{c1} - bn_cRTE_1} + \frac{\left(\frac{p}{z}\right)_1}{I_1 + E_1V_{c1} - bn_cRTE_1}I \tag{21.4}$$

对于氮气作替代垫气而言：

$$\beta = a + b\left(\frac{p}{z}\right)$$

$$a = 1.04$$

$$b = 6.96\times10^{-5}\text{psia}^{-1}$$

$$n_c = 2\times10^9/378.6 = 5282620.18\text{mol}$$

$$R = 10.73\text{psia ft}^3/(\text{lb}-\text{mol})^\circ\text{R}$$

$$T = 572^\circ\text{R}$$

$$E_1 = 206.24\text{SCF/CCF}$$

$$I_1 = 3.11\times10^9\text{SCF}$$

$$V_{c1} = 12.32\times10^6\text{ft}^3$$

$$(p/z)_1 = 3335\text{psia}$$

$$I_1 + V_{c1} - bn_c RTE_1 = 3.11\times10^9 + 12.32\times10^6\times206.24 - 6.96\times10^{-5}$$
$$\times5282620.18\times10.73\times572\times206.24$$
$$\approx3.11\times10^9 + 2.54\times10^9 - 0.465\times10^9$$
$$\approx5.18\times10^9\text{SCF}$$

$$\frac{p}{z} = \frac{1.04\times5282620.18\times10.73\times572\times206.24}{5.18\times10^9} + \frac{3335}{5.18\times10^9}I$$

$$\frac{p}{z} = 1342.52 + 6.44\times10^{-7}I$$

该方程即为氮气作替代垫气下的压力库存方程。

当 $I = 3.11\times10^9$

$$\frac{p}{z} = 6.44\times10^{-7}\times3.11\times10^9 + 1342.52 = 3345.36\text{psia}$$

在最小排卤压力 $p/z = 1334$psia 时，工作气的库存几乎为零。如果在 $p/z = 1350$psia 时注入天然气，则工作气的最小库容为：

$$I_2 = \frac{1350 - 1342.52}{6.44\times10^{-7}} = 11614906.83\ \text{SCF}\ (0.116\text{BCF})$$

讨论

从图 21－9 可以看出，计算出的压力性能曲线包含三条特征曲线。一条是在现场通过 PSA 或膜分离法生产的 100% 氮气作垫气的盐穴储气库特征曲线。第二条是过量空气燃烧后的富氮废气作垫气的盐穴储气库特征曲线，富氮废气也可以通过法国天然气公司的工艺生产。第三条特征曲线通过原点，是天然气作垫气的常规盐穴储气库特征曲线。

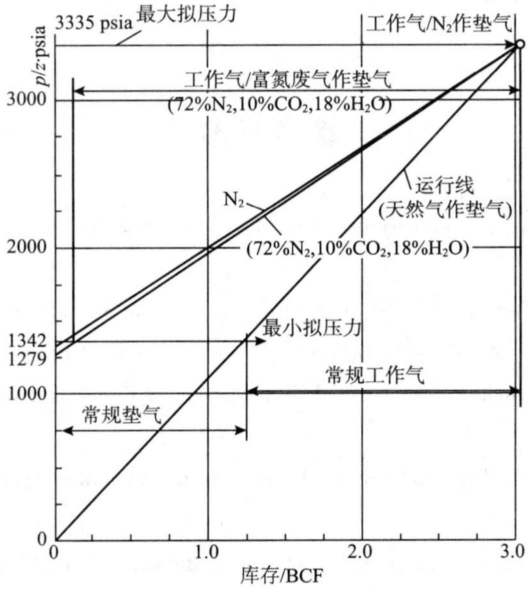

图 21－9　替代垫气和传统垫气的储气库性能对比

从曲线可以看出，与使用富氮废气作为垫气的常规盐穴储气库相比，氮气作垫气的盐穴储气库在 p/z 极限值之间每周期采出或注入的工作气增加 48%，与最大库存量 31.1 亿 ft^3 的常规垫气储气库相比增加了 54%。

符号说明

a　β 和 p/z 的相关系数，无因次

b　β 和 p/z 的相关系数，$psia^{-1}$

E　气体膨胀系数，SCF/CCF（每立方英尺的标准体积）（$E = 35.37p/zT$）

I　库存，SCF

n_c　垫气的摩尔数，无因次（1mol = 378.6SCF）

p　压力，psia

R　通用气体常数，$R \approx 10.73 psia \times ft^3/(lb \cdot mol)°R$

T　温度，°R

V　体积，ft^3

z　压缩因子，无因次

希腊符号

β　z 因子比例，无因次，$\beta = \frac{z_c}{z}$；

Δ　变化率

下标

1　采气过程的初始状态

2　采气过程的最终状态（注气的初始状态）

c　替代垫气

参考文献

1. Tek, M. R., "Use of Inert Cushion Substitutes in Salt Cavity Storage of Natural Gas", SMRI Spring Meeting, Atlanta, 1991.

2. Tek, M. R., "Method for Underground Storage of Gas", U. S. Patent 5, 052856, Washington D. C., 1991.

2a. Tek, M. R., European Patent 0471445, Contracting States Austria, Belgium, Denmark, Germany, Spain, France, United Kingdom, Netherlands, Granted as published in European Patent Bulletin 95/21 as of 24/05/1995.

2b. Tek, M. R., "Method for Underground Storage of Gas", Australian Letters Patent No. 630064, Granted 25 July 1991.

2c. Tek, M. R., "Method for Underground Storage of Gas", Bulgarian Patent Application No. 94978 File 187/91 – VP, October 1991.

2d. Tek, M. R., "Underground Storage of Natural Gas", Canadian Patent Office Serial No. 204634, July 8,

1991, (pending).

3. Tek, M. R., "Performance of Salt Storage Cavities Designed to Operate with Nitrogen as Cushion Gas", Proceedings of Seventh Symposium on Salt, Kyoto, Vol. I, 403 - 405, Elsevier Science Publishers B. V. Amsterdam, 1993.
4. Mitchell, G. K., "Marketing and Financing Strategies for Solution Mined Gas Storage Facilities", SMRI Spring Meeting, Atlanta, 1991.
5. Leroy, C, Economic Data on Underground Storage, Training Manual, Sofregaz, Clichy, France 1988.
6. Unite de Production d'Azote (Type PSA) Pamphlet by Air Liquide, 1989.
7. Nitrogen Generators, Stewart Stevenson Services, Petroleum Equipment Division, 1991.
8. Inert Gas in Underground Storage - Gaz de France Experience, SZ Sofregaz, October 1986.
9. Jordan, J. K., "Oil Storage", U. S. Patent 3, 003, 322, Washington D. C, 1961.
10. King, J., Baker Oil Tools, Private Communication, 1995.
11. Colonna, J. and M. Dussaud, "Remplacement Partiel du Gaz. Coussin Traditionnel par du Gas Inerte dans les Stockages en Aquifere", World Energy Conference, Istanbul, September 1971.
12. Tek, M. R., "Use of Inert Cushion Substitutes in Salt Cavity Storage of Natural Gas", SMRI Spring Meeting, Atlanta, 1991.
13. Tek, M. R., "Method for Underground Storage of Gas", U. S. Patent 5, 052, 856, Washington D. C., 1991.
14. Tek, M. R., "Performance of Salt Storage Cavities Designed toOperate with Nitrogen as Cushion Gas!", Proceedings of Seventh Symposium on Salt, Kyoto, Vol. I, 403 - 405, Elsevier Science Publishers B V. Amsterdam, 1993.
15. Perry, Chilton, Kirkpatrick: Perry's Chemical Engineers Handbook, 4th. Edition, McGraw - Hill, 1963.
16. Haddenhorst, H. G., "Storage of Natural Gas in Salt Caverns", Underground Storage of Natural Gas Theory and Practice, Kluwer Academic Publishers, 1989.
17. Hugout, M. B., "Comportement Thermodynamique du Gaz dans les Cavites de Stockages et dans les Puits de Production". ATG Congress 1982.

附录21. A

存在替代垫气压力库存关系的推导

采气过程

有外部垫气驱动时的压力：

$$\frac{p}{z} = \left(\frac{p}{z}\right)_1 \frac{I}{I_1} \Big/ \left(1 - \frac{\Delta V}{V_1}\right) \qquad \text{A-1}$$

对于垫气有：

$$p_c V_c = z_c n_c RT$$

$$p_c \approx p$$

$$z_c = \beta z$$

$$V_c = \frac{n_c RT}{\left(\frac{p_c}{z_c}\right)} = \frac{\beta n_c RT}{\left(\frac{p}{z}\right)}$$

$$\Delta V_c = \frac{\beta n_c RT}{\left(\frac{p}{z}\right)} - V_{c1};\Delta V = \Delta V_c$$

$$\frac{p}{z} = \left(\frac{p}{z}\right)_1 \frac{I}{I_1} \Big/ \left[1 - \frac{\frac{\beta n_c RT}{\left(\frac{p}{z}\right)} - V_{c1}}{V_1}\right]$$

$$\frac{p}{z} = \left(\frac{p}{z}\right)_1 \frac{I}{I_1} \Big/ \left[\frac{V_1 - \frac{\beta n_c RT}{\left(\frac{p}{z}\right)} + V_{c1}}{V_1}\right]$$

$$\frac{p}{z} = \left(\frac{p}{z}\right)_1 \frac{I}{I_1} \frac{V_1}{V_1 - \frac{\beta n_c RT}{\left(\frac{p}{z}\right)} + V_{c1}}$$

$$\frac{p}{z} = \left(\frac{p}{z}\right)_1 \frac{I}{I_1} \frac{I_1}{E_1} \frac{\frac{p}{z}}{\left(\frac{p}{z} V_1 - \beta n_c RT + V_{c1} \frac{p}{z}\right)}$$

$$\left(\frac{p}{z}\right)(E_1 V_1 + E_1 V_{c1}) - \beta n_c RTE_1 = \left(\frac{p}{z}\right)_1 I;V_1 = \frac{I_1}{E_1}$$

$$\left(\frac{p}{z}\right)(I_1 + E_1 V_{c1}) = \left(\frac{p}{z}\right)_1 I + \beta n_c RTE_1$$

$$\beta = a + b\left(\frac{p}{z}\right)$$

$$\left(\frac{p}{z}\right)(I_1 + E_1V_{c1}) = \left(\frac{p}{z}\right)_1 I + an_cRTE_1 + \left(\frac{p}{z}\right)bn_cRTE_1$$

$$\left(\frac{p}{z}\right)(I_1 + E_1V_{c1} - bn_cRTE_1) = an_cRTE_1 + \left(\frac{p}{z}\right)_1 I$$

$$\left(\frac{p}{z}\right) = \frac{an_cRTE_1}{(I_1 + E_1V_{c1} - bn_cRTE_1)} + \frac{\left(\frac{p}{z}\right)_1}{(I_1 + E_1V_{c1} - bn_cRTE_1)}I$$

附录 21. B

如果储气库的其余部分充满了气体，前面证明了 p/z 与库存的方程可简化为通过原点的常规直线。

考虑储气库气囊内和垫层体积中均充满气体。

前面推导的方程 $\beta = 1.0$

$$\frac{p}{z} = \frac{n_c RTE_1}{I_1 + V_c E_1} + \left(\frac{p}{z}\right)_1 \frac{I}{I_1 + V_c E_1{}'}$$

式中　I——储气库中气囊的库存。

$$I_1 + V_c E_1 = I_1 + I_c = I_{总} = I_{T_1} \text{（初始最大库存）}$$

$$\frac{p}{z} = \frac{n_c RTE_1}{I_{T_1}} + \left(\frac{p}{z}\right)_1 \frac{I}{I_{T_1}}$$

式中　I——储气库中气囊的库存。

$$n_c RT = \left(\frac{p}{z}\right)_1 V_{c1}$$

$$V_{c1} = \frac{I_c}{E_1}$$

$$\frac{p}{z} = \left(\frac{p}{z}\right)_1 V_{c1} \frac{E_1}{I_{T_1}} + \left(\frac{p}{z}\right)_1 \frac{I}{I_{T_1}}$$

$$= \left(\frac{p}{z}\right)_1 \frac{I_c}{I_{T_1}} + \left(\frac{p}{z}\right)_1 \frac{I}{I_{T_1}}$$

$$= \left(\frac{p}{z}\right)_1 \frac{I_c + I_{气囊}}{I_{T_1}}$$

$$= \left(\frac{p}{z}\right)_1 \frac{I_{总}}{I_{T_1}} w.\ w.\ t.\ b.\ p$$

第四篇　附　录

本书附录是为了给读者在阅读和研究中提供方便和帮助。

附录概览

附录 A：计算库存和产能所需的物性和数据，包括储层环境特征、储层岩石性质、储层流体性质和盐矿性质。

附录 B：基于 ΔQ 和修改后的 ΔQ 方程进行定期库存复核的近似计算方法。

附录 C：储气库温度分布计算方法的数学推导。

附录 D：天然气组分和其他相关化学物质的物理性质和物理常数。

附录 E：储气库和相关学科中常用的符号。

附录 F：常用的物理常数和数值。

附录 G：常见流体的绝对黏度图。

附录 H：常见石油、天然气或储气库的物理量、单位和符号。

附录 I：常用石油、天然气和储气库的单位及其换算。

附录 J：常用的工程参数与公制单位间的换算。

附录 K：储气库工程师的八条戒律。

附录 A
计算库存和产能的物理性质和数据

有关库存和产能的计算经常涉及许多工程步骤，这些步骤中通常需要特定物理化学和热力学性质的数据或关系式。

储层岩石的性质

天然气储集层包括沉积岩、背斜、断层、地层透镜体、盐丘和含水层。与几何相关的储层性质包括地震数据分析、地下构造成像、测井曲线的相关性、岩心样品的检验以及用于测量和记录性质的实验室分析。

孔隙度

孔隙度为岩石孔隙体积与表观体积之比。孔隙度的测量包括孔隙体积和岩石表观体积的室内测量、岩石密度和体积的测定。有时候，孔隙度直接在孔隙度仪中测量，其理论基础是气体在孔隙空间中膨胀时会伴随压力的降低。

渗透率

渗透率是由达西定律定义的，它与多孔介质岩石在势（压力或重力）梯度下维持流动的能力有关。第 8 章介绍了达西定律的意义、单位、量纲、符号约定和它在三个方向上的投影，以及相对于达西流的偏差。渗透率 k 的量纲是 L^2，使用绝对单位时，1D 近似等于 10^{-8} cm^2。

β 因子

在气体高速流动中，与惯性湍流效应有关的 Forchheimer β 因子是气体产能问题的研究热点。由定义 β 因子的式 8.34 可知，在气体高速流动时，压力梯度 dp/dr 可以看作由一个与渗透率 k 相关的黏性部分和一个与 β 因子相关的惯性部分组成。

图 A－1 为 Dake 给出的 β 因子与渗透率的函数关系[1]。

图 A－1 为岩心样品的部分实验数据。图 A－2 是基于 Katz 和 Lee 发表的关于 β 与渗透率 k 相关性[2]。

Dake 给出的关系式表现为一条单独的直线。直线周围的分散点（图 A－1 和图 A－2 中没有显示）表明，一个全局性的关系式可能是任意的，并且可能导致 β 坐标轴上至少一个半周期的顺序不确定。

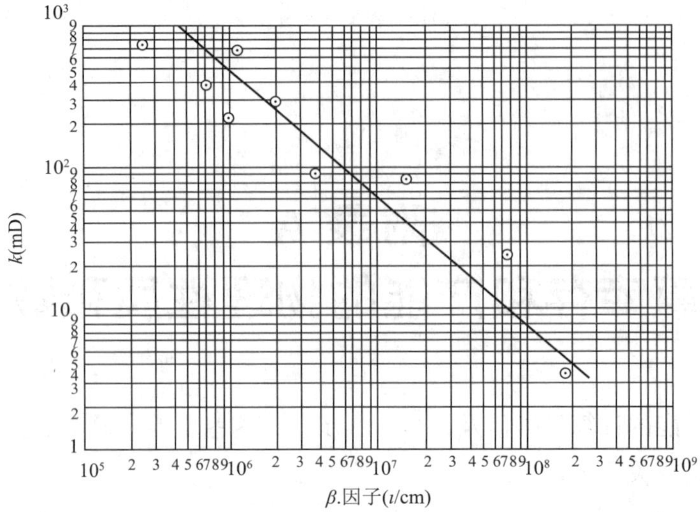

图 A-1　实验室测定的β因子和计算值与绝对渗透率的关系（Elsevier 出版）

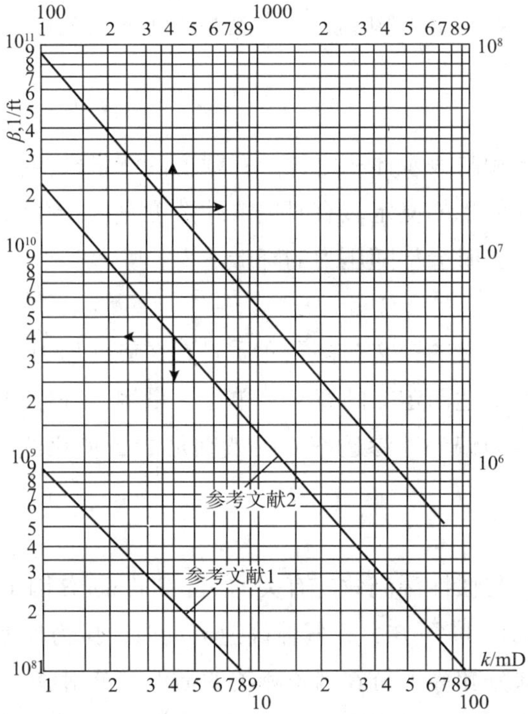

图 A-2　β因子与渗透率的关系（McGraw Hill 提供[2]）

束缚水饱和度

束缚水是孔隙空间中的原生水，是地质过程中油气生成或运移至圈闭后残留在孔隙空间中的水。束缚水饱和度（s_w）是残留的孔隙水所占孔隙空间的比例。束缚水饱和度是在两相流中自然现象的表现：即在储层岩石孔隙环境中，一相不能非混相地完全驱替另一相。使用油或气驱替水后的残余饱和度为束缚水饱和度。

在库存复核和水驱研究中，束缚水饱和度是非常重要的。一般为孔隙空间的10% ~ 25%[1]。束缚水饱和度的确定主要使用其岩样进行实验室测量。

毛细管力

毛细管力与孔隙空间中不混相的两相流体有关，并受界面张力和接触角的影响。它与储层中气体与含水层之间饱和度的变化有关。毛细管力对于盖层中驱替阈值也很重要[4][5]。

毛细管力定义为非润湿相压力减去润湿相压力。静态条件下储层中的毛细管力与气水接触面的高度成正比，是储层中水相饱和度的函数。在实验室中，毛细管力曲线是通过一种相驱替另一种相来确定的。图A-3为两种毛细管力曲线，分别为驱替曲线（润湿相饱和度降低）和吸吮曲线（润湿相饱和度增加）。

驱替曲线*A*的渐近极限为束缚水饱和度，另一个端点*B*为剩余含气饱和度（s_w）。驱替曲线上的起始点*C*表示非润湿相进入润湿相饱和岩石时所需的压差，被称为驱替门限压力。

图A-4为不同盖层毛细管力的驱替曲线对比[3]。对于渗透率范围从零到几十达西，相应的驱替门限压力将从几千psi（极限盖层，驱替门限压力为无穷大）变为0（充填砂）。一个典型的页岩盖层驱替门限压力可能为600psi。

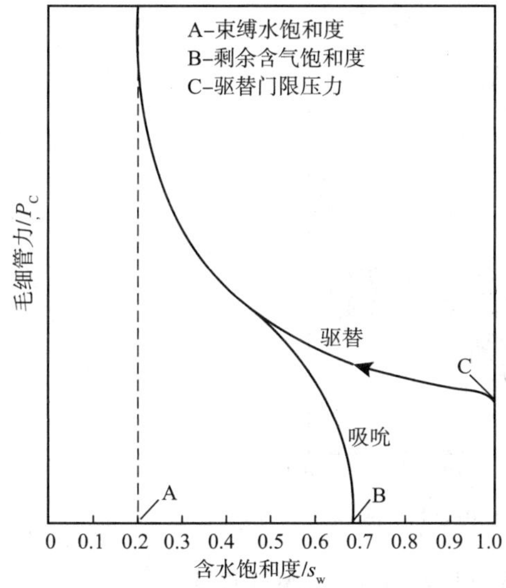

图A-3 吸吮和驱替毛细管力曲线
（SPE AIME[3]提供）

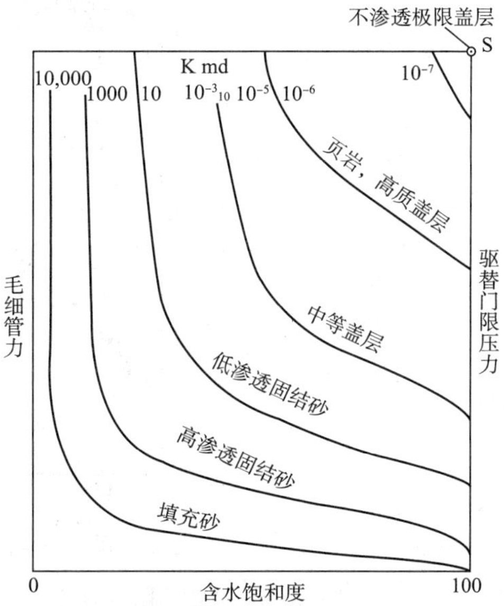

图A-4 不同盖层毛细管力对比
（lbrahim，Tek和Katz，AGA提供）

驱替门限压力

在文献中有多种相关关系可用来评估盖层性能的极限。图A-5是密歇根大学开发的驱替门限压力关系式[4]。

图A-6是L. K. Thomas提出的另一种驱替门限压力的相关关系[4][5]。驱替门限压力与储气库中能够承受的最大压力有关，因此与储气库的产能间接相关。同时，由于这与盖层的完整性相关，因而也与库存复核间接相关。

在设计新的储气库时，建议直接通过盖层岩样测量门限压力。如果没有岩样，图 A-5 和图 A-6 中给出的关系可以用来保守地确定允许的最大储气压力。

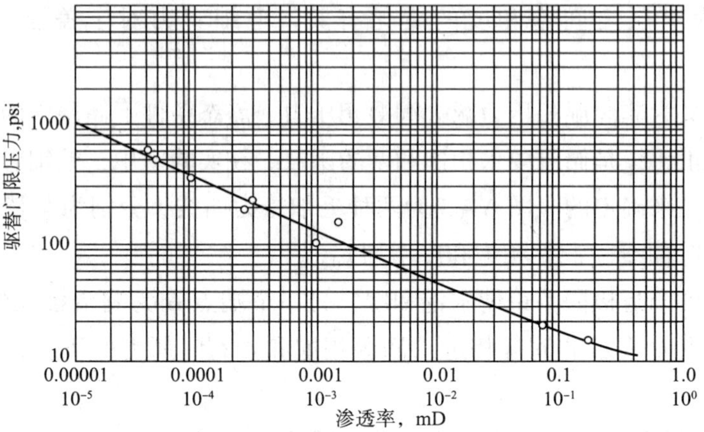

图 A-5 驱替门限压力与渗透率的关系（lbrahim，Tek 和 Katz）

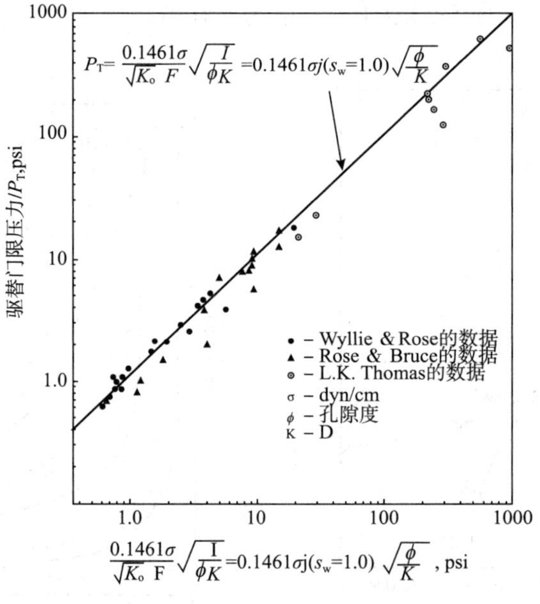

图 A-6 驱替门限压力与其他物性的关系（L. K. Thomas，AGA 提供）

盐穴储气库相关性质

表 A-1 列出了盐的物理性质和热力学性质。表 A-2 为盐穴储气库传热和温度分布计算所需的物理性质汇总。

表 A－1 盐的物理性质和热力学性质

温度		密度，g/cm³	线性膨胀（从20℃起），%	比热容，cal/（g）（℃） BTU/（lb）（℉）	导热系数，BTU/（h）×（ft）（℉）	盐水密度，g/cm³
℃	℉					
－200	－328	2.211		0.157	14.0	
－100	－148			0.176		
0	32	2.168		0.204	4.0	1.209
20	68		0			
50	122	2.155			2.80	1.187
100	212		0.32	0.217	2.43	1.16
200	392		0.74	0.221	1.80	
300	572				1.44	
400	752		1.71	0.229	1.20	
500	932			0.232		
600	1112		2.82	0.237		

熔点，800℃，1472℉；

泊松比，～0.27；

线性膨胀系数，3.9×10^{-5}（0℃）；

体积膨胀系数，115×10^{-6}（0－50℃）。

Ode，Helmer，Review of Mechanical Properties of Salt Relating to Salt Dome Genesis，Geol. Soc. of Am. Sp. Paper 88，p. 543，1968

Kaufman，D. W.，Editor，Sodium Chloride，Am Chem Soc. Monograph，Reinhold Publishing Corp.，1960

表 A－2 传热和温度分布计算所需的物理性质（法国 ATG 天然气工业技术协会授权）

	导热系数，（W·m⁻¹）/K	比热容，J/（kgK）	密度，kg/m³
钢（套管，油管）	4.8	430	7800
水泥（固化后）	1～1.5	1000～1700	2000～3000
沉积岩石	1.4～2.5	700～1500	1500～2000
盐（盐岩）	5～6（30℃）	880	2165
	4～5（70℃）		
无水石膏盖层	4.7	520	2960

储层流体性质

天然气组分的性质

天然气是石蜡烃和某些杂质的混合物。表 A－3 为原生天然气和储气库气组分。可以看出甲烷 C_1、乙烷 C_2、丙烷 C_3和丁烷 $i-C_4$、$n-C_4$与少量的正己烷、庚烷、辛烷和较重的碳氢化合物共存。此外，也有少量二氧化碳、硫化氢、氮气、甚至氦和水蒸气。

表 A－3　原生天然气和储气库气体组分

组分	原生气摩尔组分,%	储气库气摩尔组分,%
N_2	7.270	5.227
CO_2	1.070	1.394
H_2S	0.0	0.0
O_2	0.0	0.530
C_1	75.570	83.194
C_2	6.150	7.289
C_3	5.090	1.621
C_4	2.480	0.473
C_5^+	2.370	0.230
合计	100.000	100.000

经常用于库存复核和产能计算的天然气的性质如：密度、拟临界性质、z 因子、黏度、焦耳－汤姆逊系数、导热系数－比热容。

密度－拟临界性质－z 因子

天然气密度的计算方程是由查尔斯－波义耳定律（Charles and Boyle's Law）导出：

$$\rho = \frac{(MW)p}{zRT} \qquad A.1$$

式中　ρ——气体密度，lbm/ft³；

p——压力，psia；

MW——重均分子量，lbm/(lb · mol)；

T——绝对温度，°R；

z——压缩因子，为拟对比温度 T_r 和拟对比压力 p_r 的函数，无因次（见图 A－7，图 A－8）；

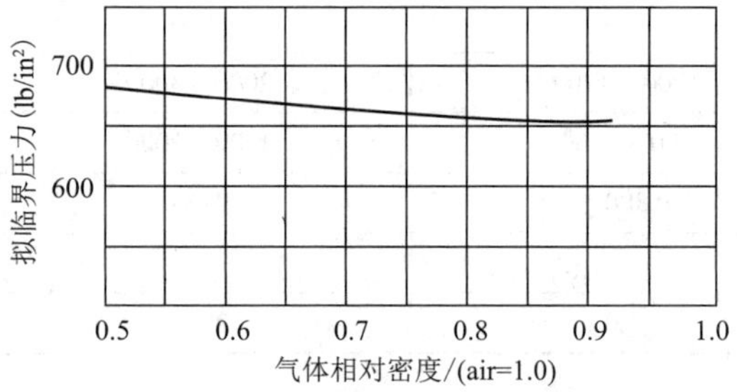

图 A－7　天然气的拟临界压力（G. G. Brown，GPA 提供）

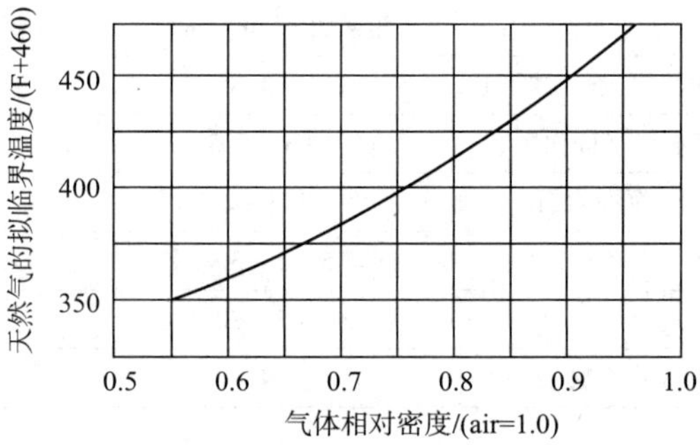

图 A－8　天然气的拟临界温度（G. G. Brown，GPA 提供）

R——气体常数，1545ft × lbf/lb mol°R；

T_r——拟对比温度，$T_r = T/T_c$，无量纲；

p_r——拟对比压力，$p_r = p/p_c$，无量纲（见图 A－9）；

p_c——拟临界压力，psia（见图 A－7）；

T_c——拟临界温度，°R（见图 A－8）。

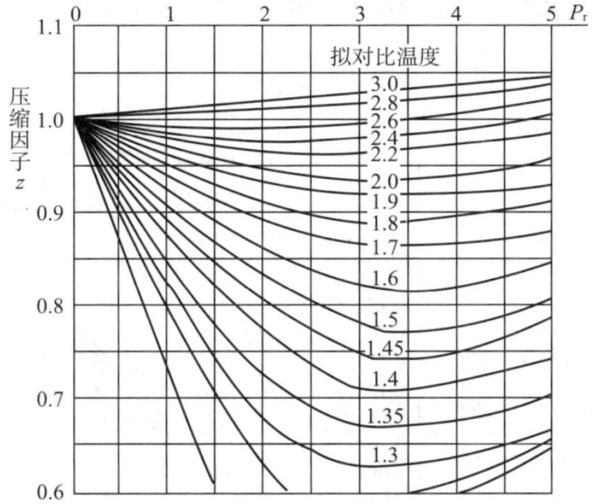

图 A－9 天然气的压缩因子（Standing&Katz，AIME 提供）

黏度

在流体流动和传热计算中，通常需要储气库气体的黏度。图 A－10 和图 A－11 分别为天然气黏度随温度、压力和相对密度的变化关系。

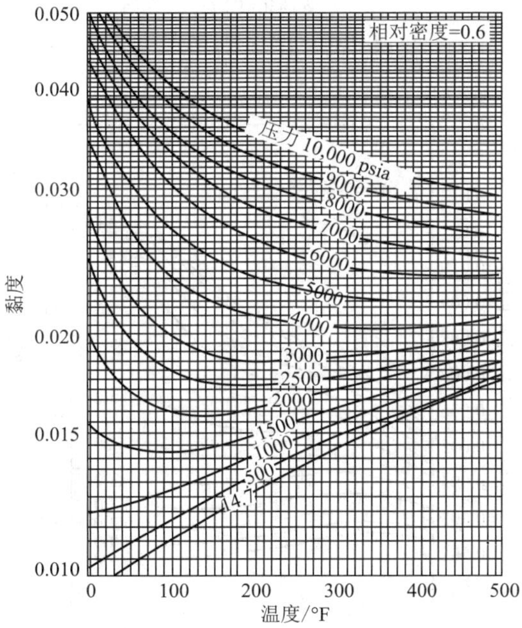

图 A－10 相对密度为 0.6 的气体黏度
（Katz 等，McGraw Hill 提供）

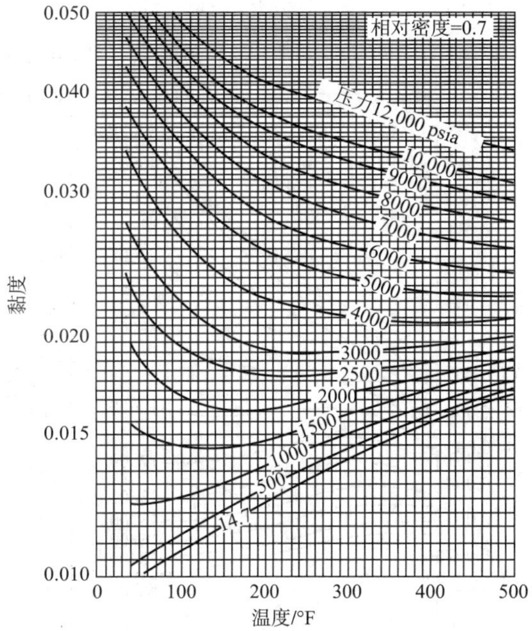

图 A－11 相对密度为 0.7 的气体黏度
（Katz 等，McGraw Hill 提供）

焦耳－汤姆逊系数

焦耳－汤姆逊系数用于储气库井温度分布的预测及井温测井相关的研究。它在热力学上被定义为在焓恒定时，温度对压力的偏导数。它被认为是对任何状态方程的严格检验。

在密歇根大学的学期论文研究中，B. R. Pasumarti 和 M. R. Tek 使用 Benedict – Webb – Rubin 状态方程开发了 $J-T$ 系数图。完整的热力学推导过程、相应的计算机程序以及实验值与理论值对比在附录的参考文献 3 中。其中，相关曲线见图 A – 12、图 A – 13、图 A – 14 和图 A – 15。

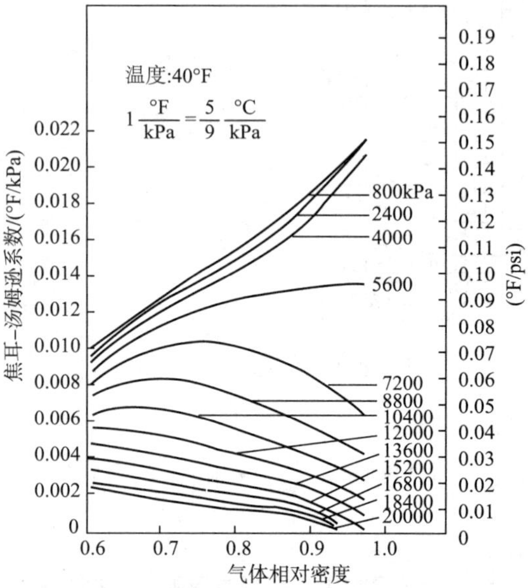

图 A – 12　天然气的焦耳 – 汤姆逊系数（$T = 40$°F）

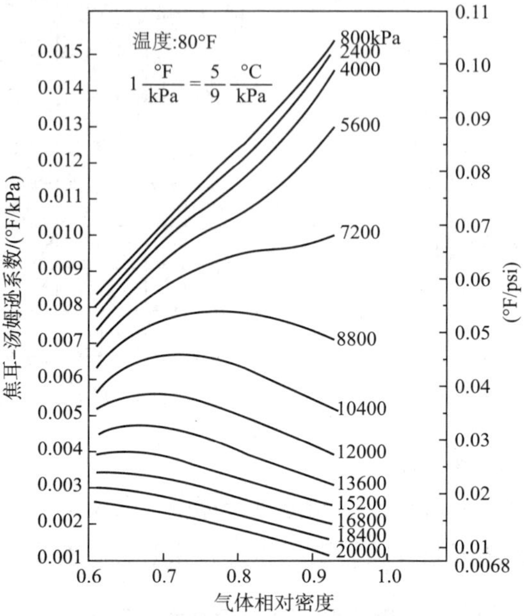

图 A – 13　天然气的焦耳 – 汤姆逊系数（$T = 80$°F）

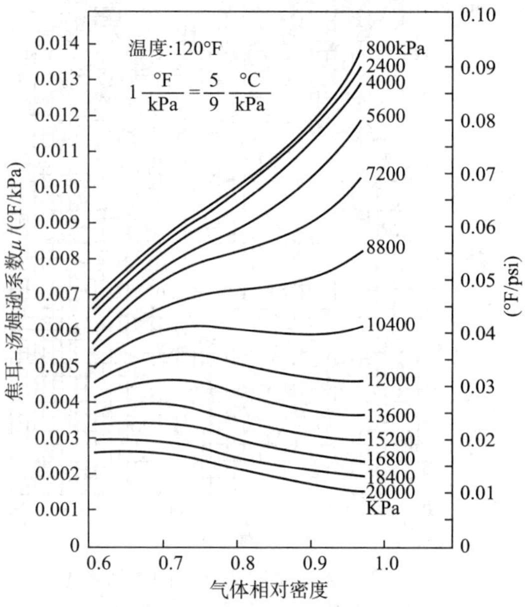

图 A – 14　天然气的焦耳 – 汤姆逊系数（$T = 120$°F）

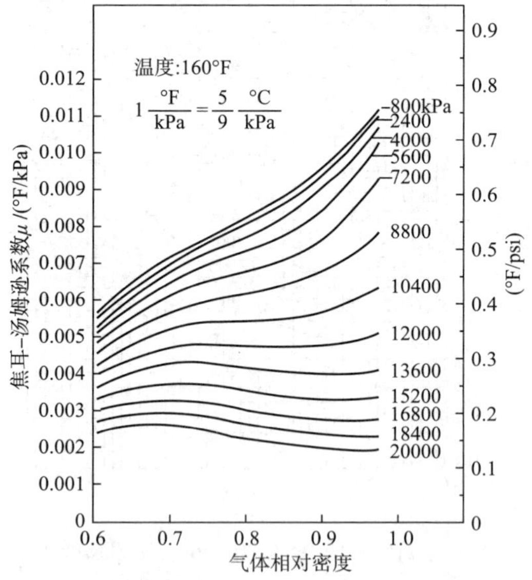

图 A – 15　天然气的焦耳 – 汤姆逊系数（$T = 160$°F）

储气库气体的导热系数

储气库气体的导热系数可以用 Perry 的《化学工程师手册》中的混合方程由各气体组

分的导热系数计算得出。图 A－16 为 1atm 下，各组分的导热系数。计算出来的导热系数须根据拟对比温度和对比压力通过 Lenoir，Junk 和 Comings 提出的热导率比关系来校正到适当的温度和压力（图 A－17）。

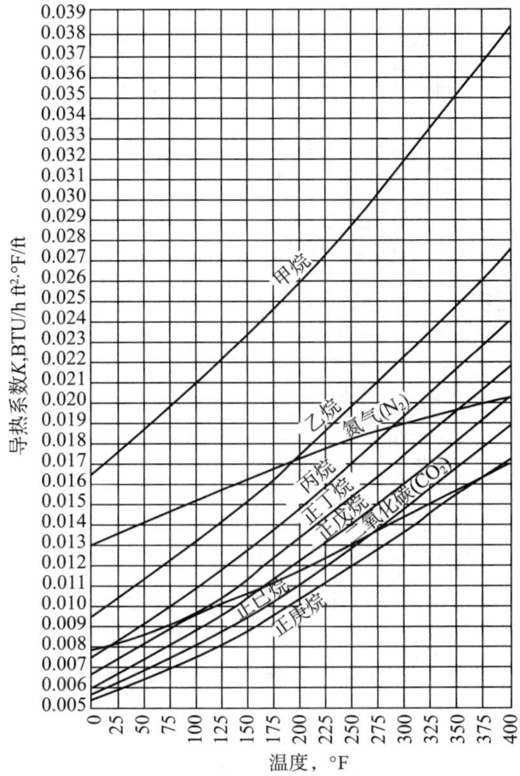

图 A－16　大气压下不同气体的导热系数
（Katz 等，McGraw Hill 提供）

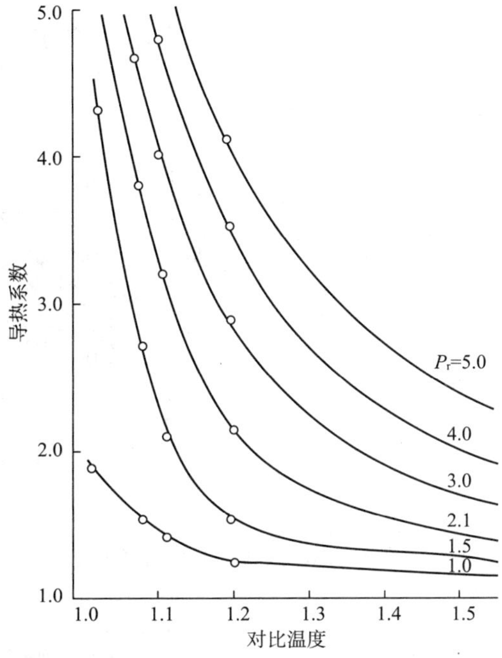

图 A－17　导热系数与对比温度的关系
（Lenoir，Junk 和 Comings，AIChE 提供）

储气库气体的比热容

恒压比热容，又称等压比热容，是根据气体相对密度用 Hankinson 给出的公式计算得出[6]：

$$c_{p}^{0} = A + BT + C\gamma_{G} + D\gamma_{G}^{2} + E(T\gamma_{G}) + FT^{2} \qquad \text{A. 2}$$

式中　c_{p}^{0}为 1atm 下的比热容。

$$\gamma_{G} = 气体相对密度 = \frac{MW}{29}$$

当温度范围为 0～200℉时，建议使用：

A＝4.6435，B＝－0.0079997，C＝5.8425，D＝1.1533，

E＝0.020603，F＝9.849×10^{-6}

当已知储气库气体的组成时，利用 Kay 混合法则计算出 1atm 下混合物的等压比热容：

$$c_{p}^{0} = \sum_{1}^{n} y_{i} c_{pi}^{0} \qquad \text{A. 3}$$

组分 c_{pi}^{0}的值可由图 A－18 求得。

得到 c_p^0 就可以使用图 A－19 所示的 Edmister 关联式将其校正到适当的温度和压力。1atm 下的组分气体比热容也可以用 Touloukian 给出的图 A－18 来估计。

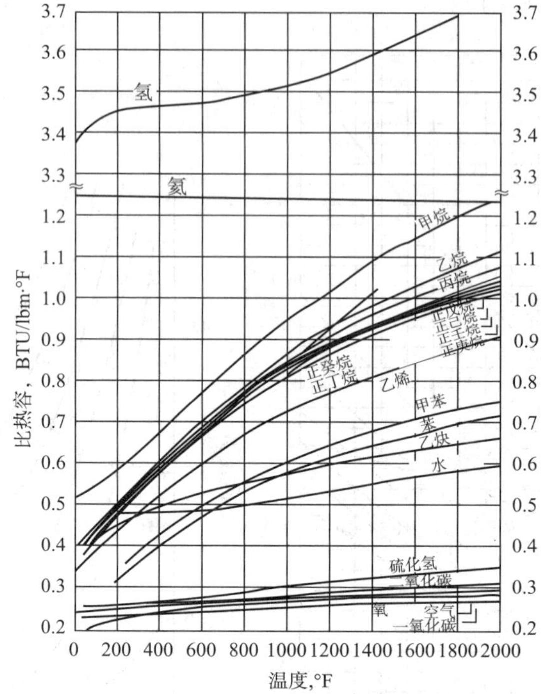

图 A－18 大气压下不同气体比热容与温度的关系（Touloukian，IFI/Plenum 提供）

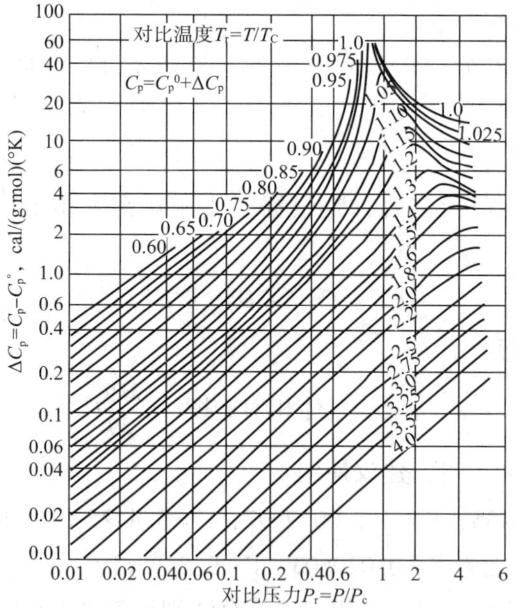

图 A－19 气体摩尔热容的等温压力修正（Edmister，McGraw Hill Book Co. 提供）

定容比热容（c_v）的计算

对于定容比热容，图 A－19 给出了 $c_p - c_v$的关系，当已知 c_p就可以计算 c_v。其中，单位 cal/（g · mol°K）与单位 BTU/（lb · mol℉）在数值上完全相同。对于理想气体，$c_p - c_v = R$。

图 A－20 为 Edmister 给出的比热容差的一般曲线[7]。比热容差为拟对比温度和拟对比压力的函数[7]。

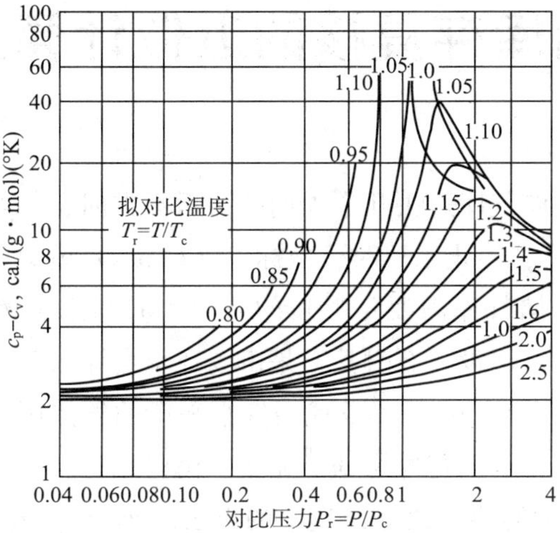

图 A－20 比热容差曲线

（Edmister，《化学工程师手册再版》1973 年，由 McGraw Hill Book Co. 提供）

参考文献

1. Dake, L. P. , Fundamentals of Reservoir Engineering, Elsevier Scientific Publishing Co. , 1978.

2. Katz, D. L. and Robert L. Lee, Natural Gas Engineering Production and Storage, McGraw Hill Publishing Co. , 1990.

3. Leverett M. C. , W. B. Lewis and M. E. True, "Dimensional Model Studies of Oil Field Behavior", Trans. AIME, vol. 146, 175, 1942.

4. Tek M. R. , Underground Storage of Natural Gas, Gulf Publishing, 1987

5. Thomas L. K. , Threshold Pressure in Storage Ph. D. Thesis, University of Michigan, 1968.

6. Hankinson, R. W. Thomas, L. K. and Phillips, K. A. , "Predict Natural Gas Properties", Hydr. Proc. 48, 1969.

7. Kumar, Sanjay, Gas Production Engineering, Gulf Publishing, 1960.

附录 B
定期库存复核的近似计算方法

在观察受水驱作用的储气库过去几个周期的滞后数据时，每当停止注气，坐标点（I，p/z）就会垂直下移。相反，停止采气时，坐标点（I，p/z）就会垂直上移。如果回顾过去的历史数据，通常会发现储气库需要足够长的非生产时间来平衡外部水的压力。由于维护、安全、计划产能增长、建设、有时甚至是市场环境会导致关井时间的延长，可能长达数周甚至数月。这些数据（I，p/z）不仅代表气水平衡的气体压力条件，而且代表气水平衡的储层条件。最终达到含水层与气层处于完全平衡状态。

图 B－1 为一系列连续的注采数据，其中的点表示垂直下降或上升，每当在注气或采气结束时，I 保持不变。星号表示的两点（A 和 B）为气层/含水层的平衡条件。根据作者的经验，一条通过 A 和 B 的近似直线可以代表任何库存 I 下，气层和含水层的平衡状态。

第三章关于滞后性能的基本原理，说明了为什么只有在无限大水体下，AB 线才倾向于与 I 轴平行。事实上，所有含水层的特征都由 W_{ei}（表示它们的大小）和 J 因子（表示它们的强度）来表征。水体大小与线 AB 的斜率有关。另一方面，注气结束后（如点 E），达到气层/含水层平衡需要的时间为水层强度 J（与水层的传导率有关）的函数。

当从过去的数据中近似地确定了 AB 线，就可以通过分析得出，如果 AB 线的延长线通过原点（$I=0$，$p/z=0$），那么储集层就不会损失库存。另一方面，如果直线 AB 移动到原点的右侧如图 B－2 所示，则利用点 A 和点 B 的滞后坐标，可由下式计算累计损失量 CL：

$$CL = I_{C} - \frac{\Delta q}{\left(\frac{p}{z}\right)_{C'} - \left(\frac{p}{z}\right)_{D'}} \left(\frac{p}{z}\right)_{C'} \qquad \text{B. 1}$$

根据特定的生产压力数据，确定累计气体损失量的近似方法如下：

1. 从 CD 采气曲线的点 C 开始，首先修正点 C 气层/含水层平衡线 $C'D'$。
2. 再次用垂直投影将点 D（采气末）修正为点 D'。
3. 使用与点 C'和 D'对应的 ΔQ 和 p/z 值，由式 B. 1 计算 CL。

式中　CL——截止采气开始时的累计损失，BCF；

$\Delta Q = I_{C} - I_{D}$，BCF（测量获得）；

$(p/z)_C$或 $(p/z)_D$为滞后点修正的拟压力，psia。

从图 B－2 中可以看出，如果 CD 线延伸到 $p/z=0$ 轴，那么库存的表观累计损失 $(CL)_a$ 将远远高于 CL。

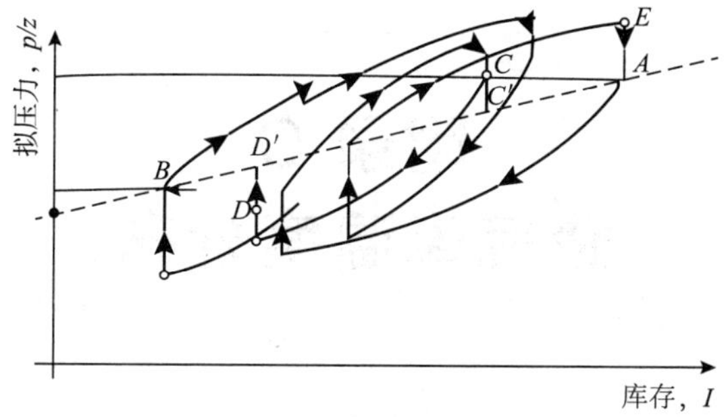

图 B－1　由历史滞后数据确定气层/含水层平衡线图

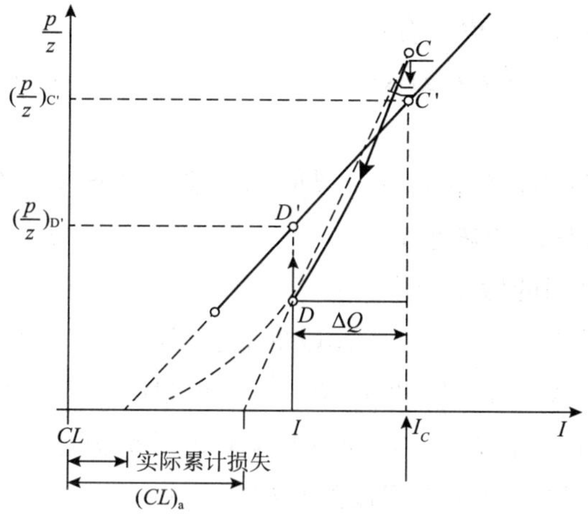

图 B－2　由采气数据确定实际累计损失图

附录 C
储气库温度分布

在储气库气体从井筒底部垂直向上运移 Δh 英尺的过程中，会与周围环境交换热量、改变势能和动能，其焓的变化量由上游点 1 和下游点 2 间的总能量平衡得到。

参考图 C－1 中描述的数学模型有：

$$\Delta H + \Delta(KE) + \Delta(PE) = q - w \quad \text{C. 1}$$

式中　H 表示焓；

(KE) 和 (PE) 分别表示气体稳态流动时的动能和势能（m lbm/h）；

q 表示通过热力学边界的传热速率；

w 表示系统与环境之间的做功交换。

假设气体温度为 $T=T(h)$，而在远井地带地层温度为 $T'=T'(h)$。假设在点 1 和点 2 之间没有泵、压缩机、涡轮等，因此 $w=0$。进一步假设动能的变化可以忽略不计。

式 C. 1 可以表示关于气体温度（作为因变量）的差分方程，其中气体视为理想气体，其焓可以表示为质量、比热容和绝对温度的乘积：

$$mc_p[T(h+\Delta h) - T(h)] + \frac{m}{J}\frac{g}{g_c}\Delta h = 2\pi a \Delta h k[T'(h) - T(h)] \quad \text{C. 2}$$

当点 1 和点 2 之间为实际气体且过程等温时公式 C. 2 也同样适用。式 C. 2 中，k 为远井地带（温度为地温）与内部半径为 a 的流动管柱内气体的总传热系数；J 为热的机械当量（778ft × lbf/BTU）。

式 C. 2 可以写成：

$$mc_p\frac{d}{dh}[T(h)] + \frac{m}{J}\frac{g}{g_c} = 2\pi ak[T'(h) - T(h)] \quad \text{C. 3}$$

现在，假设地层温度随深度（即 h）分布如下：

$$T'(h) = T'_0 - \frac{h}{g_t} \quad \text{C. 4}$$

设 $mc_p/2\pi ak = L$ 且 $T'(h) - T(h) = \theta(h)$。

则关于 $\theta = \theta(h)$ 的微分方程变为：

$$-\frac{L}{g_t} - L\frac{d\theta}{dh} = -\frac{m}{2\pi ak}\frac{1}{J}\frac{g}{g_c} + \theta \quad \text{C. 5}$$

设 $(m/2\pi ak)(1/J)(g/g_c)=\alpha$，且 $\frac{L}{g_t}=\beta$，则：

$$L\frac{d\theta}{dh}+\theta=\alpha-\beta \qquad C.6$$

式 C. 6 是因变量 θ 的线性非齐次常系数全微分方程。式 C. 6 解的形式是 $\theta=\theta_1+\theta^*$，其中 θ 是齐次部分的通解，θ^* 是 C. 6 的特解。

$$L\frac{d\theta_1}{dh}=-\theta_1$$

得：

$$\theta_1=ce^{-h/L}$$

且：

$$\theta^*=\alpha-\beta \text{ 为特解。}$$

$$\theta_1=ce^{-h/L}+\alpha-\beta$$

由边界条件（$\theta=\theta_0$，$h=0$）求积分常数 c：

$$c=\beta-\alpha$$

代回原来的变量：

$$T(h)=T'_0-\frac{h}{g_t}+\frac{m}{2\pi ak}\frac{1}{J}\frac{g}{g_c}+\frac{mc_p}{2\pi kg_t}-\left[T'_o-T_o+\frac{mc_p}{2\pi akg_t}-\frac{m}{2\pi ak}\frac{1}{J}\frac{g}{g_c}\right]e^{-2\pi akh/mc_p} \qquad C.7$$

式 C. 7 表明温度分布为距井底垂直距离的函数，温度分布与地温梯度平行，并向右移动了与质量流量 m 成比例的距离。

由于式 C. 7 给出了气体在等压路径下任意点 $h=h$ 处的温度，因此实际温度通过对实际压降 Δp（从 $h=h$ 到 $h=h+\Delta h$）进行焦耳－汤姆逊校正计算得到：

$$T(h)_{\text{实际}}=T(h)_{\text{由式C.7计算值}}-\mu_j(\Delta p)_h$$

式中　μ_j——对应 $h=h$ 处压力和温度下的焦耳－汤姆逊冷却系数。

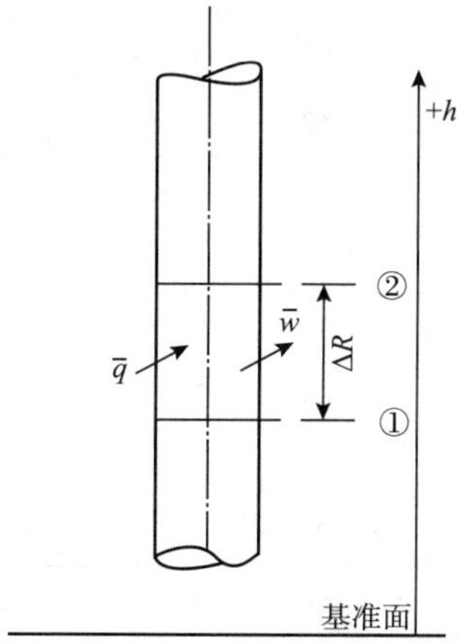

图 C－1　储气库热力学数学模型

附录 D
天然气组分、碳氢化合物和其他相关化学物质的性质和物理常数（GPSA 提供）

化合物	分子式	分子量	沸点，℉ 14.696psia	饱和蒸气压力（100℉），psia	凝固点（14.696psia），℉	临界压力，psia	临界温度，℉	临界体积，ft^3/lb
甲烷	CH_4	16.043	-258.69	(5000)	-296.46	667.8	-116.63	0.0991
乙烷	C_2H_6	30.07	-127.48	(800)	-297.89	707.8	90.09	0.0788
丙烷	C_3H_8	44.097	-43.67	190	-305.84	616.3	206.01	0.0737
正丁烷	C_4H_{10}	58.124	31.1	51.6	-217.05	550.7	305.65	0.0702
异丁烷	C_4H_{10}	58.124	10.9	72.2	-255.29	529.1	274.98	0.0724
正戊烷	C_5H_{12}	72.151	96.92	15.57	-201.51	488.6	385.7	0.0675
异戊烷	C_5H_{12}	72.151	82.12	20.44	-255.83	490.4	369.1	0.0679
新戊烷	C_5H_{12}	72.151	49.1	35.9	2.17	464	321.13	0.0674
正己烷	C_6H_{14}	86.178	155.72	4.956	-139.58	436.9	453.7	0.0688
2-甲基戊烷	C_6H_{14}	86.178	140.47	6.767	-244.63	436.6	435.83	0.0681
3-甲基戊烷	C_6H_{14}	86.178	145.89	6.098	—	453.1	448.3	0.0681
新己烷	C_6H_{14}	86.178	121.52	9.856	-147.72	446.8	420.13	0.0667
2，3-二甲基丁二烯	C_6H_{14}	86.178	136.36	7.404	-199.38	453.5	440.29	0.0665
正庚烷	C_7H_{16}	100.205	209.17	1.62	-131.05	396.8	512.8	0.0691
2-甲基己烷	C_7H_{16}	100.205	194.09	2.271	-180.89	396.5	495.00	0.0673
3-甲基己烷	C_7H_{16}	100.205	197.32	2.13	—	408.1	503.78	0.0646
3-乙基戊烷	C_7H_{16}	100.205	200.25	2.012	-181.48	419.3	513.48	0.0665
2，2-二甲基戊烷	C_7H_{16}	100.205	174.54	3.492	-190.86	402.2	477.23	0.0665
2，4-二甲基戊烷	C_7H_{16}	100.205	176.89	3.292	-182.63	396.9	475.95	0.0668

续表

化合物	分子式	分子量	沸点，℉ 14.696psia	饱和蒸气压力（100℉），psia	凝固点（14.696psia），℉	临界压力，psia	临界温度，℉	临界体积，ft^3/lb
3，3－二甲基戊烷	C_7H_{16}	100.205	186.91	2.773	－210.01	427.2	505.85	0.0652
三甲基丁烷	C_7H_{16}	100.205	177.58	3.374	－12.82	428.4	496.44	0.0636
正辛烷	C_8H_8	114232	258.22	0.537	－70.18	360.6	554.22	0.069
二异丁基	C_8H_8	114232	228.39	1.101	－132.07	360.6	530.44	0.0673
异辛烷	C_8H_8	114232	210.63	1.708	－161.27	372.4	519.46	0.0656
正壬烷	C_9H_{20}	128.259	303.47	0.179	－64.28	332.0	610.68	0.0684
正癸烷	$C_{10}H_{22}$	142.286	345.48	0.0597	－21.36	304.0	652.1	0.0679
环戊烷	C_5H_{10}	70.135	120.65	9.914	－136.91	653.8	461.5	0.059
甲基环戊烷	C_6H_{12}	84.162	161.25	4.503	－224.44	548.9	499.35	0.0507
环己烷	C_6H_{12}	84.162	177.29	3.264	43.77	591.0	536.7	0.0586
甲基环己烷	C_7H_{14}	98.189	213.68	1.609	－195.87	503.5	570.27	0.06
乙烯	C_2H_4	28.054	－154.62	—	－272.45	729.8	48.58	0.0737
丙烯	C_3H_6	42.081	－53.9	226.4	－301.45	669.0	196.9	0.0689
1－丁烯	C_4H_8	56.108	20.75	63.05	－301.63	583.0	295.5	0.0685

＊由 GPSA 再版

化合物	液态密度，60℉，14.696psia					偏心因子	理想气体的压缩系数，z 14.696 psia，60℉	气态密度，60℉，14.696psia 理想气体			比热容 60℉，14.696psia c_p，BTU/lb℉	
	相对密度 60℉/60℉	lb/gal（真空中）	lb/gal（空气中）	Gal/lb－mol	密度的温度系数			相对密度 空气＝1	ft^3/lb	ft^3/gal	理想气体	液体
甲烷	0.3	2.5	2.5	6.4	—	0.0104	0.9881	0.5539	23.65	59	0.5266	－
乙烷	0.3564	2.971	2.962	10.12	—	0.0965	0.9916	1.0382	12.62	37.5	0.4097	0.9256
丙烷	0.5077	4.233	4.223	10.42	0.00152	0.1524	0.982	1.5225	8.606	36.43	0.3881	0.592
正丁烷	0.5844	4.872	4.865	11.93	0.00117	0.201	0.9667	2.0068	6.529	31.81	0.3867	0.5636
异丁烷	0.5631	4.695	4.686	12.38	0.00119	0.1848	0.9696	2.0068	6.529	30.65	0.3872	0.5695
正戊烷	0.6310	2.261	5.251	13.71	0.00087	0.2539	0.9549	2.4911	5.26	27.67	0.3883	0.5448
异戊烷	0.6247	5.206	5.199	13.83	0.00090	0.2223	0.9544	2.4911	5.26	27.39	0.3827	0.5353

续表

化合物	液态密度，60°F，14.696psia					偏心因子	理想气体的压缩系数，z 14.696 psia，60°F	气态密度，60°F，14.696psia 理想气体			比热容 60°F，14.696psia c_p，BTU/lb°F	
	相对密度 60°F/60°F	lb/gal（真空中）	lb/gal（空气中）	Gal/lb－mol	密度的温度系数			相对密度 空气＝1	ft^3/lb	ft^3/gal	理想气体	液体
新戊烷	0.5967	4.975	4.965	14.5	0.00104	0.1969	0.951	2.4911	5.26	26.17	0.3866	0.554
正己烷	0.6640	5.536	5.526	15.57	0.00075	0.3007	—	2.9753	4.404	24.38	0.3864	0.5332
2－甲基戊烷	0.6579	5.485	5.475	15.71	0.00073	0.2825	—	2.9753	4.404	24.15	0.3872	0.5264
3－甲基戊烷	0.6689	5.577	5.568	15.45	0.00075	0.2741	—	2.9753	4.404	24.56	0.3815	0.507
新己烷	0.6540	5.453	5.443	15.81	0.00078	0.2369	—	2.9753	4.404	24.01	0.3809	0.5165
2，3－二甲基丁二烯	0.6664	5.556	5.546	15.51	0.00075	0.2495	—	2.9753	4.404	24.47	0.378	0.5127
正庚烷	0.6882	5.738	5.728	17.46	0.00069	0.3498	—	3.4596	3.787	21.73	0.3875	0.5283
2－甲基己烷	0.6830	5.694	5.685	17.6	0.00068	0.3336	—	3.4596	3.787	21.57	0.39	0.5223
3－甲基己烷	0.6917	5.767	5.757	17.38	0.00069	0.3257	—	3.4596	3.787	21.84	0.39	0.511
3－乙基戊烷	0.7028	5.859	5.85	17.1	0.00070	0.3095	—	3.4596	3.787	22.19	0.39	0.5145
2，2－二甲基戊烷	0.6782	5.654	5.645	17.72	0.00072	0.2998	—	3.4596	3.787	21.41	0.395	0.5171
2，4－二甲基戊烷	0.6773	5.647	5.637	17.75	0.00072	0.3048	—	3.4596	3.787	21.39	0.3906	0.5247
3，3－二甲基戊烷	0.6976	5.816	5.807	17.23	0.00065	0.284	—	3.4596	3.787	22.03	0.395	0.502
三甲基丁烷	0.6946	5.791	5.782	17.3	0.00069	0.2568	—	3.4596	3.787	21.93	0.3812	0.4995
正辛烷	0.7068	5.893	5.883	19.39	0.00062	0.4018	—	3.9439	3.322	19.58	0.3876	0.5239
二异丁基	0.6979	5.819	5.81	19.63	0.00065	0.3596	—	3.9439	3.322	19.33	0.373	0.5114
异辛烷	0.6962	5.804	5.795	19.68	0.00065	0.3041	—	3.9439	3.322	19.28	0.3758	0.4892
正壬烷	0.7217	6.017	6.008	21.32	0.00063	0.4455	—	4.4282	2.959	17.8	0.384	0.5228
正癸烷	0.7342	6.121	6.112	23.24	0.00055	0.4885	—	4.9125	2.667	16.33	0.3835	0.5208
环戊烷	0.7504	6.256	6.247	11.21	0.00070	0.1955	0.9657	2.4215	5.411	33.85	0.2712	0.4216
甲基环戊烷	0.7536	6.283	6.274	13.4	0.00071	0.2306	—	2.9057	4.509	26.33	0.301	0.4107
环己烷	0.7834	6.531	6.522	12.89	0.00068	0.2133	—	2.9057	4.059	29.45	0.29	0.4322
甲基环己烷	0.7740	6.453	6.444	15.22	0.00063	0.2567	—	3.3900	3.865	24.94	0.317	0.4397
乙烯	—	—	—	—	—	0.0868	0.9938	0.9686	13.53	—	0.3622	—
丙烯	0.5220	4.352	4.343	9.67	0.00189	0.1405	0.9844	1.4529	49.018	39.25	0.3541	0.585
1－丁烯	0.6013	5.013	5.004	11.19	0.00116	0.1905	0.9704	1.9372	6.764	33.91	0.3548	0.535

化合物	分子式	分子量	沸点℉，14.696psia	饱和蒸汽压力，100℉，psia	凝固点，℉，14.696psia	临界压力，psia	临界温度，℉	临界体积，ft^3/lb
顺式-2-丁烯	C_6H_8	56.108	38.69	45.54	-218.06	610	324.37	0.0668
反式-2-丁烯	C_4H_6	56.108	33.58	49.8	-157.96	595	311.86	0.068
异丁烯	C_4H_6	56.108	19.59	63.4	-220.61	580	292.55	0.0682
1-戊烯	C_8H_{10}	70.135	85.93	19.115	-265.39	590	376.93	0.0697
1，2-丁二烯	C_4H_6	54.092	51.53	(20)	-213.16	653	339	0.0649
1，3-丁二烯	C_4H_6	54.092	24.06	(60)	-164.02	628	306	0.0654
异戊二烯	C_5H_9	68.119	93.3	16.672	-230.74	558.4	412	0.065
乙炔	C_2H_2	26.038	-119	—	-114	890.4	95.3	0.0695
苯	C_6H_6	78.114	176.17	3.224	41.96	710.4	552.22	0.0531
甲苯	C_7H_8	92.141	231.13	1.032	-138.94	595.9	605.55	0.0549
乙苯	C_8H_{10}	106.168	227.16	0.371	-138.91	523.5	651.24	0.0564
邻二甲苯	C_8H_{10}	106.168	291.97	0.264	-13.3	541.4	575	0.0557
间二甲苯	C_8H_{10}	106.168	282.41	0.326	-54.12	513.5	651.02	0.0567
对二甲苯	C_8H_{10}	106.168	281.05	0.347	55.86	509.2	649.6	0.0572
苯乙烯	C_8H_8	104.352	293.29	0.24	-23.1	580	706	0.0541
异丙苯	C_9H_{12}	120.195	306.34	0.188	-140.82	465.4	676.4	0.057
甲醇	CH_4O	32.042	148.1	4.63	-143.82	1174.2	462.97	0.0589
乙醇	C_2H_6O	46.069	172.92	2.3	-173.4	925.3	469.58	0.058
一氧化碳	CO	28.01	-313.6	—	-340.6	507	-220	0.0532
二氧化碳	CO_2	44.01	-109.3	—	—	1071	87.9	0.0342
硫化氢	H_2S	34.076	-76.6	394	-117.2	1306	212.7	0.0459
二氧化硫	SO_2	64.059	14	88	-103.9	1145	315.5	0.0306
氨气	NH_3	17.031	28.2	212	-107.9	1636	270.3	0.0681
空气	N_2，O_2	28.964	-317.6	—	—	547	-221.3	0.0517
氢气	H_2	2.016	-423	—	-434.8	188.1	-399.8	0.5167
氧气	O_2	31.999	-297.4	—	-361.8	736.9	-181.1	0.0382
氮气	N_2	28.013	-320.4	—	-346	493	-232.4	0.0514
氯气	Cl_2	70.906	-29.3	158	-149.8	1118.4	291	0.0281
水	H_2O	18.015	212	0.9492	32	3208	705.6	0.05
氦气	He	4.003	—	—	—	—	—	—
氯化氢	HCl	36.461	-121	925	-173.6	1198	124.5	0.0208

化合物	液态密度，60°F，14.696psia					偏心因子	理想气体的压缩系数，z 14.696 psia，60°F	气态密度，60°F，14.696psia 理想气体			比热容 60°F，14.696psia c_p，BTU/lb°F	
	相对密度 60°F/60°F	lb/gal（真空中）	lb/gal（空气中）	Gal/lb－mol	密度的温度系数			相对密度 空气＝1	ft^3/lb	ft^3/gal	理想气体	液体
顺式－2－丁烯	0.6271	5.228	5.219	10.73	0.00098	0.1953	0.9661	1.9372	6.764	35.36	0.3269	0.5271
反式－2－丁烯	0.61	5.086	5.076	11.03	0.00107	0.222	0.9662	1.9372	6.764	34.4	0.3654	0.5351
异丁烯	0.6004	5.006	4.996	11.21	0.0012	0.1951	0.9689	1.9372	6.764	33.86	0.3701	0.549
1－戊烯	0.6457	5.383	5.374	13.03	0.00089	0.2925	0.955	2.4215	5.411	29.13	0.3635	0.5196
1，2－丁二烯	0.658	5.486	5.47	9.86	0.00096	0.2485	0.969	1.8676	7.016	38.49	0.3458	0.5408
1，3－丁二烯	0.6272	5.229	5.22	10.34	0.00113	0.1955	0.965	1.8676	7.016	36.69	0.3412	0.5079
异戊二烯	0.6861	5.72	5.711	11.91	0.00086	0.2323	0.962	2.3519	5.571	31.87	0.357	0.5192
乙炔	0.615	—	—	—	—	0.1803	0.9925	0.899	14.57	—	0.3966	—
苯	0.8844	7.373	7.365	10.59	0.00066	0.2125	0.929	2.6969	4.658	35.82	0.2429	0.4098
甲苯	0.8718	7.268	7.26	12.68	0.0006	0.2596	0.903	3.1812	4.119	29.94	0.2598	0.4012
乙苯	0.8718	7.268	7.259	14.61	0.00054	0.3169	—	3.6655	3.574	25.98	0.2795	0.4114
邻二甲苯	0.8848	7.377	7.376	14.39	0.00055	0.3023	—	3.6655	3.574	26.37	0.2914	0.4418
间二甲苯	0.8687	7.243	7.234	14.66	0.00054	0.3278	—	3.6655	3.574	25.89	0.2762	0.4045
对二甲苯	0.8657	7.218	7.209	14.71	0.00054	0.3138	—	3.6655	3.574	25.8	0.2769	0.4083
苯乙烯	0.911	7.595	7.586	13.71	0.00057	—	—	3.5959	3.644	27.67	0.2711	0.4122
异丙苯	0.8663	7.223	7.214	16.64	0.00056	0.2862	—	4.1498	3.157	22.8	0.2917	0.414
甲醇	0.796	6.64	6.63	4.83	—	—	—	1.1063	11.84	78.6	0.3231	0.594
乙醇	0.794	6.62	6.61	6.96	—	—	—	1.5906	6.237	54.5	0.3323	0.562
一氧化碳	0.801	6.68	6.67	4.19	—	0.041	0.9995	0.9671	13.55	—	0.2484	—
二氧化碳	0.827	6.89	6.88	6.38	—	0.225	0.9943	1.5195	8.623	59.5	0.1991	—
硫化氢	0.79	6.59	6.58	5.17	—	0.1	0.9903	1.1765	11.14	73.3	0.238	—
二氧化硫	1.397	11.65	11.64	5.5	—	0.246	—	2.2117	5.926	69	0.145	0.325
氨气	0.6173	5.15	5.14	3.31	—	0.255	—	0.588	22.28	114.7	0.5002	1.114
空气	0.856	7.14	7.13	4.06	—	—	0.9996	1	13.1	—	0.24	—
氢气	0.07	—	—	—	—	0	1.0006	0.696	188.2	—	3.408	—
氧气	1.14	9.5	9.49	3.37	—	0.0213	—	1.1048	11.86	—	0.2188	—

续表

化合物	液态密度，60℉，14.696psia					偏心因子	理想气体的压缩系数，z 14.696 psia，60℉	气态密度，60℉，14.696psia 理想气体			比热容 60℉，14.696psia c_p，BTU/lb℉	
	相对密度 60℉/60℉	lb/gal（真空中）	lb/gal（空气中）	Gal/lb-mol	密度的温度系数			相对密度 空气=1	ft^3/lb	ft^3/gal	理想气体	液体
氮气	0.808	6.74	6.73	4.16	—	0.04	0.9997	0.9672	13.55	—	0.2482	—
氯气	1.414	11.79	11.76	6.01	—	—	—	2.4481	5.352	63.7	0.119	—
水	1	8.337	8.328	2.16	—	0.348	—	0.622	21.06	175.6	0.4446	1.0009
氦气	—	—	—	—	—	—	—	—	—	—	—	—
氯化氢	0.8558	7.135	7.126	5.11	0.00335	—	—	1.2588	10.41	74.3	0.19	—

化合物	热值，60℉				汽化热，14.696 psia 沸点处，BTU/lb	折射率 nD	燃烧理想气体所需要的空气	易燃极限，在空气混合物中的体积 Vol.%		ASTM 辛烷值	
	净热值		总热值								
	BTU/ft^3，理想气体，14.696 psia（20）	BTU/ft^3，理想气体，14.696 psia（20）	BTU/lb 液态（真空中）	BTU/gal 液态		68℉	ft^3/ft^3	最低	最高	马达法 D-357	研究法 D-908
甲烷	909.1	1009.7	—		219.22	—	9.54	5	15	—	—
乙烷	1617.8	1768.8	—		210.41	—	16.7	2.9	13	+.05	+1.6
丙烷	2316.1	2517.4	21.513	91.065	183.05	—	23.86	2.1	9.5	97.1	+1.8
正丁烷	3010.4	3262.1	21.139	102.989	165.65	1.3326	31.02	1.8	8.4	89.6	93.8
异丁烷	3001.1	3252.7	21.091	99.022	157.53	—	31.02	1.8	8.4	97.6	+.10
正戊烷	3707.5	4009.5	20.928	110.102	153.59	1.35748	38.18	1.4	8.3	62.6	61.7
异戊烷	3698.3	4000.3	20.889	108.790	147.13	1.35373	38.18	1.4	(8.3)	90.3	92.3
新戊烷	3682.6	3984.6	20.824	103.599	135.58	1.342	38.18	1.4	(8.3)	80.2	85.5
正己烷	4403.7	4756.1	20.784	115.060	143.95	1.37486	45.34	1.2	7.7	26.0	24.8
2-甲基戊烷	4395.8	4748.1	20.757	113.852	138.67	1.37145	45.34	1.2	(7.7)	73.5	73.4
3-甲基戊烷	4398.7	4751	20.768	115.823	140.09	1.37652	45.34	(1.2)	(7.7)	74.3	74.5
新己烷	4382.6	4735	20.710	112.932	131.24	1.36876	45.34	1.2	(7.7)	93.4	91.8
2，3-二甲基丁二烯	4391.7	4744	20.742	115.243	136.08	1.37495	45.34	(1.2)	(7.7)	94.3	+0.3
正庚烷	5100.2	5502.9	20.681	118.668	136.01	1.38764	52.5	1	7.0	0.0	0.0

续表

化合物	热值，60℉				汽化热，14.696 psia 沸点处，BTU/lb	折射率 nD	燃烧理想气体所需要的空气	易燃极限，在空气混合物中的体积 Vol. %		ASTM 辛烷值	
	净热值		总热值								
	BTU/ft³，理想气体，14.696 psia（20）	BTU/ft³，理想气体，14.696 psia（20）	BTU/lb 液态（真空中）	BTU/gal 液态		68℉	ft³/ft³	最低	最高	马达法 D－357	研究法 D－908
2－甲基己烷	5092.1	5494.8	20.658	117.627	131.59	1.38485	52.5	（1）	（7.0）	46.4	42.4
3－甲基己烷	5095.2	5497.8	20.668	119.192	131.11	1.38864	52.5	（1）	（7.0）	55.8	52.0
3－乙基戊烷	5098.2	5500.9	20.679	121.158	132.83	1.39339	52.5	（1）	（7.0）	69.3	65.0
2，2－二甲基戊烷	5079.4	5482.1	20.620	116.585	125.13	1.38215	52.5	（1）	（7.0）	95.6	92.8
2，4－二甲基戊烷	5084.3	5487	20.636	116.531	126.58	1.38145	52.5	（1）	（7.0）	83.8	83.1
3，3－二甲基戊烷	5085.0	5487.6	20.638	120.031	127.21	1.39092	52.5	（1）	（7.0）	86.6	80.8
三甲基丁烷	5081.0	5483.6	20.627	119.451	124.21	1.38944	52.5	（1）	（7.0）	+0.1	+1.8
正辛烷	5796.7	6249.7	20.604	121.419	129.53	1.39743	59.65	0.96	—	—	—
二异丁基	5781.3	6234.3	20.564	119.662	122.8	1.39246	59.65	（0.98）	—	55.7	55.2
异辛烷	5779.8	6232.8	20.570	119.388	116.71	1.39145	59.65	1	—	100.	100.
正壬烷	6493.3	6996.6	20.544	123.613	123.76	1.40542	66.81	0.87	2.9	—	—
正癸烷	7188.6	7742.3	20.494	125.444	118.68	1.41189	73.97	0.78	2.6	—	—
环戊烷	3512.0	3763.7	20.188	126.296	167.34	1.40645	35.79	（1.4）	—	84.9	+0.1
甲基环戊烷	4198.4	4500.4	20.130	126.477	147.83	1.4097	42.95	（1.2）	8.35	80.0	91.3
环己烷	4178.8	4480.8	20.035	130.849	153	1.42623	42.95	1.3	7.8	77.2	83.0
甲基环己烷	4862.8	5215.2	20.001	129.066	136.3	1.42312	50.11	1.2	—	71.1	74.8
乙烯	1499.0	1599.7	—		207.57	—	14.32	2.7	34.0	75.6	+.03
丙烯	2182.7	2333.7	—		188.18	—	21.48	2	10.0	84.9	+0.2
1－丁烯	2679.4	3080.7	20.678	103.659	167.94	—	28.63	1.6	9.3	80.8	97.4
顺式－2－丁烯	2871.7	3073.1	20.611	107.754	178.91	—	28.63	（1.6）	—	83.5	100.
反式－2－丁烯	2866.8	3068.2	20.584	104.690	174.39	—	28.63	（1.6）	—	—	—
异丁烯	2860.4	2061.8	20.548	102.863	169.48	—	28.63	（1.6）	—	—	—
1－戊烯	3575.2	3826.9	20.548	110.610	154.46	1.37148	35.79	1.4	8.7	77.1	90.9
1，2－丁二烯	2789.0	2940.0	20.447	112.172	（181.）	—	26.25	（2.0）	（12.）	—	—
1，3－丁二烯	2730.0	2881.0	20.047	104.826	（174.）	—	26.25	2.0	11.5	—	—
异戊二烯	3410.8	3612.1	19.964	114.194	（153.）	1.42194	33.41	（1.5）	—	81.0	99.1

续表

化合物	热值，60℉				汽化热，14.696 psia 沸点处，BTU/lb	折射率 nD	燃烧理想气体所需要的空气	易燃极限，在空气混合物中的体积 Vol. %		ASTM 辛烷值	
	净热值		总热值								
	BTU/ft³，理想气体，14.696 psia (20)	BTU/ft³，理想气体，14.696 psia (20)	BTU/lb 液态（真空中）	BTU/gal 液态		68℉	ft³/ft³	最低	最高	马达法 D-357	研究法 D-908
乙炔	1422.4	1472.8	—	—	—	—	11.93	2.5	80	—	—
苯	3590.7	3741.7	17.992	132.655	169.31	1.50112	35.79	1.3	7.9	+2.8	—
甲苯	4273.3	4474.7	18.252	132.656	154.84	1.49693	42.95	1.2	7.1	+0.3	+5.8
乙苯	4970.0	5221.7	18.494	134.414	144.0	1.49588	50.11	0.99	6.7	97.9	+0.8
邻二甲苯	4958.3	5210.0	18.445	136.069	149.	1.50545	50.11	1.1	6.4	100.	—
间二甲苯	4956.8	5208.5	18.441	133.568	147.2	1.49722	50.11	1.1	6.4	+2.8	+4.0
对二甲苯	4956.9	5208.5	18.445	133.136	144.52	1.49582	50.11	1.1	6.6	+1.2	+3.4
苯乙烯	4828.7	5030.0	18.15	137.849	(151.)	1.54682	47.72	1.1	6.1	+0.2	> +3.
异丙苯	5661.4	5963.4	18.665	134.817	134.3	1.49145	57.27	0.88	6.5	99.3	+2.1
甲醇	—	—	9.760	64.771	473.	1.3288	7.16	6.72	36.50	—	—
乙醇	—	—	12.780	84.600	367.	—	14.32	14.32	18.95	—	—
一氧化碳	—	321.	—		92.7	—	2.39	2.39	74.20	—	—
二氧化碳	—	—	—		238.2	—	—	—	—	—	—
硫化氢	588.	637.	—		235.6	—	3.58	7.16	45.50	—	—
二氧化硫	—	—	—		166.7	—	—	—	—	—	—
氨气	359.	434.	—		587.2	—	2.39	3.58	27.00	—	—
空气	—	—	—		92.	—	—	—	—	—	—
氢气	274.	324.	—		193.9	—	—	2.39	74.20	—	—
氧气	—	—	—		91.6	—	—	—	—	—	—
氮气	—	—	—		87.8	—	—	—	—	—	—
氯气	—	—	—		123.8	—	—	—	—	—	—
水	—	—	—		970.3	1.3330	—	—	—	—	—
氦气	—	—	—		—	—	—	—	—	—	—
氯化氢	—	—	—		185.5	—	—	—	—	—	—

附录 E
前缀、符号和数量级

数量级	前缀	符号
10^{-18}	atto	a
10^{-15}	femto	f
10^{-12}	pico	P
10^{-9}	nano	n
10^{-6}	micro	μ
10^{-3}	milli	m
10^{-2}	centi	c
10^{-1}	deci	d
10	deka	da
10^{2}	hecto	h
10^{3}	kilo	k
10^{3}	—	M*
10^{6}	mega	M
10^{6}	million	MM*
10^{9}	giga	G
10^{9}	billion	B*
10^{12}	tera	T
10^{12}	trillion	T*
10^{15}	peta	P
10^{18}	exa	E

* 表示地下储气库的库存时使用

附录 F
常用的物理常数和数值

物理量	数量级	单位
绝对零度	0.0*	K
	-273.15*	℃
	0.0*	°R
	-459.67*	℉
阿伏伽德罗常数	6.022169E+23	mol^{-1}
气体常数（R）	0.082057477	(atm·L)/(g·mol·°K)
	0.084784	(kg/cm^2·L)/(g·mol·°K)
	1.987	(g·cal)/(g·mol·°K)
	8.3145	J/(gmol·°R)
	1.9859	BTU/(lbmol°R)
	1545.3	(ftlbf)/(lbmol°R)
	10.732	(psi ft^3)/(lbmol°R)
	0.73024	(atm ft^3)/(lbmol°R)
干燥空气的密度（60℉，1atm）	0.0012232	g/cm^3
	0.076362	lbm/ft^3
干燥空气的密度（0℃，1atm）	0.001293	g/cm^3
	0.080719	lbm/ft^3
干燥空气中的声速（0℃，1atm）	33136	cm/s
	1089	ft/s
重力加速度（g）	9.80665	m/s^2
	980.665	cm/s^2
	32.17405	ft/s^2
无因次常数（g_c）	1.0*	(kg m)/(Ns^2)
	1.0*	(g cm)/(dyn s^2)
	32.17405	(lbm ft)/(lbf s^2)
π	22/7*	无因次
	3.141593	无因次
e	2.718282	无因次

* 表示这个数字为准确值。

附录 G
常见流体的绝对黏度

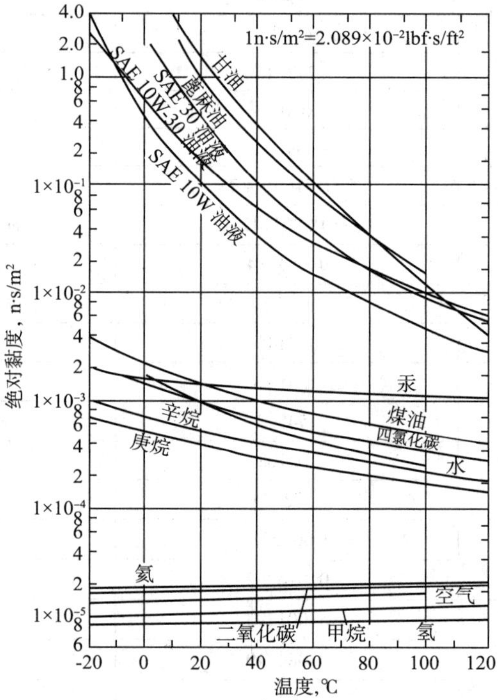

附录 H
常用的石油、天然气或储气库的物理量、单位、符号

SI 单位制的基本量和单位

物理量	SI 单位	符号
长度	米	m
质量	千克	kg
时间	秒	s
温度	开尔文	K
物质的量	摩尔	mol

另外两个 SI 基本单位是：电流用安培，发光强度用坎德拉。

天然气工程中常用的 SI 派生单位制

物理量	SI 单位	符号	表达式
加速度	米每秒平方	—	m/s^2
面积	平方米	—	m^2
密度	千克每立方米	—	kg/m^3
能量、功			
热量	焦耳	J	N m
熵	焦耳每开尔文	—	J/K
力	牛顿	N	$kg\ m/s^2$
频率	赫兹	Hz	1/s
功率	瓦特	W	J/s
压力	帕斯卡	Pa	N/m^2
比热容	焦耳每千克开尔文	—	J/（kg·K）
导热系数	瓦特每米开尔文	—	W/（m·K）
速度	米每秒	—	m/s
黏度（动力）	帕斯卡秒	—	Pa s
黏度（运动）	平方米每秒	—	m^2/s
体积	立方米	—	m^3

来源：Gulf 出版社，《天然气生产工程》

物理量	SI 单位	符号	换算关系
长度	英寸	in	—
	英尺	ft	12 in
	码	yd	3 ft
	英里	ml	5280 ft
面积	平方英尺	ft^2	144 in^2
	平方码	yd^2	9 ft^2
	公顷	acre	43560 ft^2
			4840 yd^2
	平方英里	mi^2	640 $acres^2$
			27878400 ft^2
体积	品脱（美）	pt	—
	夸脱（美）	qt	2 pt
	加仑（美）	gal	4 qt
			0. 133 680 6 ft^3
	立方英尺	ft^3	1728 in^3
			7. 480520 gal
	桶（美）	bbl	5. 614 584 ft^3
			42 gal
	公顷－英尺	acre－ft	43560 ft^3
时间	秒	s	—
	分	min	60 s
	时	h	3600 s
	天	d	24 h
			1440 min 或 86400 s
	年	yr	365. 25 d（亦取 365 d）
速度	英尺每秒	ft/s	60 ft/min
			0. 681 818 2 mph
	英尺每分	ft/min	60 ft/s
	英里每小时	mph	1. 466 667 t/s
			88 ft/min
流量（体积）	立方英尺每秒	ft^3/s	3600 ft^3/h
			26929. 872 gph
			15388. 495 bpd
	加仑每小时	gal/h（gph）	3. 713 34 E－05 ft^3/s
	桶每天	bbl/d（bpd）	6. 498 36 E－05 ft^3/s

续表

物理量	SI 单位	符号	换算关系
质量	格令	grain	—
	常衡盎司（av）	oz	437.5 grains
	金衡盎司（troy）	oz	480 grains
	磅（质量）	lbm	16 oz（av）
	吨（短）	ton	2000 lbm
	吨（长）	ton	2240 lbm
密度	磅每立方英寸	lbm/in^3	—
	磅每立方英尺	lbm/ft^3	0.1336806
	磅每立方加仑	lbm/gal	7.480520
	API 度	°API	141.5/（相对密度）-131.5
力	磅达	pdl	0.031081 lbf
	磅力	lbf	32.17405 pdls
压力	磅每平方英寸	lbf/in^2	$144\ lbf/ft^2$
			0.068057 atm
	磅美平方英尺	lbf/ft^2	$0.006944\ lbf/in^2$
黏度（动力）	磅秒每平方英寸	$lbf-s/in^2$	4633.0632 lbm/（ft-s）
	磅秒每平方英尺	$lbf-s/ft^2$	32.17405 lbm/（ft-s）
	磅（质量）每英尺秒	lbf/ft-s	2.15939E-04 lbm/（ft-s）
黏度（运动）	平方英尺每秒	ft^2/s	$144\ in^2/s$
	平方英寸每秒	in^2/s	$6.944444\ E-03\ in^2/s$
温度	绝对兰式温度	°R	℉ + 459.67
	华氏度	℉	°R - 459.67
能量，功	英尺磅（力）	ft-lbf	—
	英国热力单位	BTU	778.1692 ft-lbf
	马力小时	hp-h	1.98E+06 ft-lbf
	克卡	therm	1.0E+05 BTU
	夸特	quad	1.0E+10 therm
功率	马力	hp	550 ft-lbf/s
			33000 ft-lbf/min
			42.407 BTU/min
	英热每分	BTU/min	778.1692 ft-lbf/min

附录Ⅰ
常用的石油、天然气和储气库的单位及其转换

原单位	新单位	乘数	
绝对安培	安培（A）	1.0*	E+01
电磁库伦	库伦（C）	1.0*	E+01
绝对法拉	法拉（F）	1.0*	E+09
绝对亨利	亨利（H）	1.0*	E-09
绝对姆欧	西门子（S）	1.0*	E+09
绝对欧姆	欧姆（Ω）	1.0*	E-09
绝对伏特	伏特（V）	1.0*	E-08
英亩-英尺（美制）	平方米（m^2）	1.233489	E+03
英亩（美制）	平方米（m^2）	4.046873	E+03
安培小时	库伦（C）	3.6*	E+03
公亩	平方米（m^2）	1.0*	E+02
埃	米（m）	1.0*	E-10
天文单位	米（m）	1.495979	E+11
标准大气压	帕斯卡（Pa）	1.01350*	E+05
工程大气压（1 kg/cm^2）	帕斯卡（Pa）	9.806650*	E+04
巴	帕斯卡（Pa）	1.0*	E+05
靶	平方米（m^2）	1.0*	E-28
桶（石油用，为42加仑）	立方米（m^3）	1.589873	E-01
平方英尺	平方米（m^2）	2.359737	E-03
英制热量单位（国际单位制）	焦耳（J）	1.055056	E+03
英制热量单位（平均值）	焦耳（J）	1.055870	E+03
英制热量单位（热化学）	焦耳（J）	1.054350	E+03
英制热量单位（39℉）	焦耳（J）	1.059670	E+03
英制热量单位（59℉）	焦耳（J）	1.054800	E+03
英制热量单位（60℉）	焦耳（J）	1.054680	E+03

续表

原单位	新单位	乘数	
英制热量单位（国际单位制）－ft/(h·ft^2·℉)（导热系数）	瓦/（米·开尔文）[W/（m·K）]	1.730735	E＋00
英制热量单位（热化学）－ft.（h·ft^2·℉)（导热系数）	瓦/（米·开尔文）[W/（m·K）]	1.729 577	E＋00
英制热量单位（国际单位制）－in./(h·ft^2·℉)（导热系数）	瓦/（米·开尔文）[W/（m·K）]	1.442279	E－01
英制热量单位（热化学）－in./(h·ft^2·℉)（导热系数）	瓦/（米·开尔文）[W/（m·K）]	1.441314	E－01
英制热量单位（国际单位制）－in./（s·ft^2·℉)（导热系数）	瓦/（米·开尔文）[W/（m·K）]	5.192204	E＋02
英制热量单位（热化学）－in./(s·ft^2·℉)（导热系数）	瓦/（米·开尔文）[W/（m·K）]	5.188732	E＋02
英制热量单位（国际单位制）/h	瓦特（W）	2.930711	E－01
英制热量单位（热化学）/h	瓦特（W）	2.928751	E－01
英制热量单位（热化学）/min	瓦特（W）	1.757250	E＋01
英制热量单位（热化学）/s	瓦特（W）	1.054350	E＋03
英制热量单位（国际单位制）/ft^2	焦耳/平方米（J/m^2）	1.135653	E＋04
英制热量单位（热化学）/ft^2	焦耳/平方米（J/m^2）	1.134893	E＋04
英制热量单位（热化学）/（ft^2·h）	焦耳/平方米（J/m^2）	3.152481	E＋00
英制热量单位（热化学）/（ft^2·min）	焦耳/平方米（J/m^2）	1.891489	E＋02
英制热量单位（热化学）/（ft^2·s）	焦耳/平方米（J/m^2）	1.134893	E＋04
英制热量单位（热化学）/（in^2s）	焦耳/平方米（J/m^2）	1.634245	E＋06
英制热量单位（国际单位制）/(h·ft^2·℉)（导热系数）	瓦/（平方米·开尔文）[W/（m^2·K）]	5.678263	E＋00
英制热量单位（热化学）/（h·ft^2·℉)（导热系数）	瓦/(平方米·开尔文）[W/（m^2·K）]	5.674466	E＋00
英制热量单位（国际单位制）/（s·ft^2·℉)	瓦/(平方米·开尔文）[W/（m^2·K）]	2.044175	E＋04
英制热量单位（热化学）/（s·ft^2·℉)	瓦/(平方米·开尔文）[W/（m^2·K）]	2.042 808	E＋04
英制热量单位（国际单位制）/lbm	焦耳/千克（J/kg）	2.326*	E＋03
英制热量单位（热化学）/lbm	焦耳/千克（J/kg）	2.324444	E＋03
英制热量单位（国际单位制）/（lbm·℉)（热容）	焦耳/（千克·开尔文）[J/（kg·K）]	4.188*	E＋03
英制热量单位（热化学）/（lbm·℉)（热容）	焦耳/（千克·开尔文）[J/（kg·K）]	4.184 000	E＋03

续表

原单位	新单位	乘数	
蒲式耳（美制）	立方米（m^3）	3.523 907	E－02
直径（英尺）	米（m）	2.54*	E－02
卡路里（国际单位制）	焦耳（J）	4.1888*	E＋00
卡路里（平均值）	焦耳（J）	4.190020	E＋00
卡路里（热化学）	焦耳（J）	4.184*	E＋00
卡路里（15℃）	焦耳（J）	4.185800	E＋00
卡路里（20℃）	焦耳（J）	4.181900	E＋00
卡路里（千克，国际单位制）	焦耳（J）	4.1868*	E＋03
卡路里（千克，平均值）	焦耳（J）	4.190020	E＋03
卡路里（千克，热化学）	焦耳（J）	4.184*	E＋03
卡路里（热化学）/cm^2	焦耳/平方米（J/m^2）	4.184*	E＋04
卡路里（国际单位制）/g	焦耳/千克（J/kg）	4.186*	E＋03
卡路里（热化学）/g	焦耳/千克（J/kg）	4.184*	E＋03
卡路里（国际单位制）/（g·℃）	焦耳/（千克·开尔文）[J/（kg·K）]	4.1868*	E＋03
卡路里（热化学）/（g·℃）	焦耳/（千克·开尔文）[J/（kg·K）]	4.184*	E＋03
卡路里（热化学）/min	瓦特（W）	6.973 333	E－02
卡路里（热化学）/s	瓦特（W）	4.184*	E＋00
卡路里（热化学）/（cm^2·min）	瓦特/平方米（W/m^2）	6.973 333	E＋02
卡路里（热化学）/（cm^2·s）	瓦特/平方米（W/m^2）	4.104*	E＋04
卡路里（热化学）/（cm·s·℃）	瓦特/（米·开尔文）[W/（m·K）]	4.184*	E＋02
捕集单元（c.u.＝$10^{-3}cm^{-1}$）	每米（m^{-1}）	1.0*	E－01
克拉（公制）	千克（kg）	2.0*	E－04
厘米汞柱（0℃）	帕斯卡（Pa）	1.333 22	E＋03
厘米水柱（4℃）	帕斯卡（Pa）	9.806 38	E＋01
厘泊	帕·秒（Pa·s）	1.0*	E－03
厘司	平方米/秒（m^2/s）	1.0*	E－06
圆密耳	平方米（m^2）	5.087075	E－10
克罗	开尔文·平方米/瓦特[（K·m^2）/W]	2.003 712	E－01
量杯	立方米（m^3）	2.385 882	E－04
居里	贝克勒尔（Bq）	3.7*	E＋10
周秒	赫兹（Hz）	1.0*	E＋00
天（平均太阳日）	秒（s）	8.640 000	E＋04
天（恒星日）	秒（s）	8.616 409	E＋04
度数（角度）	弧度（rad）	1.745329	E－02

续表

原单位	新单位	乘数	
摄氏度	开尔文（K）	$T_k = T_{^\circ C} + 273.15$	
华氏度	摄氏度	$T_{^\circ C} = (T_{^\circ F} - 32) / 1.8$	
华氏度	开尔文（K）	$T_k = (T_{^\circ F} + 459.67) / 1.8$	
兰氏度	开尔文（K）	$T_k = T_{^\circ R} / 1.8$	
°F·h·ft^2/BTU（国际单位制）（热阻抗）	开尔文·平方米/瓦特［（K·m^2）/W］	1.781102	E－01
°F·h·ft^2/BTU（热化学）（热阻抗）	开尔文·平方米/瓦特［（K·m^2）/W］	1.762250	E－01
旦尼尔	千克/米（kg/m）	1.111111	E－07
达因	牛顿（N）	1.0*	E－05
达因·厘米	牛顿·米（N·m）	1.0*	E－07
达因/平方厘米	帕斯卡（Pa）	1.0*	E－01
电子伏特	焦耳（J）	1.602190	E－19
电容（电磁单位制）	法拉（F）	1.0*	E＋09
电流（电磁单位制）	安培（A）	1.0*	E＋01
电位（电磁单位制）	伏特（V）	1.0*	E－08
电感（电磁单位制）	亨利（H）	1.0*	E－09
电阻（电磁单位制）	欧姆（Ω）	1.0*	E－09
电容（静电单位制）	法拉（F）	1.112850	E－12
电流（静电单位制）	安培（A）	3.335600	E－10
电位（静电单位制）	伏特（V）	2.997900	E＋02
电感（静电单位制）	亨利（H）	8.987 554	E＋11
电阻（静电单位制）	欧姆（Ω）	8.887 554	E＋11
尔格	焦耳（J）	1.0*	E－07
尔格/平方厘米·秒 erg/cm^2·s	瓦特/平方米（W/m^2）	1.0*	E－03
尔格/秒 erg/s	瓦特（W）	1.0*	E－07
法拉第（基于碳 12）	库伦（C）	9.648700	E＋04
法拉第（化学）	库伦（C）	9.649570	E＋04
法拉第（物理）	库伦（C）	9.852190	E＋04
英寻	米（m）	1.828800	E＋00
费米（毫微微米）	米（m）	1.0*	E－15
液盎司（美国测绘单位制）	立方米（m^3）	2.957353	E－05
英尺	米（m）	3.048*	E－01
英尺（美测绘单位制）	米（m）	3.048008	E－01

续表

原单位	新单位	乘数	
英尺水柱（39.2℉）	帕斯卡（Pa）	2.988980	E+03
平方英尺	平方米（m^2）	9.290304*	E-02
平方英尺/小时（热扩散率）	平方米/秒（m^2/s）	2.580640*	E-05
平方英尺/秒	平方米/秒（m^2/s）	9.290304*	E-02
立方英尺（体积截面模量）	立方米（m^3）	2.831685*	E-02
立方英尺/分	立方米/秒（m^3/s）	1.719474*	E-04
立方英尺/秒	立方米/秒（m^3/s）	2.831685*	E-02
四次方英尺（截面矩）	四次方米（m^4）	8.630975*	E-03
英尺/小时	米/秒（m/s）	8.466687*	E-05
英尺/分	米/秒（m/s）	5.080*	E-03
英尺/秒	米/秒（m/s）	3.048*	E-01
英尺/平方秒	米/平方秒（m/s^2）	3.048*	E-01
英尺烛光	勒克斯（lx）	1.076391	E+01
英尺朗伯	坎德拉每平方米（cd/m^2）	3.426259	E+00
英尺磅力	焦耳（J）	1.355818	E+00
英尺磅力/小时	瓦特（W）	3.766161	E-04
英尺磅力/分	瓦特（W）	2.259697	E-02
英尺磅力/秒	瓦特（W）	1.355818	E+00
英尺磅达	焦耳（J）	4.214011	E-02
重力加速度（g）	米/平方秒（m/s^2）	9.806650*	E+00
厘米/平方秒	米/平方秒（m/s^2）	1.0*	E-02
加仑（加拿大液体容量）	立方米（m^3）	4.546090	E-03
加仑（英制液体容量）	立方米（m^3）	4.546092	E-03
加仑（美制固体容量）	立方米（m^3）	4.404884	E-03
加仑（美制液体容量）	立方米（m^3）	3.785412	E-03
加仑（美制液体容量）/天	立方米/秒（m^3/s）	4.381264	E-08
加仑（美制液体容量）/分	立方米/秒（m^3/s）	6.309020	E-05
加仑（美制液体容量）/马力·小时（燃油消耗率）	立方米/焦耳（m^3/J）	1.410089	E-09
伽马（磁场强度）	安培/米（A/m）	7.957747	E-04
伽马（磁通密度）	特斯拉（T）	1.0*	E-09
高斯	特斯拉（T）	1.0*	E-04
吉伯	安培（A）	7.957747	E-01
及耳（英制.）	立方米（m^3）	1.420654	E-04

续表

原单位	新单位	乘数	
及耳（美制.）	立方米（m^3）	1.182941	E－04
百分度	角度（angular）	9.0*	E－01
百分度	弧度（rad）	1.157080	E－02
格令（1/7000 磅）	千克（kg）	6.479891*	E－05
格令（磅/7000）/加仑（美制液体容量）	千克/立方米（kg/m^3）	1.711806	E－02
克	千克（kg）	1.0*	E－03
克/立方厘米	千克/立方米（kg/m^3）	1.0*	E＋03
克力/立方厘米	帕斯卡（Pa）	9.806650*	E＋01
公顷	平方米（m^2）	1.0*	E＋04
马力（550 ft－lbf/s）	瓦特（W）	7.456999	E＋02
锅炉马力	瓦特（W）	9.809500	E＋03
电动马力	瓦特（W）	7.460*	E＋02
米制马力	瓦特（W）	7.354990	E＋02
水马力	瓦特（W）	7.460430	E＋02
英制马力	瓦特（W）	7.457000	E＋02
平均太阳时	秒（s）	3.600000	E＋03
恒星时	秒（s）	3.590170	E＋03
英担	千克（kg）	5.080 235	E＋01
美担	千克（kg）	4.535 924	E＋01
英寸	米（m）	2.54*	E－02
英寸汞柱（32℉）	帕斯卡（Pa）	3.388380	E＋03
英寸汞柱（60℉）	帕斯卡（Pa）	3.376850	E＋03
英寸水柱（39.2℉）	帕斯卡（Pa）	2.490820	E＋02
英寸水柱（60℉）	帕斯卡（Pa）	2.488400	E＋02
平方英寸	平方米（m^2）	6.4516*	E－04
立方英寸（体积；截面模量）	立方米（m^3）	1.838706	E－05
立方英寸/分钟	立方米/秒（m^3/s）	2.731177	E－07
四次方英寸（截面矩）	四次方米（m^4）	4.162314	E－07
英寸/秒	米/秒（m/s）	2.54*	E－02
英寸/平方秒	米/平方秒（m/s^2）	2.54"	E－02
凯塞	每米（1/m）	1.0*	E＋02
开尔文	摄氏度（℃）	$T_{℃}=T_K-273.15$	
千卡（国际单位制）	焦耳（J）	4.1868*	E＋03

续表

原单位	新单位	乘数	
千卡（平均值）	焦耳（J）	4.190020	E+03
千卡（热化学）	焦耳（J）	4.184*	E+03
千卡（热化学）/分钟	瓦特（W）	8.973 333	E+01
千卡（热化学）/秒	瓦特（W）	4.184*	E+03
千克力（kgf）	牛顿（N）	9.80665*	E+00
千克力－米	牛顿米（N.m）	9.80665*	E+00
千克力·平方秒/米（质量）	千克（kg）	9.806865*	E+00
千克力/平方厘米	帕斯卡（Pa）	9.80665*	E+04
千克力/平方米	帕斯卡（Pa）	9.80665*	E+00
千克力/平方毫米	帕斯卡（Pa）	9.80665*	E+06
千米/小时	米/秒（m/s）	2.777 778	E+01
千克力	牛顿（N）	9.80865*	E+00
千瓦时（kW－h）	焦耳（J）	3.6*	E+06
千磅（1000 磅力）	牛顿（N）	4.448222	E+03
千磅/平方英寸（ksi）	帕斯卡（Pa）	8.894757	E+06
节（国际单位制）	米/秒（m/s）	5.144444	E－01
朗伯	坎德拉每平方米（cd/m^2）	$1/\pi$	E+04
朗伯	坎德拉每平方米（cd/m^2）	3.183 099	E+03
兰利	焦耳/平方米（J/m^2）	4.184*	E+04
里格	米（m）	见脚注 1	
光年	米（m）	9.460550	E+15
滴度	立方米（m^3）	1.0*	E－03
麦克斯韦	韦伯（Wb）	1.0*	E－08
姆欧	西门子（S）	1.0*	E+00
微英寸	米（m）	2.54*	E－08
微秒/英尺（μs/ft）	微秒/米（μs/m）	3.280840	E+00
微米	米（m）	1.0*	E－08
密耳	米（m）	2.54*	E－05
海里（国际单位制）	米（m）	1.809 344*	E+03
海里（法令单位制）	米（m）	1.609300	E+03
海里（美国测绘单位制）	米（m）	1.609347	E+03
海里（国际航海单位制）	米（m）	1.852*	E+03
海里（英国航海单位制）	米（m）	1.853184*	E+03
海里（美国航海单位制）	米（m）	1.852*	E+03

续表

原单位	新单位	乘数	
平方密耳（国际单位制）	平方米（m^2）	2.589 988	E+06
平方密耳（美国测绘单位制）	平方米（m^2）	2.589 998	E+06
密耳/小时（国际单位制）	米/秒（m/s）	4.470 4*	E-01
密耳/小时（国际单位制）	千米/小时（km/h）	1.609 344*	E+00
密耳/分钟（国际单位制）	米/秒（m/s）	2.68224*	E+01
密耳/秒（国际单位制）	米/秒（m/s）	1.609 344*	E+03
毫巴	帕斯卡（Pa）	1.0*	E+02
毫米汞柱（0℃）	帕斯卡（Pa）	1.333 22	E+02
分（角度单位）	弧度（rad）	2.908 882	E-04
平均太阳分钟	秒（s）	6.0*	E+01
恒星分钟	秒（s）	5.903517	E+01
平均日历月	秒（s）	2.686000	E+06
奥斯特	安培/米（A/m）	7.957747	E+01
欧姆厘米	欧姆米（Ω/m）	1.000000	E-02
欧姆立方密耳/英尺	欧姆立方毫米/米（$\Omega mm^3/m$）	1.662428	E-03
盎司（常衡）	千克（kg）	2.834952	E-02
盎司（金衡制/药衡制）	千克（kg）	3.110346	E-02
盎司（英制液体容量）	立方米（m^3）	2.841307	E-05
盎司（美制液体容量）	立方米（m^3）	2.957353	E-05
盎司力	牛顿（N）	2.780139	E-01
盎司力英寸	牛顿米（N·m）	7.061552	E-03
盎司（常衡）/加仑（英制液体容量）	千克/立方米（kg/m^3）	6.236 021	E+00
盎司（常衡）/加仑（美制液体容量）	千克/立方米（kg/m^3）	7.489 152	E+00
盎司（常衡）/立方英寸	千克/立方米（kg/m^3）	1.729994	E+03
盎司（常衡）/立方英尺	千克/立方米（kg/m^3）	3.051517	E-01
盎司（常衡）/立方码	千克/立方米（kg/m^3）	3.390 575	E-02
秒差距	米（m）	3.085 878	E+16
配克（美制）	立方米（m^3）	8.809 768	E-03
英钱	千克（kg）	1.555174	E-03
坡莫（0℃）	千克/(帕秒平方米)［$kg/(Pa \cdot s \cdot m^2)$］	5.721350	E-11
坡莫（23℃）	千克/(帕秒平方米)［$kg/(Pa \cdot s \cdot m^2)$］	5.745250	E-11
坡莫·英寸（0℃）	千克/(帕秒米)［kg/(Pa·s·m)］	1.453220	E-12
坡莫·英寸（23℃）	千克/(帕秒米)［kg/(Pa·s·m)］	1.459290	E-12
厘米烛光	流明/平方米（lm/m^2）	1.000000	E+04

续表

原单位	新单位	乘数	
派卡（字号单位）	米（m）	4. 217 518	E－03
品脱（美制固体容量）	立方米（m^3）	5. 506105	E－04
品脱（美制液体容量）	立方米（m^3）	4. 731765	E－04
磅（字号单位）	米（m）	3. 514598*	E－04
泊（绝对黏度）	帕秒（Pa·s）	1. 000000	E－01
磅（lbm 常衡单位）	千克（kg）	4. 535924	E－01
磅（金衡制/药衡制）	千克（kg）	3. 732417	E－01
磅平方英尺（转动惯量）	千克平方米（$kg \cdot m^2$）	4. 214011	E－02
磅平方英寸（转动惯量）	千克平方米（$kg \cdot m^2$）	2. 926 397	E－04
磅/英尺·小时	帕秒（Pa·s）	4. 133789	E－04
磅/英尺·秒	帕秒（Pa·s）	1. 488164	E＋00
磅/平方英尺	千克/平方米（kg/m^2）	4. 882428	E＋00
磅/立方英尺	千克/立方米（kg/m^3）	1. 601846	E＋01
磅/加仑（英制液体密度）	千克/立方米/（kg/m^3）	9. 977 633	E＋01
磅/加仑（美制液体密度）	千克/立方米/（kg/m^3）	1. 198264	E＋02
磅/小时	千克/秒（kg/s）	1. 259979	E－04
磅/（马力小时）（SCF，燃料消耗率）	千克/焦耳（kg/J）	1. 689 659	E－07
磅/立方英寸	千克/立方米（kg/m^3）	2. 767990	E＋04
磅/分钟	千克/秒（kg/s）	7. 559873	E－03
磅/秒	千克/秒（kg/s）	4. 535924	E－01
磅/立方码	千克/立方米（kg/m^3）	5. 932 764	E－01
磅达	牛顿（N）	1. 382550	E－01
磅达/平方英尺	帕斯卡（Pa）	1. 488164	E＋00
磅达秒/平方英尺	帕秒（Pa·s）	1. 488164	E＋00
磅力（lbf）	牛顿（N）	4. 448222	E＋00
磅力英尺	牛顿米（N·m）	1. 355 818	E＋00
磅力英尺/英寸	牛顿米/米［（N·m）/m］	5. 337 866	E＋01
磅力英寸	牛顿米（N·m）	1. 129848	E－01
磅力英寸/英寸	牛顿米/米［（N·m）/m］	4. 448222	E＋00
磅力秒/平方英尺	帕秒（Pa·s）	4. 788 026	E＋01
磅力/英尺	牛顿/米（N/m）	1. 459 390	E＋01
磅力/平方英尺	帕斯卡（Pa）	4. 788 028	E＋01
磅力/英寸	牛顿/米（N/m）	1. 751288	E＋02
磅力/平方英寸（psi）	帕斯卡（Pa）	6. 894 757	E＋03

续表

原单位	新单位	乘数	
磅力/磅（推重比）	牛顿/千克（N/kg）	9.808 850	E+00
夸脱（美制固体容量）	立方米（m^3）	1.101221	E-03
夸脱（美制液体容量）	立方米（m^3）	9.463 529	E-04
拉德（辐射吸收剂量）	戈瑞（Gy）	1.0*	E-02
流值	每帕秒 1/（Pa·s）	1.0*	E+01
杆	米（m）	见脚注 1	
伦琴	库伦/千克（C/kg）	2.580000	E~04
秒（角度）	弧度（rad）	4.840137	E-08
恒星秒	秒（s）	9.972 896	E-01
块（section）	平方米（m^2）	见脚注 1	
瞬（shake）	秒（s）	1.000 000*	E-08
斯勒格	千克（kg）	1.459 390	E+01
斯勒格/英尺秒	帕秒（Pa·s）	4.788 026	E+01
斯勒格/立方英尺	千克/立方米（kg/m^3）	5.153 788	E+02
静电安培	安培（A）	3.335 840	E-10
静电库伦	库伦（C）	3.335 840	E-10
静电法拉	法拉（F）	1.112 650	E+12
静电亨利	亨利（H）	6.987 554	E+11
静电姆欧	西门子（S）	1.112 650	E-12
静电欧姆	欧姆（Q）	0.987 554	E+11
静电伏特	伏特（V）	2.997925	E+02
千升	立方米（m^3）	1.0*	E+00
熙提	坎德拉/平方米（cd/m^2）	1.0*	E+04
斯托克斯（动力黏度）	平方米/秒（m^2/s）	1.0*	E-04
大匙	立方米（m^3）	1.478 873	E-05
小匙	立方米（m^3）	4.928 922	E-06
特克斯	千克/米（kg/m）	1.0*	E-06
克卡	焦耳（J）	1.055 058	E+08
化验吨	千克（kg）	2.316 687	E-02
长吨（2.240 磅）	千克（kg）	1.016 047	E+03
吨（公制）	千克（kg）	1.0*	E+03
吨（TNT 当量）	焦耳（J）	4.184000	E+09
冷吨（制冷单位）	瓦特（W）	3.516 800	E+03
注册吨	立方米（m^3）	2.831 685	E+00

续表

原单位	新单位	乘数	
短吨（2000 磅）	千克（kg）	9.071847	E+02
长吨/立方码	千克/立方米（kg/m^3）	1.328 939	E+03
短吨/小时	千克/秒（kg/s）	2.519 958	E-01
吨力（2000 磅）	牛顿（N）	8.896444	E+03
公吨	千克（kg）	1.0*	E+03
托（毫米汞柱，0℃）	帕斯卡（Pa）	1.333220	E+02
镇	平方米（m^2）	（见脚注 1）	
单位磁极	韦伯（Wb）	1.258637	E-07
瓦特小时（Wh）	焦耳（J）	3.60*	E+03
瓦特秒	焦耳（J）	1.0*	E+00
瓦特/平方厘米	瓦特/平方米（W/m^2）	1.0*	E+04
瓦特/平方英寸	瓦特/平方米（W/m^2）	1.550003	E+03
码	米（m）	9.144*	E-01
平方码	平方米（m^2）	8.361274	E-01
立方码	立方米（m^3）	7.645 549	E-01
立方码/分钟	立方米/秒（m^3/s）	1.274258	E-02
日历年	秒（s）	3.153 600	E+07
恒星年	秒（s）	3.155815	E+07
回归年	秒（s）	3.155 883	E+07

（摘自得克萨斯州美国石油工程师协会，理查德森 1984 年 SI 公制单位和 SPE 公制标准）

附录 J
工程参数与公制单位的转换

物理量	国际单位	常用单位	公制单位		转换系数（由常用单位转换成公制单位）	
			SPE 推荐	其他		
毛细管力	Pa	ft（流体）	m（流体）		3.048*	E-01
储层流体压缩系数	Pa^{-1}	psi^{-1}	Pa^{-1}		1.450377	E-04
				kPa^{-1}	1.450377	E-01
腐蚀余度	m	in.	mm		2.54	E+01
腐蚀速率	m/s	m/y（mpy）	mm/a		2.54*	E-02
驱替压差	Pa	in. H_2O（60℉）	kPa		2.4884	E-01
				cmH_2O	2.54	E+00
气油比	m^3/m^3	SCF/bbl	Standard（m^3/m^3）		1.801 175	E-01
采气速率	m^3/s	SCF/d	Standard（m^3/d）		2.863 640	E-02
地质时间	s	yr	Ma			
压头（流体力学）	m	ft	m		3.048*	E-01
				cm	3.048*	E+01
热交换速率	W	BTU/h	kW		2.930711	E-04
				kJ/h	1.055 058	E+00
迁移率	$m^2/Pa \cdot s$	D/cP	$\mu m^2/mPa \cdot s$		9.869 233	E-01
				$\mu m^2/Pa \cdot s$	9.869 233	E+02
有效厚度	m	ft	m		3.048*	E-01
采油速率	m^3/s	bbl/d	m^3/d		1.589 873	E-01
		short ton/yr	Mg/a	t/a	9.071 847	E-01
颗粒尺寸	m	micron	μm		10*	
渗透率厚度	m^2	mD-ft	mD·m	$\mu m^2 \cdot m$	3.008 142	E-04
管径（实际）	m	in.	cm		2.54*	E+00
				mm	2.54*	E+01

续表

物理量	国际单位	常用单位	公制单位		转换系数（由常用单位转换成公制单位）	
			SPE 推荐	其他		
周期压力恢复	Pa	psi	kPa		6.894757	E+00
采油指数	m^3/Pa·s	bbl/（psi·d）	m^3/（kPa·d）		2.305916	E-02
泵速	m^3/s	U. S. gal/min	m^3/h		2.271247	E-01
				L/s	6.309 020	E-02
分钟转速	rad/s	rpm	rad/s		1.047198	E-01
				rad/m	6.283 185	E+00
单位体积采出量（原油）	m^3/m^3	bbl（acre-ft）	m^3/m^3		1.288 931	E-04
				m^3/ha-m	1.288931	E+00
储层面积	m^2	$mile^2$	km^2		2.598898	E+00
		acre		ha	4.0146 858	E-01
储层体积	m^3	acre-ft	m^3		1.233482	E+03
				ha-m	1.230482	E-01
比采油指数	m^3/（Pa·s·m）	bbl/（d·psi·ft）	m^3/（kPa·d·m）		7.565 341	E-02
储层毛管表面或界面张力	N/m	dyn/cm	mN/m		1*	E+00
扭矩	N·m	lbf/·ft	N·m		1.355818	E+00
速度（流速）	m/s	ft/s	m/s		3.048*	E-01
管径（1~100cm）	m	in.	cm		2.54*	E+00
100cm 以上		ft	m		3.048*	E-01

来源于附录 A 参考文献 7《采气工程》，Gulf 出版社出版。

摘自得克萨斯州美国石油工程师协会．理查德森，1984 年 SI 公制单位和 SPE 公制标准。

附录 K
储气库工程师的八条戒律

1. 在储气库的工程计算中，应该用绝对压力和绝对温度。
2. 地层压力需以相同的基准面折算后进行比较和评价。
3. 用 psi 表示压差，用 psia 或 psig 表示压力等级。
4. 用大写字母表示标准状况下的气体体积，如 SCF，MCF，BCF。
5. 用小写字母表示储层条件下的气体体积，例如“reservoir cubic feet”。
6. 在滞后图中只能使用平衡拟压力。
7. 当使用监测井压力来研究滞后性能时，应使用相关式将 psig 转化为体积加权的 psia/z。
8. 在压力－库存关系研究中，不能使用地表的 psig 或工作气的库存。